全国电力行业“十四五”规划教材

水文与
水文地质学

主　编　张　成
副主编　戴振学　赵小二　刘　龙
编　写　杨志杰　湛传俊　马富宁
主　审　李冬桂　武桂芝

中国电力出版社
CHINA ELECTRIC POWER PRESS

内容提要

本书融合了“水文学”与“供水水文地质”两门课程内容，全面介绍了水文与水文地质学的发展、流域径流形成过程、水文测验、水文统计、设计年径流分析、降水资料的收集与整理、小流域暴雨洪峰流量的计算、地下水的储存与特征、地下水的运动、不同地貌地区地下水的分布规律等方面的知识及分析计算原理。全书内容覆盖全面，结构严谨，语言简洁。书中各章设计了课程思政内容，并配备了相关数字资源，便于读者深入理解和掌握。

本书主要作为高等院校给排水科学与工程、水文与水资源工程、环境科学与工程、水利工程及地下水科学与工程等专业教材，也可供相关工程技术人员参考使用。

图书在版编目（CIP）数据

水文与水文地质学 / 张成主编. --北京：中国电力出版社，2024. 8. --ISBN 978-7-5198-8868-8

Ⅰ. P33；P641

中国国家版本馆 CIP 数据核字第 2024KK6320 号

出版发行：中国电力出版社
地　　址：北京市东城区北京站西街 19 号（邮政编码 100005）
网　　址：http://www.cepp.sgcc.com.cn
责任编辑：熊荣华（010-63412543　124372496@qq.com）
责任校对：黄　蓓　王小鹏
装帧设计：王红柳
责任印制：吴　迪

印　　刷：廊坊市文峰档案印务有限公司
版　　次：2024 年 8 月第一版
印　　次：2024 年 8 月北京第一次印刷
开　　本：787 毫米×1092 毫米　16 开本
印　　张：15
字　　数：306 千字
定　　价：45.00 元

前言

本书根据《高等学校给排水科学与工程本科专业指南》编写。在最新修订的教学大纲中，“水文学”与“供水水文地质”两门课程已融合为“水文与水文地质学”课程。为适应此要求，编者在现有的水文学与水文地质学相关教材的基础上，编写了《水文与水文地质学》。本书作为给排水科学与工程本科专业基础课程教材，研究水文现象变化规律与水文地质基础理论及其在给排水科学与工程中的应用。

本书全面地介绍了水文与水文地质学的发展、流域径流形成过程、水文测验、水文统计、设计年径流分析、降水资料的收集与整理、小流域暴雨洪峰流量的计算、地下水的储存与特征、地下水的运动、不同地貌地区地下水的分布规律等方面的知识及分析计算原理。

本书由青岛理工大学张成、戴振学、赵小二、刘龙、杨志杰、湛传俊、马富宁编写。第 1 章由戴振学编写，第 2 章由刘龙编写，第 3 章由湛传俊编写，第 4 章由马富宁编写，第 5、6、10 章由张成编写，第 7 章由杨志杰编写，第 8、9 章由赵小二编写。全书由张成、赵小二统稿，李冬桂、武桂芝主审。在本书编写过程中，参考并引用了有关院校编写的教材及相关的文献资料，编者对相关作者表示感谢！

本书不仅作为给排水科学与工程专业教学用书，还可作为水文与水资源工程、水文地质、工程地质、环境工程、水资源管理等专业的教学参考书，以及供有关的工程技术人员使用。书中带 * 的部分，建议作为选读内容。

限于编者水平，书中难免有疏漏和不足之处，恳请读者及专家批评指正。

编者

目录

第1章

概述

教学目标

掌握水文现象、水文循环等基本概念，理解水文现象的特性并掌握水文现象的研究方法；了解水文学的分类及发展史；掌握水文地质学的研究内容及发展史；明确本课程与给水排水工程的关系，初步了解给排水科学与工程中的水文与水文地质问题。

课程思政

中华民族在水文现象的观测、定性推理和水利工程建设等方面取得了卓越的成就，尤其是关于降水形成、蒸发影响因子、水文循环等早期论述已经与现代知识体系颇为接近。中国拥有众多历史悠久、成效卓著的水利工程，如四川都江堰、广西灵渠、陕西郑国渠、浙江姜席堰、河姆渡遗址发掘出的（河—渠—井）灌溉系统，以及新疆坎儿井灌溉工程等。中华人民共和国成立后，水利工程建设高速发展，成就辉煌，如三峡水利工程、南水北调工程等。以内蒙古黑水城、新疆楼兰古城等有水而兴、无水而亡的古城为例，说明了人类文明依水而居是定律，离开了水，文明自然不能延续。近年来，习近平总书记指出了“绿水青山就是金山银山”“黄河流域生态保护和高质量发展”的方向，这正是给排水、水工、水文、水电人的春天，我们更应该勤奋学习，为国家贡献自己的力量。

1.1 水文现象与水文循环

1.1.1 水文现象

地球上的水以气态、液态或固态的形式存在于地面、土壤岩层及地球的大气层中，受太阳辐射和地心引力的共同作用而不停地运动，主要表现为降水、蒸散发、渗流和径流，我们称之为水文现象。降水是指大气中水汽凝结后以液态水或固态水的形式降落到地面的现象，其形式有雨、雪、雾、霰、雹等。蒸发则是水分子从水面、冰雪面及其他含水物质表面以水汽形式逸出的现象，这种使水上升成为水汽的途径有截留蒸发、叶面散发、地面蒸发、水面蒸发和海洋蒸发等五种。渗流可分为下渗（入渗）和渗透两个过程：下渗是指地表水经过土壤表面进入土壤的过程，渗透是指水分在土壤内的运动。径流是指陆地上的降水汇流到河流、湖库、沼泽、海洋、含水层或沙漠的水流，分为地表径流和地下径流两种：地表径流是水在地面上流动的现象，包括坡地漫流和河网汇流两个过程；地下径流是水在地下含水层内流动的现象。在这些水文现象中，和人类经济活动关系最密切的就是河川径流，亦是水文学研究的主要对象。

水文循环简介

1.1.2　水文循环

自然界的水在太阳能和大气运动的驱动下，不断地从水面（江、河、湖、海等）、陆面（土壤、岩石等）和植物的茎叶面，通过蒸散发，以水汽的形式进入大气圈。在适当的条件下，大气圈中的水汽可以凝结成水滴。当凝结的水滴达到能克服空气阻力时，就在地球引力的作用下以降水的形式降落到地球表面。到达地球表面的降水，一部分在分子力、毛细管力和重力的作用下，通过地面渗入地下；一部分则形成地表径流，主要在重力作用下流入江、河、湖泊，再汇入海洋；还有一部分通过蒸发和散发重新逸散到大气圈。渗入地下的那部分水，或者成为土壤水，再经由蒸发和散发逸散到大气圈，或者以地下水形式排入江、河、湖泊，再汇入海洋。水的这种既无明确的"开端"，也无明确的"终了"的永无休止的循环运动过程称为水文循环，又称水分循环或简称水循环，其示意图如图 1-1 所示。水分由海洋输送到大陆又回到海洋的循环称为大循环或外循环，水分在陆地内部或海洋内部的循环称为小循环或内循环。为区别这两种小循环，将前者称作陆地小循环，而将后者称作海洋小循环。

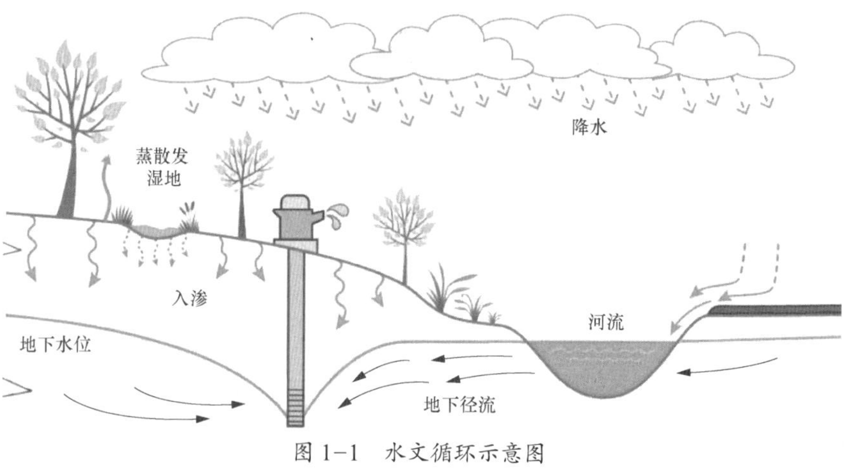

图 1-1　水文循环示意图

水文现象在大气圈、岩石圈、水圈和生物圈所构成的地球系统中周而复始地循环着，维持了地球上多种多样的生命形态。然而，水的这种循环运动是不均匀且不稳定的，不同时刻不同地区水的状态与量值不同。有时某一地方水多，于是江河横溢，洪水泛滥；另一地方，又引起水荒以致旱灾。由于这种不均匀，有的地方湿润，有的地区干旱，有的地方极其干旱以致难以维持生命的存在。正是水循环不均匀所导致的水分布时空差异，造就了地球上千姿百态的自然景观和丰富多彩的生态系统。水循环是自然界中最重要的物质循环之一，使得人类的生产和生活不可缺少的水资源具有再生性。在水循环中，大气中的水分仅占全球总水量的 0.001%，约为 12.9km^3，但是平均每年进出大气的总水量高达 $6 \times 10^6 km^3$，并以雨、雪、雹、露等降水的形式进入地球表面，为地球上的各类水体，尤其是陆地水体提供了宝贵的淡水资源。

水文地质简介

1.1.3 水文现象的特性

唯物辩证法认为世界上的事物和现象不仅普遍具有内在联系，而且经常处于不断的运动变化之中。水文循环作为一种自然现象，根据对立统一规律，其在各种自然因素和人类活动的影响下时空分布变化上具有下列特点：

（1）水文现象在时间变化上既具有周期性又具有随机性。水文现象的变化对任何一条河流都有一个以年为单位的周期性变化。例如，以降雨补给的河流为例，最大流量每年都发生在多雨的汛期，而最小流量多出现在雨水稀少的枯水期，这是由于四季交替变化是影响降雨的主要因素。又如，靠冰雪融水补给的河流，因气温具有年变化的周期，所以随气温变化而变化的河川径流也具有年周期性。

但是，河流某一年的流量变化过程，实际上不会和另一年的完全一样，每年的最大与最小流量的具体数值也不尽相同，这都表明了水文现象的发生在数值上具有随机性，也就是带有偶然性。因为影响河川径流的因素极为复杂，各因素本身也在不断地发生着变化，在不同年份的不同时期，各因素间的组合也不完全相同，所以受其制约的水文现象的变化过程，在时程上和数量上都没有重复再现过，都具有随机性。

（2）水文现象在地区分布上既具有相似性又具有特殊性。任何水文现象在空间上均同时存在确定性和不确定性这两方面的性质。不同的流域，如果所处的自然地理条件相似，水文现象也就具有一定程度的相似性。例如，我国南方湿润地区的河流，水量充沛，年内分配较均匀，含沙量较少，而北方干旱地区的河流则水量不足，年内分配不均匀，含沙量大。地带相似性反映水文现象在空间变化上存在确定性的一面。有时不同流域虽然处在相似的地理位置，但由于各流域的地质和地形等非地带性下垫面条件的差异，水文现象就会有很大的差异，表现出特殊性的一面。例如，同一气候带，山区河流与平原河流、岩溶区与非岩溶区，其水文现象就有很大的差别。这种局部性变化的特殊性，反映了水文现象在空间变化上的不确定的一面。

1.1.4 水文现象的研究方法

由上述水文现象的基本特征可知，对水文现象的分析研究，都要以实际观测资料为依据。按不同目的要求，可把水文学常用的研究方法归结为成因分析法、数理统计法和地理综合法三类。

1. 成因分析法

成因分析法是以水文过程形成的原理为基础，定量研究水文现象的形成、演变过程，揭示水文现象的本质、成因，其与各因素之间的内在联系，以及其定性和定量的关系，通常是建立某种形式的确定性模型。

2. 数理统计法

基于水文现象具有的随机特性，以概率理论为基础，根据实测资料，运用数理统计方法，求得水文现象特征值的统计规律，为工程规划设计提供所需的水文数据。当水文系列不满足数理统计分析的系列长度要求时，可对两个或多个变量间的统计关系进行相关分析，从而插补延长水文系列。数理统计法是根据截至目前已经掌握的水文资料来推测未来的变化，并不能阐明水文现象的因果关系。

3. 地理综合法

因影响水文现象的气候因素和地形地质因素的分布具有地区特性，从而使得水文现象的变化在地区分布上也呈现出一定的规律性。分析水文现象地带性规律和非地带性的地域差异，用各种水文等值线图表示水文特征的分布规律，或建立地区经验公式，以揭示地区水文特征。地理综合法由于不需要长时间序列的水文资料，使用较为简易，但是计算误差相对较大，用于无资料的中小流域的水文特征值的分析计算。

在解决实际问题时，以上三类方法常常同时使用，它们应该是相辅相成、互为补充的。经过多年的实践，我国已初步形成一种具有自己特点的研究方法，概括为“多种方法、综合分析、合理选定”的原则。在实际工程问题中，应根据工程所在地区的特点以及可能收集到的资料情况，对采用的方法有所侧重，以便为工程规划设计提供可靠的水文资料。

1.2 水　文　学

水是一切生命赖以存在的基础，也是人类生活和社会经济生产活动不可缺少与不可替代的重要资源。为了充分利用水资源和防治水害，人们不得不从各方面对水进行系统观测、实验、分析和归纳总结，逐步形成了水文科学。水文学研究各种水体的存在、运动、循环和分布，水体的物理化学性质，以及水体与环境的相互作用和影响，包括与生物特别是人类的相互作用和影响。

近年来随着经济社会的发展和观念的进步，我国水利事业正在向现代水利、可持续发展水利转变。在加强水利水电工程、农业水利工程规划建设的基础上，水资源保护、水环境整治、水土保持、城市水务等新兴涉水工程得到更多的重视，也使得水文学得到更为广泛的应用。

1.2.1　水文学的分类

水文学是地球科学的一个分支，是研究地球与水的科学，其既具有理论科学的特征，也具有应用学科的性质。与其他学科一样，水文学需要在不断解决新的问题的过程中拓展其研究范畴，增强科学基础，以便更好地为人类经济社会的发展服务。随着人们对水与水文现象的认识逐渐深入，水文科学也在不断发展。因为水循环使得水圈、大气圈和岩石圈联系密切，故水文学与地球科学体系中的大气科学、地质学、自然地理学的关系非常密切。水文学开始主要研究陆地表面的河流、湖泊、沼泽、冰川等，以后逐渐扩展到地下水、大气中的水和海洋中的水。传统的水文学是按照研究的水体对象进行分支学科划分的。随着研究范围的扩大，研究方法的逐渐深入，其分支学科也在逐渐增加。因此水文学的分类与分支学科的形成及其发展过程是紧密相连的。由于分类依据的不同，水文学的分支学科的数量和名称不完全相同。按照理论研究和工程应用，把水文学分为理论水文学（又称水文学原理）和应用水文学两大类。水文学分类大多是在应用水文学基础上进一步划分的，常见的水文学分类见表 1-1。

表 1-1　　水 文 学 分 类

分类依据	分类与分支学科
研究方法	动力水文学、系统水文学、计算水文学、水文统计学、随机水文学、地理水文学、同位素水文学、数字水文学等
研究对象	河流水文学、湖泊水文学、沼泽水文学、河川水文学、河口海岸水文学、水文气象学、地下水文学、海洋水文学和水资源学等
应用范围	工程水文学、农业水文学、土壤水文学、森林水文学、城市水文学、生态水文学等
工作方式	水文测验学、水文调查学、水文实验学
研究地域	区域水文学、全球尺度水文学
研究时段	古水文学、现代水文学

1.2.2　水文学的发展

水文学同其他科学一样，都是在人类生存和生产实践中，对经常遇到的各种水文现象进行探索，在不断认识和积累经验的基础上，经历了一个由萌芽到成熟、由定性到定量、由经验到理论的历史发展过程。其发展历程大致可以分为如下几个阶段。

1. 萌芽阶段（1400 年以前）

世界上最早的水位观测出现在中国和埃及。古埃及在公元前 3500 多年前即开始观测尼罗河水位，至今还保留着 2200 多年前的水尺。中华民族的祖先为了防御黄河洪水，从公元前 2000 多年起就开始观察水位涨落与天气状况。大禹治水已“随山刊木”（即立木于河中）以观测水位。公元前 1200 年的安阳甲骨文记载了水文循环的朦胧概念。隋代的石刻水则、宋代的水碑、明代的“乘沙量水器”等的相继出现，表明古代水文观测不断进步。《吕氏春秋》《水经注》等古代著作中，系统记载了我国各大河流的水情，并记载着水文循环的初步概念及其他水文知识。自远古至约 14 世纪末，这个阶段为水文现象的定性描述阶段，其特点是：水文知识的萌芽产生，开始了原始观测，对水文现象进行定性描述，初步形成经验积累。

2. 水文科学基础形成阶段（1400—1900 年）

欧洲文艺复兴及产业革命后，随着自然科学及科学技术的迅速发展，一系列水文观测仪器相继发明，为水文现象的实地观测、定量研究和科学实验提供了条件，大量的水利工程建设要求解决各种设计中的计算问题，水文学基本理论和方法逐步发展和完善。1424 年中国和朝鲜先后开始统一制作和使用高标准测雨器。1674 年后，涌现了一批水文测验仪器。基于水力学 Bernouli 定理和 Chezy 水流阻力公式，水文领域也提出了若干基础理论和公式，例如，1802 年 Dalton 蒸发原理，1850 年 Mulvaney 的估算洪峰推理公式，1856 年 Darcy 的多孔介质渗流定律，1891 年 Manning 的明渠流公式等，标志着水文研究逐步加快了前进的步伐。本阶段的特点是水文现象由概念性描述进入定量的表达，水文理论逐渐形成。

3. 应用水文学发展阶段（1900—1950 年）

进入 20 世纪，两次世界大战后，随着社会生产力的提高，各国经济迅速发展，而洪水、干旱等造成的经济损失也与日俱增。为了减小洪旱灾害造成的经济损失，全球掀起了水利工程建设的高潮，以工程水文学为主的应用水文学应运而生。适应这一形势的需要，1911 年 Green 和 Ampt 建立了具有物理基础的入渗方程，1914 年 Hazen 将频率分析用于洪峰流量及其所需滞蓄水量的估算，1931 年 Richard 推导出土壤非饱和流基本方程，1932 年 Sherman 提出将净雨换算为地表径流的单位线，1933 年 Horton 建立入渗理论，1945 年 Gumbel 提出水文极值定律等。同时，皮尔逊Ⅲ型频率曲线分析方法、维泊尔的经验频率计算公式（数学期望公式），以及谢尔曼的单位过程线理论等产汇流理论、计算公式和方法相继出现，大大改进了水文计算和水文预报的方法，提高了成果的精度。水文领域的这些研究成果为水利工程建设的顺利实施提供了理论基础与技术支撑。本阶段的特点是水文观测理论体系进一步完善，水文学进入成熟阶段。

4. 现代水文学发展阶段（1950 年至今）

20 世纪中期，随着工业经济的发展，世界人口快速增长，致使若干国家和地区先后发生资源、环境问题，特别是水资源短缺和环境污染引起的危机。同时，电子计算机技术和遥感遥测技术的飞速发展，使得水文学的研究方法趋于综合。例如雷达测雨、中子散射法测土壤含水、放射性失踪测流、同位素测沙等现代技术，使人们能够获得使用通常方法无法取得的水文信息。由于社会经济的需求和技术条件的成熟，先后提出大尺度水文模拟的基本概念，研制出基于遥感（RS）、数字流域、地理信息系统（GIS）的分布式流域水文模型，实时开展洪水预报与调度系统等，以满足社会经济发展中所遇到的生态环境保护、水资源评价等大尺度模拟以及水资源配置与管理等的实际需要。

21 世纪，我国进入发展的黄金时期，经济社会发展对水文学科提出了更进一步的要求，解决这些问题既是挑战也是机遇。首先，从全球范围看气候变暖更为明显，这使得水循环变化加剧。这与长期以来世界人口增加、工农业发展所引起的二氧化碳等“温室气体”排放量剧增有关。后果之一是某些地区降水量与径流量减少，如 20 世纪 90 年代，我国黄河上中游、汉江等流域 10 年平均降水量减少 5%～10%，黄河花园口天然径流量初步估计偏少约 20%，从而导致区域性缺水，制约了相应地区的经济发展，并使其环境和生态状况恶化。同时也导致了海平面上升，我国沿海海平面多年来呈波动上升趋势，2003 年黄海海平面比常年高 73mm，东海和南海次之。这种情况下，水资源短缺与洪水灾害同时存在，严重影响了经济社会的发展。因此，如何有效预防洪旱灾害，合理配置有限的水资源，缓解水污染状况，是我国水文水资源工作者面临的艰巨任务。

1.3 水文地质学

1.3.1 水文地质学的研究内容与对象

埋藏在地表以下岩石空隙中的水称为地下水，水文地质学是研究地下水的科学。水文地质学研究主要包括在岩石圈、地幔、水圈、大气圈、生物圈和人类活动相互作用下，地下水的水量与水质在时间和空间上的变化，以及地下水对各个层圈相互作用产生的影响，从而服务于人与自然相互协调的可持续发展。水文地质学的研究内容是地下水在周围环境的影响下数量和质量在时空上的变化规律，以及如何利用这一规律有效地利用和调控地下水。

地面以下岩石空隙中普遍赋存水。其中，岩石空隙完全被水充满的部分，称为饱和带，其顶面为地下水面；地面以下到地下水面之上，岩石空隙被水和空气充填，称为非饱和带。传统水文地质学的研究对象是饱和带水。

饱和带与非饱和带水存在着千丝万缕的联系，非饱和带水的重要性越来越被人们所认识。因此，水文地质学的研究对象，从传统的饱和带水扩展为地面以下岩石空隙中所有的水，既包括饱和带水，也包括非饱和带水。

随着科学的发展，水文地质学的研究对象也在不断扩展，由地壳浅表岩土空隙中的饱和带水扩展到非饱和带水，目前已扩展为从地壳到下地幔的地球各层圈中的水。

1.3.2 水文地质学发展简史

水文地质学的发展同水文学类似，大体可以划分为萌芽、奠基、成形和发展四个阶段。

1. 萌芽时期

远古的人类“逐水而居”。凿井取水，意味着地下水由“自在之物”变为“为我之物”，标志着水文地质学的萌芽。迄今为止，中国发现最古老的水井是浙江余姚河姆渡木质结构井，成井距今约5600年。战国晚期，四川开始在基岩中凿井取卤水制盐。东汉时，主要利用竹片在基岩中开凿盐井，井深达200 m左右。盐井咸水自行流出地表，故有自流井之称。约3000年前，中西亚及北非的干旱地带出现坎儿井，一般认为起源于波斯，是一种水平的集水—输水廊道，用于汲水及检修。迄今，我国新疆在内的广大地区，许多坎儿井仍在使用。

2. 奠基时期

18世纪60年代，欧洲产业革命后，对水的需求增加，有了计算井出水量的需求。当时，正值实验科学兴起之时，室内控制性实验成为建立经典物理学的重要手段。1856年，法国水力工程师达西（H. Darcy）通过室内控制性实验建立了达西定律，为水文地质学进入定量研究阶段奠定了学科基础。1863年，法国人裘布依（A. Dupuit）提出稳定井流公式。随着地下水开采规模的增强，人们认识到开采井水波及含水层相当大的范围。1935年，美国人泰斯（C. V. Theis）借助热传导原理，得出了地下水非稳定井流方程。1954年，博尔顿（N. S. Bolton）发现，开采潜水时相应的非饱和带水滞后释水，于是非饱和带水也进入了人们的视野。

1912年，德国人凯尔哈克（K. Keilhack）对地下水及泉作了分类。20世纪20～30年代，美国人迈因策尔（O. E. Meinzer）在对美国地下水总结的基础上，探讨了一系列水文地质概念及术语。他在1923年重新明确了安全抽水量的定义，意味着原有的找水水文地质学开始向资源水文地质学转变。

3. 成形时期

大致在 20 世纪中叶，随着资源水文地质学的形成，对地下水的理论和研究方法构建了较为完备的框架，水文地质学进入了成形阶段。此时，我国的水文地质学从苏联引入，并逐渐形成了自己的特色。

4. 发展时期

第二次世界大战以后，随着生产力与科学技术的迅猛发展，以及人口的爆炸式增长，人类活动以空前的规模改造自然，包括地下水在内的资源大量消耗，伴随而来的是生态环境的急剧恶化。水文地质学进入以生态环境为核心课题的阶段，面对的问题错综复杂，原有的概念、理论与方法，难以满足需求，新的理论与技术方法不断引入，水文地质学进入新的发展时期。

1963 年，加拿大籍匈牙利人、年轻的水文地质学家托特（J. Toth）提出了地下水流系统理论：均质的潜水盆地中，存在多级次地下水流系统，地下水是重要而普遍的地质营力。20 世纪 80 年代，托特的革命性理论基本形成，成为水文地质学的新范式，标志着当代水文地质学阶段的来临。同时，20 世纪 40～60 年随着数学理论与计算机技术的不断发展，数值计算与数值模拟等各种方法引入水文地质，使得如非稳定流等的一些复杂的水文地质问题能够得以定量求解。20 世纪 60 年代，同位素方法引入水文地质学，为解决地下水定年与来源等提供了重要手段。

航空测量、卫星监测等遥感方法、卫星定位系统及地理信息系统相继引入水文地质学后，加强了收集和处理地下水信息的能力。系统论、信息论、控制论等各种科学方法的引入，尤其是系统分析、决策支持系统的应用，为解决与水文地质学有关的复杂技术——社会问题——提供了有力工具。

1.4　专业中的水文与水文地质问题

学习水文与水文地质学，旨在通过深入认识与广泛运用水文与水文地质规律，在为国民经济建设服务的同时，为给排水工程的规划、设计、施工、运行及管理提供正确的水文资料及分析成果，以充分开发与合理利用水资源，避免水害，充分发挥工程效益。

在给水方面，以地表水为水源的给水工程，必须要考虑水量变化及其取用条件。当水源水量充沛时，需要确定取水口的位置，了解水位、流量、泥沙及冰凌的变化情况等；当水源水量不足时，就要设计水库调节，以丰补缺，这需要对所在流域内径流的年际变化及年内分配等水文情况进行分析。如果给水工程与灌溉、航运、水力发电等其他水利工程设施配合在一起综合利用，那么水文分析与计算的内容就更加复杂、更加广泛。然而，由于我国幅员辽阔，许多城市以地下水作为主要供水水源；在一些沙漠地区、干旱地区和海岛，地下水有时是唯一的水源；在我国北方一些农村，绝大部分使用地下水作为饮用水与灌溉用水。因此，对于给排水工作者来说，要正确选择水源和合理设计取水构筑物，必须要掌握基本的水文地质知识，学会阅读和利用水文地质资料，并能进行基本的水文地质计算。

在排水工程方面，由于城市内涝问题的日益加剧，城市产汇流基础理论分析、设计暴雨与洪水分析、暴雨强度公式推求等都与解决城市内涝问题密切相关。同时，掌握雨水管网设计中的推理公式、径流系数等基本概念，都需要以水文资料的收集、分析与计算等工作为基础。

所以说，水文与水文地质学和给排水工程有着密切联系，学好该课程对系统全面地掌握给排水科学与工程专业知识具有重要意义。

第 2 章

流域径流形成过程

教学目标

掌握河流和流域的基本概念；掌握流域产流及汇流过程，明确影响径流的因素及其机制；理解径流量、径流总量、径流模数、径流系数等表示径流的参数。

课程思政

在以地表水为水源的给水工程及水利水电工程中，安全性一方面取决于工程本身，而河流的径流情势也是非常重要的一方面。径流过程决定着河流水位及水量的变化，很大程度上决定着给排水工程中的取水构筑物及水利水电工程的安全。作为工程设计者，应该时刻树立安全第一的理念。通过流域径流形成过程的学习，全面考虑流域下垫面、降水、地形、植被等因素，分析流域上的径流过程，可为给排水工程设计与水利水电工程的规划提供一定的依据，减少事故发生的可能性。

径流是指降水形成的沿着流域地面和地下向河川、湖泊、水库等处流动的水流。其中，沿着地面流动的水流称为地表径流，或称地面径流；沿着土壤、岩石孔隙流动的水流称为地下径流。水流汇集到河流后，在重力作用下沿着河道流动的水流称为河川径流。河川径流主要来源于大气降水，包括降雨和降雪两种主要形式，所以河川径流分为降雨径流和融雪径流。我国大部分河流为降雨径流，冰雪融水径流只在局部地区的河流或河流的局部河段发生，所以本章主要讨论降雨径流。

径流过程是地球上水文循环中最为重要的一环。在水文循环过程中，陆地上降水落到地面，除下渗、蒸发等损失外，其余水流都以地表径流和地下径流的形式汇入海洋，其中下渗是最主要的损失。径流过程又是一个复杂多变的过程，它与人类同水旱灾害的斗争、水资源的开发利用、水环境保护等生产生活活动密切相关。因此，研究和揭示径流的变化规律，分析它与其他水文要素以及各影响因素之间的相互关系，掌握径流形成的基本理论和分析计算方法是十分重要的。

流域是降水的承受面，也是蒸发的逸出面，又是径流形成的下垫面。流域的最主要功能是将降水转化为径流，流域的基本特征是形成径流量大小及其变化过程的重要影响因素。河流是径流的通道，在水文循环过程中，河流是陆地和海洋之间进行水量横向交换的路径之一。本章首先介绍河流与流域的基本概念，然后介绍径流的形成过程及其表示方法。

2.1 河　　流

河流简介

2.1.1 干流及支流

河流是汇集地面水和地下水的天然泄水通道。将汇集的水流注入海洋或内陆湖泊的河流为干流；而汇入另一条河流的，称为支流。支流可分为多级，直接汇入干流的河流为一级支流；直接汇入一级支流的河流为二级支流，以此类推。长江干流–支流如图 2–1 所示，汉江、嘉陵江、乌江等都是长江的一级支流。河流的干流及其全部支流，构成脉络相通的河流系统，称为河系或水系。水系常用干流的名字来命名，如长江水系、黄河水系等，但在研究某一支流或某一局部区域问题时，也可用该地区的水系的名称来命名，如湘江水系、洞庭湖水系等。

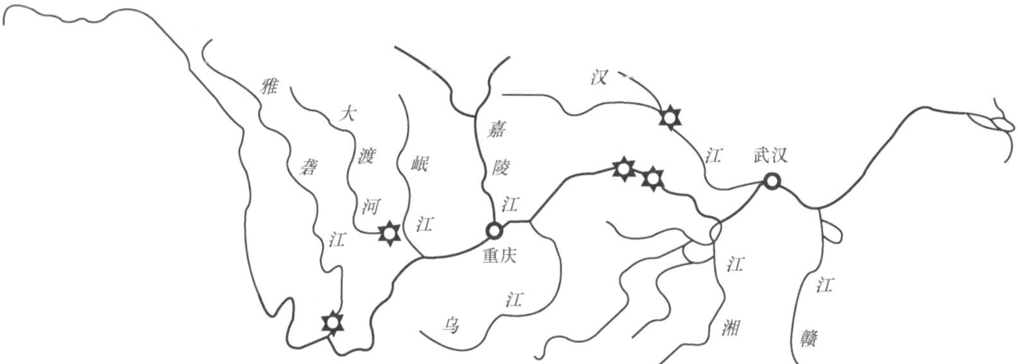

图 2–1　长江干流–支流示意图

2.1.2 河长及弯曲系数

从河源沿主河道至河口的距离称为河流的长度，简称河长。河长是确定河流落差、比降和能量的基本参数。一般可从一定比例尺的地形图上量得。

弯曲系数表示河流平面形状的弯曲程度，是河道全长（即河长）与河源到河口间直线距离之比。根据这个定义，任意河段的弯曲系数也可依同理求出。河流的弯曲程度既是影响河流水力特性的因素之一，又可说明河流流经地区的地质地貌等特点。一般而言，平原区比山区的弯曲系数大，下游比上游的弯曲系数大。

2.1.3　河流的分段

按照河段不同特性，一条发育完整的河流，可以划分为河源、上游、中游、下游和河口五段。

（1）河源。河源是河流的发源地，可以是冰川、泉水、沼泽、湖泊等，多呈扇面状。例如，位于青海省南部的三江源，是长江、黄河、澜沧江的源头。

（2）上游。上游紧接河源，通常位于深山峡谷中，具有落差大、水流急、冲刷剧烈的特点，常见急滩或瀑布。

（3）中游。中游河段比降变缓，河槽变宽，两岸有滩地，冲淤变化不明显，河床较稳定。

（4）下游。下游一般处于平原区，河槽较宽，比降较小，水流缓慢，淤积较明显，浅滩和河湾较多，且河槽多具有游荡性。

（5）河口。河口是河流的终点，即河流汇入海洋或内陆湖泊或其他的地方。由于河口段流速骤减，泥沙大量淤积，常常形成河口三角洲，如长江三角洲、黄河三角洲等。消失于沙漠的河流则没有河口。最终汇入海洋的河流，称为外流河，如长江、黄河、松花江等；汇入内陆湖泊或消失于沙漠的河流，称为内流河或内陆河，如新疆的塔里木河、青海的格尔木河、甘肃的石羊河等。

2.1.4　河槽基本特征

1. 河流的平面形态

河流流经的谷底部分称为河谷，河谷底部有水流的部分称为河床或河槽。河床深度的分布与河流平面形态有密切的关系。由于河中环流的作用、水流冲刷与泥沙淤积，使河道具有蜿蜒曲折的形态。图 2-2 所示为河段某一水位下的等深线图。面向水流方向，左边的河岸为左岸，右边的河岸为右岸。弯曲河段沿流向的平面水流形态呈凹形的河岸称凹岸，相反呈凸形的河岸称凸岸。在河流凹岸，水深较大，称为深槽。两反向河湾之间的直段，水深相对较浅，称为浅槽。深槽与浅槽沿水流方向交替出现，具有一定的规律。河槽中沿流向各最大水深点的连线称作溪线，也称为深泓线。河道各横断面表面最大流速点的连线则称为中泓线。

2. 纵断面

河流的纵断面是从河源到河口的河床最低点的连线，它表示河槽或水位纵向坡度变化特征。用高程测量法测出该线上若干河底地形变化点的高程，以河长（L）为横坐标，河底高程（h）为纵坐标，可绘出河槽的纵断面图（见图 2-3）。它明显地表示出河底的纵坡和落差的分布，是推算水流特性和估计水能蕴藏量的主要依据。

河流纵断面的特征可用落差、比降表示。任意河段两端的高差称为落差，单位河长的

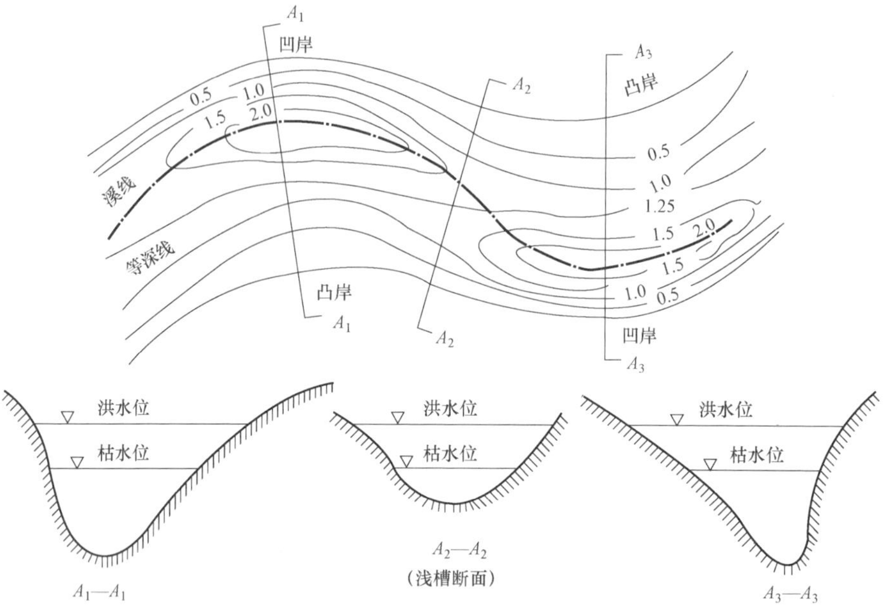

图 2-2 河流等深线图

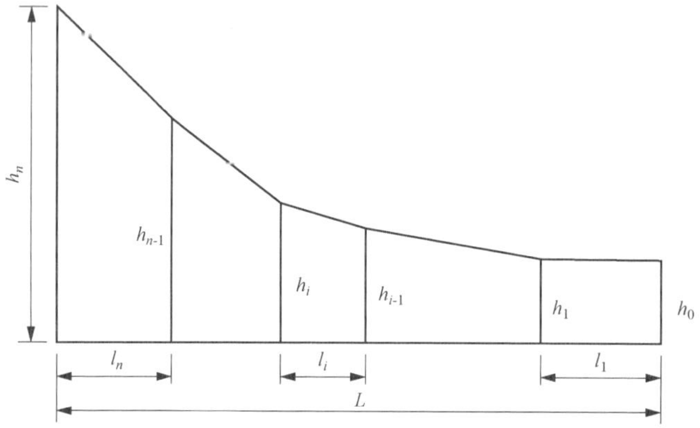

图 2-3 河槽纵断面示意图

落差称为比降。常用的河流比降有水面比降与河底比降。河流沿程各河段的比降不同，一般从上游向下游逐渐减小。水面比降一般随水位而变化，河底比降则较稳定。

当河段纵断面近于直线时，其比降可用式（2-1）计算

$$J=\frac{h_1-h_0}{l}=\frac{\Delta h}{l} \tag{2-1}$$

式中：J 为水面比降或河底比降；h_1, h_0 分别为河段上、下断面水面或河底高程，m；l 为河段长度，m。

一条河流由于沿途地形等因素的影响，河底比降沿程变化，一般表现为自河源向河口纵比降逐渐减小。此时，若要计算河底平均比降，首先可在地形图上量取自分水岭至出口断面的纵断面图（见图 2-3），然后采用式（2-2）计算

$$J = \frac{(h_0 + h_1)l_1 + (h_1 + h_2)l_2 + \cdots + (h_{n-1} + h_n)l_n - 2h_0 L}{L^2} \qquad (2-2)$$

式中：J 为河底平均比降；h_0，h_1，…，h_n 为自出口断面起各特征点的河底高程；$l_1, l_2, \cdots, l_n$ 分别为各特征点之间的间距。

3. 横断面

河流的横断面一般是指与水流方向相垂直的断面。两边以河岸、下面以河底为界的称河槽横断面，包括水位线在内的横断面则称为过水断面。

由于地球自转及河道弯曲离心力的作用，河道横断面的水面并非完全水平，河道水流除向下游流动外，还存在垂直主流方向的横向流动，一般用水面横比降表示。水面横比降指左右岸水面的高程差与之相应断面的河宽之比。水面横比降产生的原因有两个：一是地球自转所产生的偏转力，二是河流弯道离心力，其中前者是主要原因。

河流横比降的存在，使水流在向下游运动的过程中，在水体内产生一种横向水流，它与河轴垂直，表层横向水流与底层横向水流的方向恰恰相反，在过水断面上它们的投影将构成一个封闭的环流，如图 2-4 所示。实际上，横向环流与纵向水流结合起来，成为江河中常见的螺旋流。这种螺旋流使平原河道凹岸受到冲刷形成深槽，在凸岸产生淤积形成浅滩，直接影响着水源取水口位置的选择，对认识河流地貌的形成与河流治理也具有重要意义。

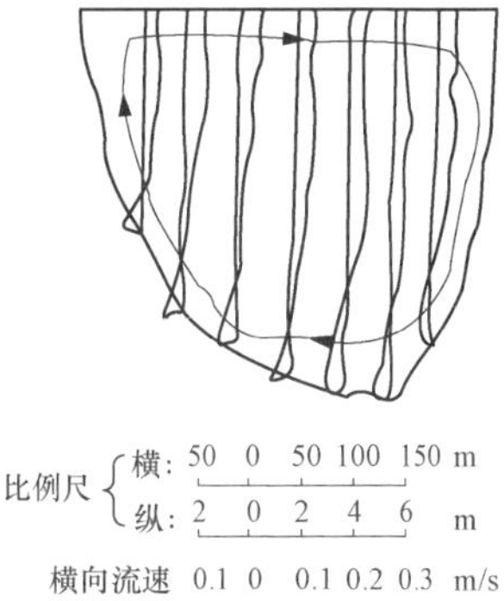

图 2-4　河流横断面环流示意图

2.2　流　　域

流域简介

2.2.1　分水线

当地形向两侧倾斜，使雨水分别汇集到两条不同的河流中去，这一地形上的脊线起着分水的作用，是相邻两流域的界线，称为分水线或分水岭，即流域四周地面最高点的连线，通常就是流域四周山脉的脊线。例如，降落在秦岭以南的雨水流入长江，而降落在秦岭以北的雨水则汇入黄河，所以秦岭便是长江与黄河的分水岭。对较小的流域，其间虽无山岭，但有地形上的脊线，也构成分水线。

河流水源包括地面水和地下水，同地面流域分水线一样，地下水也有分水线。流域的地面分水线和地下分水线一般大体一致，但有时受流域上的水文地质条件和地貌特征的影响，地面分水线和地下分水线可能不一致，表现为在垂直方向不重合。如图 2-5 所示，

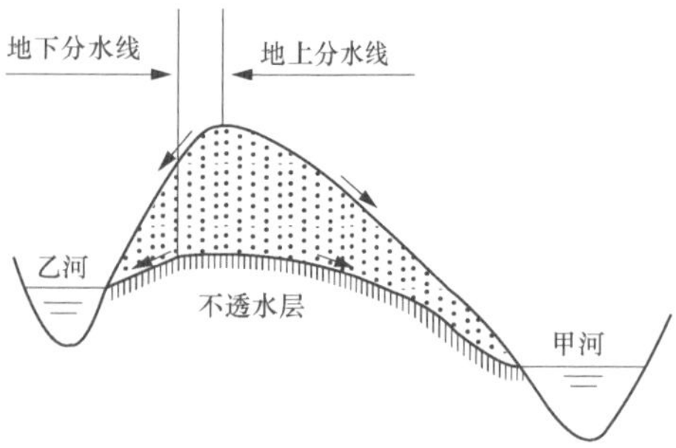

图 2-5 分水线示意图

甲、乙两河地面分水线在中间的山顶上，但地下有不透水层向甲河倾斜，因此地下分水线在地面分水线的左边。流域的分水线通常并不是固定不变的。一是由于河流的向源侵蚀而发生的相邻流域的袭夺现象，分水线的位置会发生改变；二是由于人工开挖河道，或跨流域引水等会改变流域的实际集水面积；三是平原河网地区，由于地势平坦，河沟纵横交错，加之河道闸坝调节，造成水流方向不定，甚至在不同的季节，因水位高低不同而造成流向不一和集水面积不同。

2.2.2 流域定义

流域是汇集地面水和地下水的区域，也是分水线包围的集水区。如前所述，分水线有地表分水线与地下分水线之分，相应地所构成的集水区域分别为地面集水区和地下集水区两类。

平时所指的流域，一般都指地面集水区，常用单位为"km^2"。如果地面集水区和地下集水区在水平投影面上相重合，则为闭合流域［见图 2-6（a）］；如果不重合，则为非闭合流域［见图 2-6（b）］。严格说，完全闭合的流域是不存在的，但在实际工作中，除了喀斯特地貌等特殊地质构造的地区外，对一般的流域，当所论的问题无太大影响时，多按闭合流域考虑。非闭合流域与周围邻近流域间存在水量交换，对一般的大、中型流域，地面和地下集水区不一致产生的两相邻流域水量交换相比于流域总水量而言小得多，可忽略不计。因此，可用地面集水区代表流域。但是，对于小流域或者流域内有岩溶的石灰岩地区，有时交换水量占流域总水量的比重相当大，把地面集水区看作流域会造成很大的误差，这就必须通过地质和水文地质调查及枯水调查、泉水调查等来确定地面及地下集水区的范围，估算相邻流域间的水量交换。

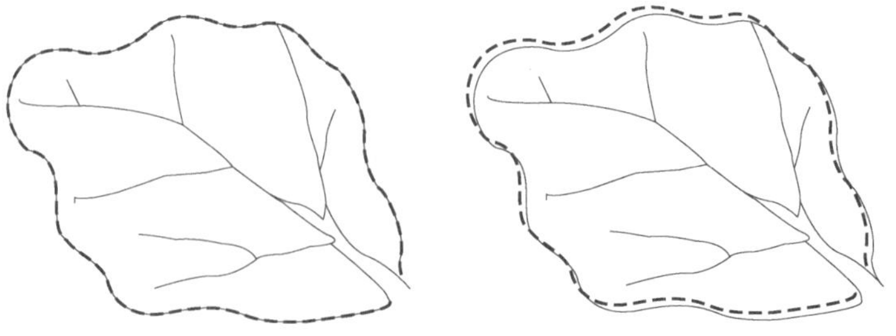
(a) (b)

图例：——— 地面分水线；- - - - 地下分水线

图 2-6 闭合与非闭合流域示意图

2.2.3　流域特征

流域的特征包括流域的几何特征、地形特征和自然地理特征三个方面。

1. 几何特征

流域的几何特征包括流域面积、流域长度、流域平均宽度和流域形状系数，分述如下。

（1）流域面积。流域分水线与河口断面之间包围区域的平面投影面积，称为流域面积，记为 F，以“km^2”计。流域面积的量测通常是在适当比例尺的地形图上，勾绘出流域的分水线后，采用方格法或求积仪法，量出该流域的面积。在水文地理研究中，流域面积是一个极为重要的数据。自然条件相似的两个或多个地区，一般是流域面积越大的地区，该地区河流的水量越丰富。河流的流域面积可以计算到河流的任一河段，如水文站控制断面、水库坝址断面或任一支流的汇合口处。如不特别说明，流域面积是指河口断面以上地面分水线包围的面积。

（2）流域长度。目前确定流域长度的常用方法有以下三种，可依据研究目的选用：① 从流域出口断面沿主河道到流域最远点的距离为流域长度；② 从流域出口断面至分水线的最大直线距离为流域长度；③ 以流域出口断面为圆心作若干不同半径的同心圆，每个圆与流域边界的两个交点连一割线，各割线中点的连线的总长度。流域长度以 L 表示，单位以“km”计。

（3）流域平均宽度。流域平均宽度 B 由流域面积除以流域长度 L 得到，即

$$B=\frac{F}{L} \tag{2-3}$$

流域平均宽度 B 越小，流域形状越狭长，水流越分散，形成的洪峰流量小，洪水过程越平缓；若 B 接近于 1，则流域形状近于方形，水流越集中，形成的洪峰流量大，洪水过程较集中。

（4）流域形状系数。流域形状系数 K 等于流域平均宽度 B 与流域长度 L 之比，即

$$K=\frac{B}{L}=\frac{F}{L^2} \tag{2-4}$$

流域形状系数 K 越大，流域形状越近于扇形，洪水过程越集中，形成尖瘦的洪水过程线；形状系数 K 越小，流域形状越狭长，洪水过程越平缓，形成矮胖的洪水过程线，如图 2-7 所示。

2. 地形特征

（1）流域平均高程。流域平均高程指流域地面分水线内地表的平均高程，常用流域内各相邻等高线间的面积乘以其相应平均高程乘积之和与流域面积的比值表示。可从地形图上用求积仪量取相邻两条等高线包围的面积，用加权法计算，即

$$\overline{Z}=\frac{f_1Z_1+f_2Z_2+\cdots+f_nZ_n}{F}=\frac{\sum_{i=1}^{n}f_iZ_i}{F} \tag{2-5}$$

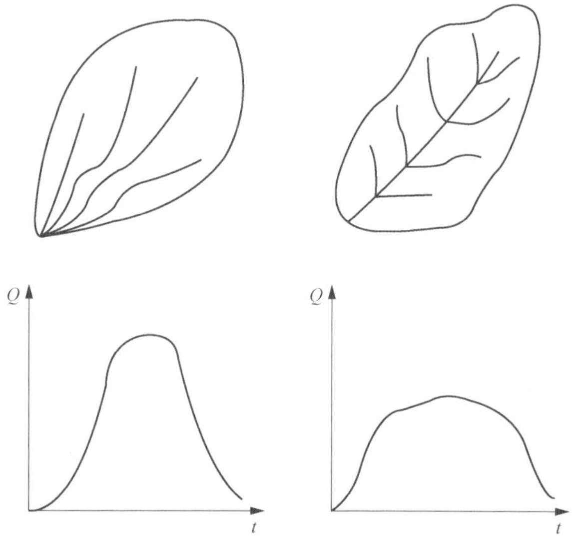

图 2-7　流域形状及其径流量过程线

式中：$\bar{Z}$ 为流域平均高程，m；f_i 为相邻两条等高线之间的面积，km^2；Z_i 为相邻两条等高线的平均高程（即相邻两等高线的平均值），m。

（2）流域平均坡度。流域的平均坡度又称地面平均坡度，是坡地漫流过程的一个重要影响因素，是指流域内最高最低等高线长度的一半及各等高线长度乘以等高线间的高差乘积之和与流域面积的比值。一般采用式（2-6）计算

$$\bar{S}=\frac{\Delta Z}{F}(0.5L_1+L_2+L_3+\cdots+L_{n-1}+0.5L_n) \tag{2-6}$$

式中：$\bar{S}$ 为流域平均坡度；ΔZ 为相邻两条等高线的高差，m；$L_i(i=1,\cdots,n)$ 为流域内各等高线的长度，m。

3. 自然地理特征

流域的自然特征包括地理位置、气候条件、流域下垫面条件及人类活动类型和程度，其中流域下垫面条件包括土壤性质、地质构造、地形、植被、湖泊、沼泽等。

（1）流域地理位置。流域的地理位置一般用流域中心或其边界的经纬度表示，如黄河流域位于北纬 32°～42°和东经 96°～119°。纬度相同地区的气候比较一致，所以东西方向较长的流域，流域上各处水文特征的相似程度较大。另外，还需要说明所研究流域距离海洋的远近以及与其他流域和周围较大山脉的相对位置。流域距离海洋的远近和与较大山脉的相对位置，影响水汽的输送条件，直接导致降雨量的大小和时空分布的不同。如我国西北内陆地区与华北地区相比，虽然纬度相同，但前者因距离海洋较远、降水量稀少而形成较干旱的气候；由于秦岭山脉的阻隔，水汽输送不畅，致使秦岭南北地区的降水量相差悬殊，河流的水文特征也有显著差异。

（2）流域气候特征。流域的气候要素包括降水、蒸发、气温、湿度、气压、风速等。河流的形成和发展主要受气候因素控制，即有“河流是气候的产物”之说。降水量的大小及分布，直接影响河流年径流的多少；蒸发量则对年、月径流有重大影响。气温、湿度、风速、气压等主要通过影响降水和蒸发，从而间接影响流域径流。

（3）流域下垫面条件。下垫面指流域的地形、地质构造、土壤和岩性、植被、湖泊、沼泽等情况，这些要素以及上述河流特征、流域特征都反映了每一水系形成过程的具体条件，并影响径流的变化规律。

（4）人类活动类型和程度。在天然情况下，水文循环中的水量、水质在时间和地区上的分布满足不了人类生产、生活和防灾的需求。为了解决这一矛盾，长期以来人类采取了许多措施，如兴修水利、植树造林、水土保持、城市化等来满足人类的需要。人类的这些活动，在一定程度上改变了流域原始的下垫面条件从而引起水文特征的变化。因此，当研究河流与径流的动态特性时，需要对流域的自然地理特征及其变化状况进行专门研究。

2.2.4 流域水量平衡

时段为 Δt 的流域水量平衡方程为

$$P + R_{sI} + R_{gI} - (E + R_{so} + R_{go} + q) = \Delta W \tag{2-7}$$

式中：P 为时段 Δt 内流域上的降水量；R_{sI} 为时段 Δt 内的流入流域的地表径流量；R_{gI} 时段 Δt 内的流入流域的地下径流量；E 为时段 Δt 内流域上的蒸散发量；R_{so} 为时段 Δt 内流出流域的地表径流量；R_{go} 为时段 Δt 内流出流域的地下径流量；q 为时段 Δt 内流域用水量；ΔW 为时段内流域的蓄水变化量。各参数均以水量深度表示，故单位均与降水量一致，为毫米。

式（2−7）为流域水量平衡方程的一般形式。如果流域为闭合流域，且用水量很小，即 $q \approx 0$，则该式可以简写为更简单的形式

$$P - E - R = \Delta W \tag{2-8}$$

式中：R 为时段 Δt 内从流域出口断面流出流域的地下、地表径流之和，mm。

同样，还可以写出多年平均情况下闭合流域水量平衡方程：

$$\overline{P} = \overline{E} + \overline{R} \tag{2-9}$$

式中：$\overline{P}$ 为流域多年平均年降水量，mm；$\overline{E}$ 为流域多年平均年蒸散发量，mm；$\overline{R}$ 为流域多年平均年径流量，mm。

我国主要河流流域水量平衡要素的数量估算值列于表 2−1，名页数字均为多年平均值。

表 2−1　我国主要河流流域水量平衡要素的数量估算值

河流	水量平衡要素			多年平均径流系数
	降水（mm）	蒸散发（mm）	径流深度（mm）	
松花江	525	380	145	0.28

续表

河流	水量平衡要素			多年平均径流系数
	降水（mm）	蒸散发（mm）	径流深度（mm）	
黄河	492	416	76	0.15
淮河	929	738	191	0.21
长江	1055	513	542	0.51
珠江	1438	666	772	0.54
雅鲁藏布江	699	225	474	0.68
中国台湾各河	1903	887	1016	0.53

2.3 径　　流

径流是指由降水所形成的、在重力的作用下沿着一定的方向和路径流动的水流。其中，沿着地面流动的水流称为地表径流；在地表以下土壤及岩石空隙流动的水流称为地下径流；水流中挟带的泥沙则称为固体径流；下落到地面上的降水，由地面和地下汇流到河槽并沿河槽流动的水流统称为河川径流。径流因降水形式和补给水源的不同，可分为降雨径流和融雪径流，我国大部分河流以降雨径流为主，本节主要以降雨补给的河流为例，讲解其地表径流的形成过程。

径流形成过程是一个复杂而连续的物理过程，它是开始于降水过程，结束于流域出口断面的流量过程。径流过程可以概化为产流过程和汇流过程两个阶段。河川径流是流域自然地理环境中最为活跃的因素，是水循环过程中一个重要的环节，是水量平衡的基本要素。了解和认识河川径流形成机理，对于供水工程、环境保护以及防洪、航运、发电等工程设施都是十分必要的。

2.3.1 产流过程

流域内的径流由降雨产生，降雨的大小和它在时间、空间上的分布，决定着径流的大小和变化过程。

降雨开始到产生地表径流之前，除少量雨水直接降落到河水面上外，绝大部分雨水都降落到植物枝叶和地面上，消耗于植物截留、填洼、蒸散发和下渗而损失掉，此过程称为蓄渗过程，因此时的降雨量未形成地表径流，故称为损失量。其中被植被的枝叶截留的雨水，雨停以后很快被蒸发了；填洼的水量一部分下渗，一部分雨后以水面蒸发的形式返回大气；雨期的蒸散发量，由于此时空气湿度大，这部分损失量很小；降落到地面上的雨水，首先湿润表土，然后通过表土中的孔隙下渗，下渗是一次降雨的主要损失量。

下渗的雨水一部分在土壤孔隙中流动成为壤中流，一部分透过包气带到达地下水面，成为地下径流。下渗使得包气带含水量逐渐增加，经过一段时间表土的下渗能力减弱。当降雨强度大于下渗强度时，雨水按下渗能力下渗，超出下渗能力的雨水称为超渗雨。超渗雨开始形成坡面上的细小水流，坡面汇流过程即行开始（见图 2–8）。可见，一次降雨所形成的地表径流量等于降雨量扣除上述损失量，故其径流量也被称为净雨量。

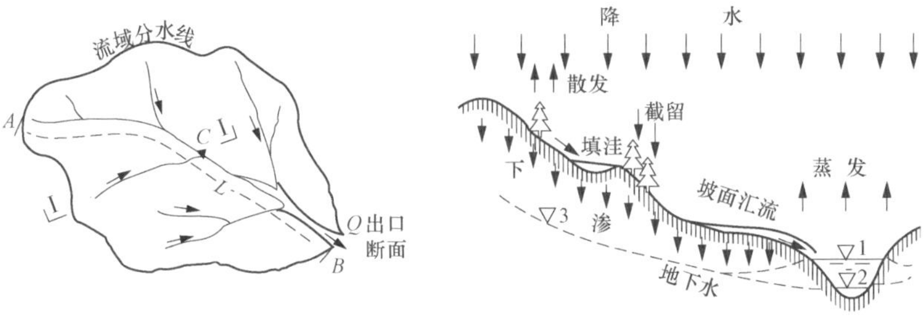

(a)　　　　(b)

图 2–8　径流形成过程示意图

（a）流域平面图；（b）I—I 剖面图

1—洪水水位；2—枯水水位；3—地下水位

2.3.2　汇流过程

净雨沿坡面从地面和地下汇入河网，然后再沿着河网汇集到流域出口断面，这一过程称为流域的汇流过程。前者称为坡面汇流，后者称为河网汇流。

坡面汇流开始的时间各处并不一致，它首先在透水性差的地方和坡面陡峻处开始，然后扩大范围以至遍及全流域。当坡面水流填满大小坑洼，注入小沟、溪涧，继而进入河网汇流过程。汇入河网的水流，沿着河槽纵向流动，在流动过程中，沿途又不断地汇集各干、支流的来水以及地下径流和从土壤孔隙流出的壤中流，最后流出流域出口断面，这是径流形成的最终环节。河网汇流时间的长短与流域的形状、大小等有直接关系，对于较大的流域，汇流时间长，径流调蓄能力强，在降雨和坡面汇流终止后，所产生的径流还会延续很长一段时间进行汇流。

经过坡面汇流和河网汇流过程，使出口断面的径流过程与降雨过程具有明显差异（见图 2–9），具体表现在：① 次降雨量大于相应的次径流深。降落在流域上的雨水必然有部分消耗于植物截留、填洼、下渗以及蒸散发等损失，使得最后流出流域出口的水量小于降落在流域内的水量。② 两条过程线的形状不同。降水过程变化剧烈而不规则，流量过程则相对较平缓光滑。降落在流域内的雨水受流域下垫面的调蓄，类似于一个水库，使得出流过程较入流过程（降水）平缓。③ 流量过程的起始时刻、洪峰、重心等出现的时间均滞后于降水过程。④ 流量过程的总历时要比降水历时长很多。

以上四方面的差异在各个流域均存在，只是随着流域面积的大小、流域下垫面条件以及流域所处的气候条件和降水特征等的不同，这种差异的程度有所不同，要依据流域的具体情况进行分析。

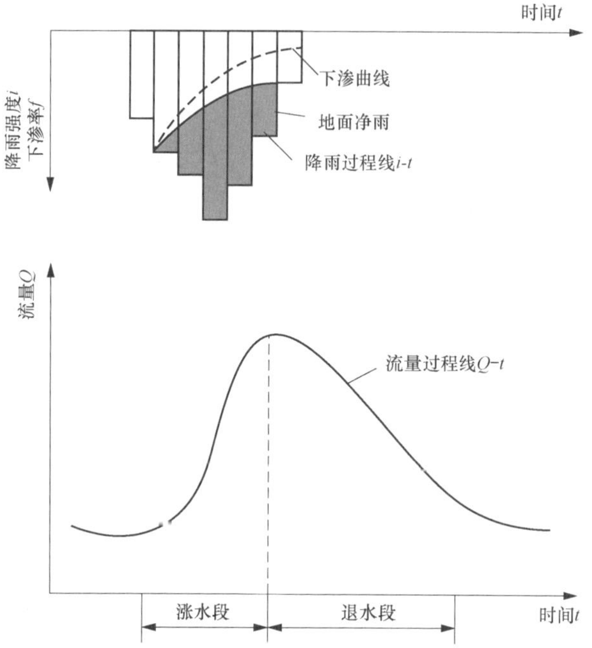

图 2-9　流域降雨–净雨–径流关系示意图

由于流域内各处降雨强度及下渗能力不同，其形成径流的过程相互交错，在汇流过程汇总，沿途又不断补充降雨，不断消耗与损失，所以流域产流、汇流的各个阶段不能简单地割裂开来。

2.3.3　影响径流的主要因素

影响径流的形成和变化的因素主要包括气候因素、地理位置、地形地貌、流域形状和面积、地质与土壤条件、植被、湖泊和水库等自然地理因素，以及人类活动的影响。

1. 气候因素

气候因素包括降水、蒸发、气温、气压、风、湿度等，其中以降水和蒸发最为重要，直接影响着流域内的径流量与损失量，温度、湿度和风等通过影响降水和蒸发而间接影响径流。

降水是径流的源泉，因此，降水的形式、降水量、降水强度、降水过程及降水在流域空间上的分布对径流有直接影响。不同的降水形式形成的径流过程完全不同，由降雨形成的径流主要发生在雨季，其过程一般陡涨陡落、历时短；而由融雪水形成的径流一般发生在春季，其过程较为平缓，历时较长。河川径流的直接和间接水源都是大气降水，因此，径流量的多少取决于降水量的大小，即河川径流量与降水量成正相关。降水强度对径流的形成具有十分显著的作用，暴雨强度越大，植物截留、下渗等损失越小，雨水能够在较短时间内向河槽汇集而形成较大的径流量。降雨过程对径流也有较大影响，如降雨过程先小后大，则降雨开始时的小雨使流域蓄渗达到一定程度，后期较大的降雨几乎全部形成径流，易形成洪峰流量较大的洪水；如果降雨过程先大后小，则情况正好相反。降雨在流域空间上的分布对径流也有影响，如果暴雨中心自上游向下游移动，由上游排泄出的洪水与下游形成的洪水叠加在一起，很容易形成较大的洪峰流量，反之，其洪峰流量则较小。另外，降雨笼罩的面积越大，形成的径流量也越大。

蒸发也是影响径流的重要因素之一，大部分的降雨都以蒸发的形式损失掉，而没能参与径流的形成。在北方干旱地区，80%～90%的降水消耗于蒸发，在南方湿润地区也有30%～50%。根据水量平衡方程，在一个较长的时间范围内，蒸发量越大，径流量越小。对于某一次降雨来说，如果降雨前蒸发量大，土壤含水量相对较低，雨水的下渗强度较大，土壤中可容纳的水量相对较多，因此，径流量相应的就少。

图 2-10 是我国 45 条中等河流流域的平均年降雨量与平均年蒸发量、平均年径流量的相关情况，显示了降雨量与蒸散发量、径流量的关系。

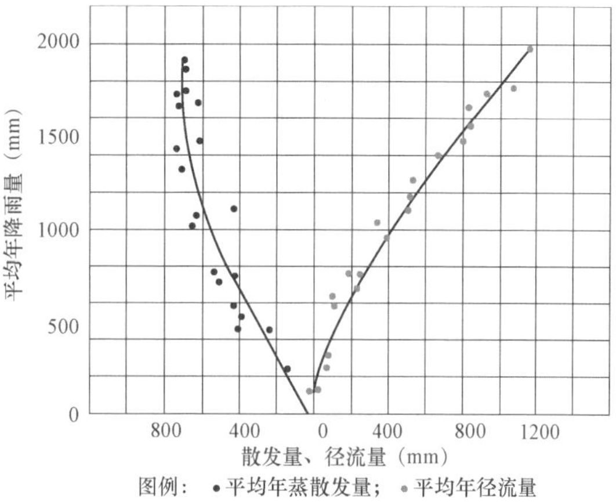

图 2-10　降雨量与蒸散发量、径流量的关系

2. 地理位置

流域所处的地理位置是以流域所处的地理坐标即经纬度来表示的，流域的地理位置不同，例如距离海洋有多远、它与其他流域和山岭的相对位置等。地理位置相差较远的流域，其气候条件差别很大，进而影响内陆小循环的强弱，这便决定了径流的差异。

3. 流域的地形地貌

流域地形地貌一方面通过直接影响流域的汇流条件来影响径流，另一方面亦可以通过影响气候因素间接影响径流。如在迎风坡，降雨量增加，径流也相应增加，导致植被较背风坡较茂盛（见图 2-11），例如，天山山脉作为南疆与北疆的分水岭，由于北疆位于天山山脉的北边，大西洋和北冰洋过来的空气中残存的水分会在北坡形成降雨，所以植被就好些，而南疆气候则相对干燥，降水较少。高程升高，气温降低，相应的径流量增加。坡度越大，径流流速大，降水下渗的机会就少，因此径流量也越大。

图 2-11　山脉迎风坡与背风坡

4. 流域的形状和面积

流域的长度决定了地表径流汇流的时间，狭长地形较之宽短地形的汇流时间长，汇流过程平缓。大流域的径流变化较之小流域的要平缓得多，这是因为大流域面积较大，各种影响因素有更多机会能相互平衡、相互作用，从而增大了它的径流调节能力，而使径流变化趋于相对稳定。

5. 流域的地质与土壤条件

流域的地质条件和土壤特性决定着流域的入渗、蒸发和蓄水能力。若某一流域有着较为发达的断层、节理、裂隙，水分的下渗量就大，而径流量小；岩溶地区有着较大的地下蓄水库，因此，地下径流量较大。土壤性质主要通过直接影响下渗和蒸发来影响径流，渗透性能好的土壤，下渗量大而径流量小。另外，土壤和地质条件还可以通过植被类型和植被生长状况间接影响径流。

6. 流域的植被

植物枝叶对降水有截留作用，植被增大了地面的粗糙程度，减缓了坡地漫流的速度，增加了雨水下渗的机会，从这个角度看植被的存在增加了下渗损失而削弱了径流量。另一方面，落叶枯枝和杂草可改变土壤结构，减少了水分蒸发。因此，从这个角度看植被的存在减弱了蒸发损失，对径流的形成具有促进作用。可见，植被对径流的影响是具有双重作用的。

7. 流域内湖泊和水库

流域内的湖泊和水库通过蓄水量的变化调节和影响径流的年际和年内变化，在洪水季节，大量洪水进入水库和湖泊，水库和湖泊的蓄水量增加；在枯水季节，水库和湖泊中蓄积的水量缓慢泄出，蓄水量减少。因此，流域中如果有水库或湖泊，能够消减洪水，使洪水过程线变得平缓。

8. 人类活动

人类改造自然的水利化措施有：通过林牧、水土保持等坡面措施，增加土壤入渗能力，减少水土流失；通过旱地改水田、坡地改梯田等农业措施，增加田间蓄水能力；修建塘堰、水坝以扩大蓄水面积，图 2–12 所示为某河流断面在上游修建水库前后的流量变化过程，由于水库的调蓄作用，修建水库后流量变化幅度减小；修建引水工程以调剂地区间的水量余缺。这些措施改变了流域的自然地理面貌，影响了内陆水文循环、径流量及时程分配，从而影响到径流的形成与变化过程。因此，在收集与分析水文资料时，要考虑到已经实施了的和将要实施的水利措施对径流的影响。

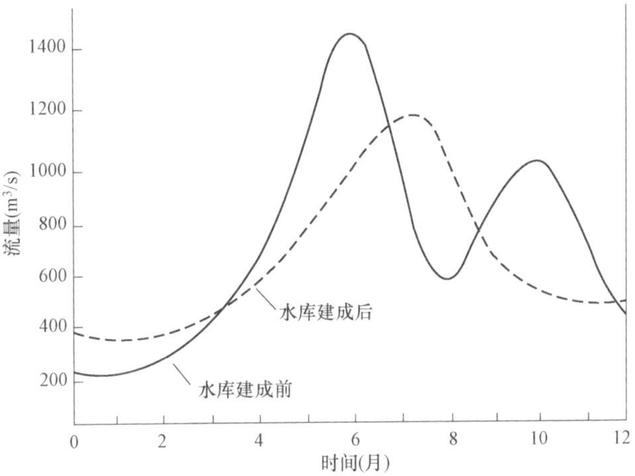

图 2–12　某河流断面流量变化图

2.3.4　径流的表示方法

1. 流量 Q

单位时间内通过河流某一断面的水量称为流量，记作 Q，以“m^3/s”计。工程水文中常用的流量有年最大洪峰流量、日平均流量、月平均流量、季平均流量、年平均流量、多年平均流量和指定时段的平均流量等。如果统计的实测流量年限足够长时，多年平均流量将趋近于一个稳定的数值，即正常流量。

2. 径流总量 W

在一定时段内通过河流某一断面的总水量称为径流总量，也叫作径流量，记为 W，以“m^3”计。其计算公式为

$$W=\int_{t_1}^{t_2}Q(t)\mathrm{d}t=\overline{Q}(t_2-t_1) \tag{2-10}$$

式中：W 为径流总量，m^3；$Q(t)$为 t 时刻流量，m^3/s；t_1、t_2 为时段始、末时刻；$\overline{Q}$ 为时段内的平均流量，m^3/s。

3. 径流深度 R

将计算时段内的径流总量 W 平铺在测站以上整个流域面积 F 上所得的水层深度，就是径流深度 R，以 mm 计，即

$$R=\frac{W}{1000F}=\frac{\overline{Q}T}{1000F} \tag{2-11}$$

式中：W 为时段 T 内的径流量，m^3；F 为流域面积，km^2。

4. 径流模数 M

流域出口断面流量 Q 与流域面积 F 的比值称为流量模数，记为 M，以 $L/(s\cdot km^2)$ 计，即

$$M=\frac{1000Q}{F} \tag{2-12}$$

5. 径流系数 α

某时段径流深度 R 与形成该径流深度相应的流域平均降水量 P 的比值称为径流系数，即

$$\alpha=\frac{R}{P} \tag{2-13}$$

径流系数 α 无量纲，因为 $R<P$，所以 $\alpha<1$。

【例 2.1】 某水库坝址断面以上流域面积 $F=54500km^2$，多年平均降水量 $P=1650mm$，多年平均流量 $Q=1680m^3/s$，试计算该流域多年平均径流总量、多年平均径流深度、多年平均径流模数和多年平均径流系数。

【解】（1）年平均径流总量

$$W=QT=1680\times 365\times 86400=530\text{（亿 }m^3\text{）}$$

（2）多年平均径流深度

$$R=\frac{W}{1000F}=\frac{530\times 10^8}{1000\times 54500}=972(mm)$$

（3）多年平均径流模数

$$M=\frac{1000Q}{F}=\frac{1000\times 1680}{54500}=30.8[L/(s\cdot km^2)]$$

（4）多年平均径流系数

$$\alpha=\frac{R}{P}=\frac{972}{1650}=0.59$$

复 习 思 考 题

2.1　什么是河长及弯曲系数?

2.2　河流横比降产生的原因有哪两方面？横比降对河槽有什么影响?

2.3　一条发育完整的河流分为哪几部分?

2.4　何为深泓线、中泓线?

2.5　什么是流域的平均高程与平均坡度？其用公式如何表达?

2.6　什么是分水线？什么是闭合流域?

2.7　降雨损失主要包括哪些方面？什么是净雨量?

2.8　论述以降雨补给的河流为例，河川径流的形成过程。

2.9　经过坡面汇流和河网汇流过程，出口断面的径流过程与降雨过程具有哪些方面的差异?

2.10　影响径流的因素有哪些?

2.11　某河水文站控制流域面积为 566km^2，多年平均径流流量为 8.8m^3/s，多年平均降雨量为 686.7mm，试求其各径流特征值。

第3章

水文测验

教学目标

掌握基本水文要素，如水位、流量和泥沙的测验设备、原理及方法；了解水文资料的收集途径；重点掌握在流量缺测的情况下，如何利用水位-流量关系曲线进行高水位时流量的延长。

课程思政

人类通过不断地认识和改造自然，发明了一系列的水文测验方法。水文测验是一项非常艰苦的工作，需要在野外进行长期的观测，但是这项工作对于人类生产生活具有重要意义。小至农业生产活动，大至水利水电工程，都离不开水文测验。因此，我们要增强科学意识，秉承精益求精的工匠精神，培养踏实严谨、耐心专注、吃苦耐劳、追求卓越等优秀品质，努力成为心系社会并有时代担当的工程技术人才。

3.1 水 位 观 测

水位是河流水情要素中最基本的要素，它是水利工程建设，如防汛、航运、给水、排水、灌溉、桥梁、码头等建筑物设计中不可缺少的水文资料，根据水位资料也可以计算比降或根据产汇流过程用于间接推求流量等。因此，水位观测是一项重要的工作。

水位，是指河流、湖泊、水库及海洋等水体的自由水面高出某固定基准面的高程。因此，水位与高程数值一样，只有指明其所用的基准面才有意义。目前全国统一采用青岛验潮站黄海平均海水面作为基准面。但各流域由于历史原因，仍有延用以往使用的大沽基准面、吴淞基准面、珠江基准面等。使用水位资料时一定要明确其所使用的基准面，并对不同基准面的水位数据加以换算。

3.1.1 观测仪器

我国现在常用的水位观测设备有水尺与自记水位计两大类。

水尺按构造形式的不同，分为直立式、倾斜式、矮桩式与悬垂式等。水尺构造简单，但需观测人员到水尺处进行观测读数并记录。水位由设立在观测断面上的水尺观读，直立式水尺的设立如图 3-1 所示。水尺板上刻度的起点与某一基面的垂直距离称作水尺的零点高程，预先可以测量出来。每次观读水尺后便可计算水位，即

$$水位 = 水尺零点高程 + 水尺读数 \tag{3-1}$$

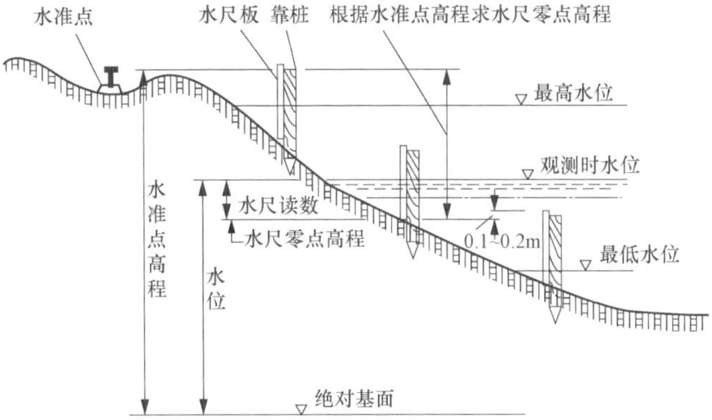

图 3-1 直立式水尺示意图

可见，水尺零点高程是一个重要的数据，要定期根据测站的校核水准点对各水尺的零点高程进行校核。

自记水位计种类较多，主要有超声波型、电传感型、遥测型等，可以以数字或图像的形式连续记录水位变化过程，具有连续、完善、节省人力等优点。有的能在观测的同时将水位以数字或图像的形式远传至室内，即水位遥测。

3.1.2 平均水位的计算

河流的水位观测频率，视水位变化情势，以能测得完整的水位变化过程，且满足日平均水位计算和发布水情预报的要求为原则。根据水位记录，可计算出日平均水位、月平均水位和年平均水位。日平均水位通常有两种计算方法：①当一日内水位变化缓慢，或水位变化较大且等时距人工观测或自记水位计摘录，可采用算术平均法计算；②当一日内水位变化较大且不等时距观测或摘录，则采用面积包围法，即是将当日 0~24h 内水位过程线所包围的面积除以一日时间所求得，如图 3-2 所示。

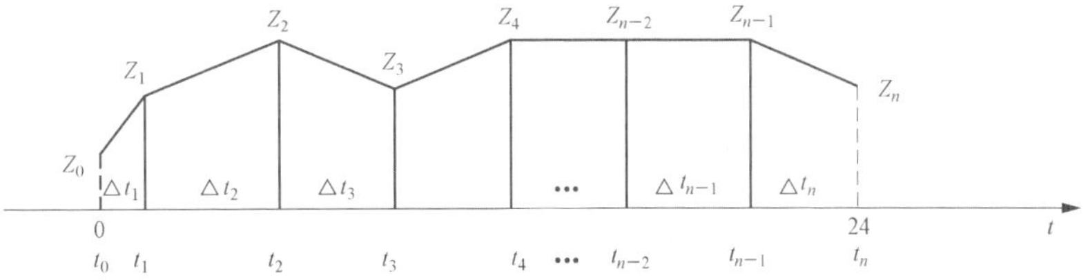

图 3-2 面积包围法示意图

计算公式为

$$\overline{Z}=\frac{1}{48}\times\left[Z_0\Delta t_1+Z_1(\Delta t_1+\Delta t_2)+\cdots+Z_{n-1}(\Delta t_{n-1}+\Delta t_n)+Z_n\Delta t_n\right] \tag{3-2}$$

根据逐日的平均水位可算出月平均水位、年平均水位和保证率水位。这些经过整理和分析处理后的水文信息数据，刊于水文年鉴或存入水文数据库，供有关部门查用。

3.2 流 量 测 验

水位观测与流量测验微课

流量是单位时间内通过江河某一断面的水量，以 m^3/s 计。它是反映水资源和江河、湖泊、水库等水体水量变化的基本数据，也是河流最重要的水文特征值。

流量是根据河流水情变化的特点，在水文站上用各种测流方法进行流量测验取得实测数据，经过分析、计算和整理而得的资料，用于研究江河流量变化规律，并为国民经济各部门服务。

按照测流的工作原理，可以分为以下几种类型。

（1）流速面积法。流速面积法包括流速仪法、航空法、比降面积法、积宽法（动车法、动船法和缆道积宽法）、浮标法（按浮标的形式可分为水面浮标法、小浮标法、深水浮标法等）。

（2）水力学法。水力学法包括量水建筑物和水工建筑物测流。

（3）化学法。化学法又称溶液法、稀释法、混合法。

（4）物理法。物理法有超声波法、电磁法和光学法。

（5）直接法。直接法有容积法和重量法，适用于流量极小的沟涧。

用流速仪测流的流速面积法是普遍采用的流量测算方法，本节主要介绍此方法。

3.2.1 测流原理

由于河流过水断面的形态、河床表面特性、河底纵坡、河道弯曲情况以及冰情等，都对断面内各点流速产生影响，因此在过水断面上，流速随水平及垂直方向的位置不同而变化，即 $v=f(h,b)$。其中 v 为断面上某一点的流速，b 为该点至水边的水平距离，h 为该点至水面的垂直距离。因此，通过全断面的流量 Q 为

$$Q=\int_0^A v(h,b)\,\mathrm{d}A=\int_0^B\int_0^{h_b} v(h,b)\,\mathrm{d}h\,\mathrm{d}b \tag{3-3}$$

式中：A 为断面面积，m^2；dA 为 A 内的单元面积（其宽为 db，高为 dh），m^2；$v(h,b)$为垂直于 dA 的流速 m/s；B 为水面宽度，m；h 为水深，m；h_b 为水边到水面宽 b 处的水深，m。

因为 $v(h, b)$的关系复杂，目前尚不能用数学公式表达，实际工作中把上述积分式变成有限差分的形式来推求流量。流速仪法测流，就是将水道断面划分为若干部分，用普通测量方法测算出各部分断面的面积，用流速仪施测流速并计算出各部分面积上的平均流速，两者的乘积称为部分流量，各部分流量的和为全断面的流量，即

$$Q=\sum_{i=1}^{n}q_i=\sum_{i=1}^{n}v_iA_i \tag{3-4}$$

式中：q_i 为第 i 个部分断面上的流量，m^3/s；v_i 为 i 部分断面平均流速 m/s；A_i 为 i 部分断面面积，m^2；n 为划分面积的个数。

需要注意的是：实际测流时不可能将断面划分为无限多，而是结合精度要求分成有限个部分，所以实测值只是逼近值；此外，河道测流需要一定时间，并不能在瞬时完成，因此实测流量是该时段的平均值。

综上可见，实际的测流工作是测量河道横断面及流速两部分工作。

3.2.2 断面测量

测量河道横断面是在断面上布设一定量的测深垂线（见图 3–3）测各条测深垂线的起点距和水深并观测水位，用施测时的水位减去水深，获得各测深垂线处的河底高程，根据起点距和河底高程绘出过水断面图并计算出断面面积。测深垂线的起点距是指该测深垂线至岸边基线上的起点桩之间的水平距离。根据断面情况在河床变化的转折处布设测深垂线，并且主槽适当密集，滩地较稀。

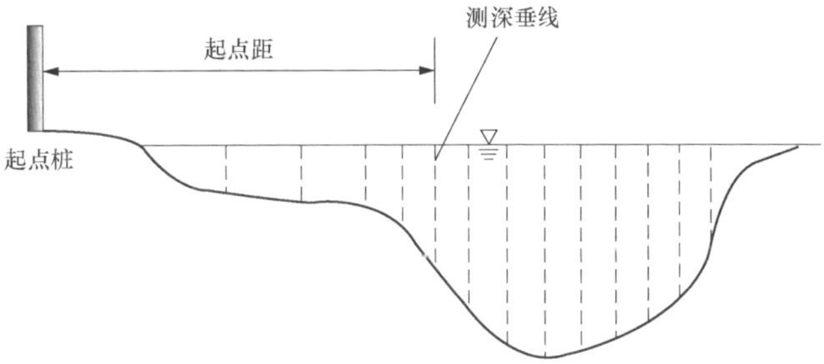

图 3–3 断面测量示意图

3.2.3 流速测量

天然河道中一般采用流速仪测定水流的流速，这也是国内外广泛使用的测流方法。图 3–4 与图 3–5 分别是旋杯式流速仪和旋桨式流速仪。流速仪放在流动的水中，受水流冲击而使旋杯或旋桨产生旋转，流速越大，旋转越快，它们之间一般是直线关系，根据转速即可算出流速。这种流速只是河流过水断面上某一测点的流速。

当使用流速仪测流有困难时，使用浮标测流是切实可行的办法。浮标随水流飘移，其

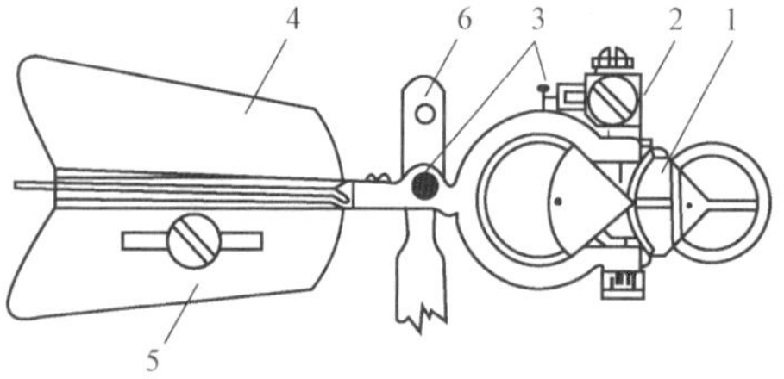

图 3-4 旋杯式流速仪
1—旋杯；2—传讯盒；3—压线螺母；4—尾翼；
5—平衡锤；6—悬杆

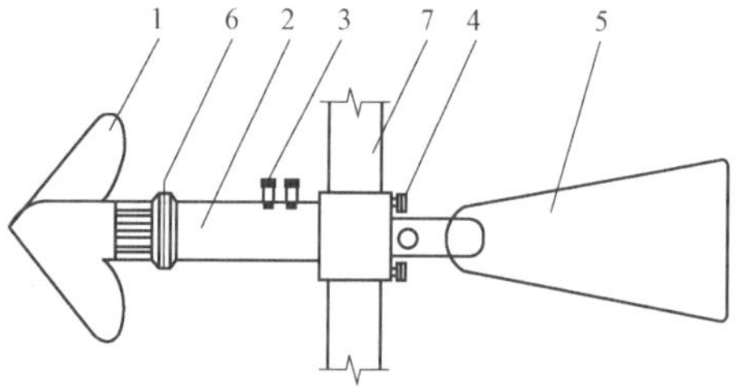

图 3-5 旋桨式流速仪
1—旋桨；2—身架；3—接线柱；4—固定螺栓；
5—尾翼；6—反牙螺栓套；7—悬杆

速度与水流速度之间有较密切的关系，故可利用浮标漂移速度（称浮标虚流速）与水道面积来推算断面流量。用水面浮标法测流时，应先绘出测流断面上水面浮标速度分布图。将其与水道断面相配合，便可计算出断面虚流量。断面虚流量乘以浮标系数，即得断面流量。水面浮标常用木板、稻草等材料做成十字形、井字形，下坠石块，上插小旗以便观测。在夜间或雾天测流时，可用油浸棉花团点火代替小旗以便识别。为减少受风面积、保证精度，在满足观测的条件下浮标尺寸应尽可能做得小些。

3.2.4 流量计算

为适应过水断面上天然流速分布的不均匀性，使观测结果能和天然状态一致，最常用的积点法测速是在过水断面上选择代表性强的多条测速垂线，并将测速仪放置于测速垂线上不同的水深点测速。测速垂线的数目和垂线上测速点的个数是依据流速精度的要求、水深、悬吊流速仪的方式、节省人力和时间等因素而定，通常测速垂线数目越多，测算的流量误差越小。根据水文测验规范，每条测速垂线上可以选定 1、2、3、5、6 或 11 点，则分别称为一点、二点、三点、五点、六点或十一点法。现以三点法为例（见图 3-6），具体测算步骤如下：

（1）在断面上布设测速垂线 n 条，各垂线上选定的 3 个测点分别位于水面以下 $0.2H$、$0.6H$ 和 $0.8H$（H 为测线处水深）。

（2）用流速仪测定每条测速垂线上 3 个点的流速，并取每条测速垂线上 3 个点的流速算数平均值作为该垂线上的平均流速 $v_{Li}\ (i=1, 2, \cdots, n)$。

（3）以相邻两条测速垂线为界，计算部分面积 $A_j\ (j=1, 2, \cdots, n+1)$，其中 A_1 与 A_{n+1} 分别为断面边界与第 1 条垂线及断面边界与第 n 条垂线所形成的部分面积。

（4）计算部分面积 A_j 上的平均流速 v_j，岸边部分为

$$v_1 = \alpha v_{L1} \quad v_{n+1} = \alpha v_{Ln} \tag{3-5}$$

式中：α 为岸边流速系数，其值视岸边情况而定，斜坡岸边 $\alpha = 0.67 \sim 0.75$，一般取 0.7，

陡岸 $\alpha = 0.80 \sim 0.90$，死水边 $\alpha = 0.60$。

中间部分其为相邻两测速垂线平均流速的平均值，即

$$v_j = \frac{1}{2}(v_{Lj-1} + v_{Lj}) \tag{3-6}$$

（5）部分面积 A_j 上流量 q_j 的计算。

$$q_j = v_j A_j \tag{3-7}$$

（6）按式（3-4）求出断面流量 Q。

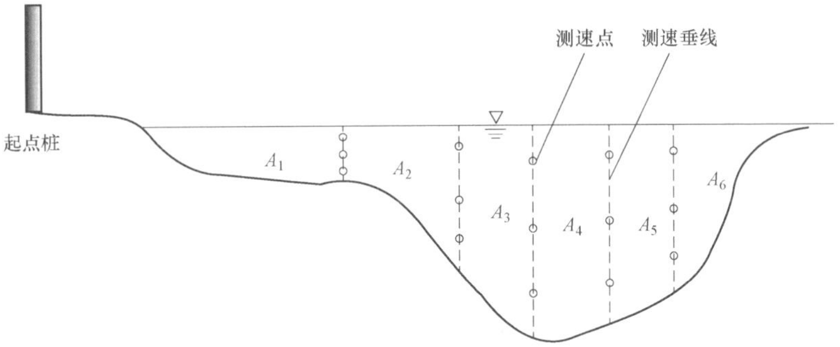

图 3-6　三点法测流示意图

3.3 泥 沙 测 验

3.3.1 概述

随水流运动以及构成河床的固体颗粒称为河流泥沙，又称固体径流，它不仅包括在水流中运动或相对静止的粗细泥沙，还包括河床砾石与卵石。泥沙运动和沉积是河流中重要的水文现象，因为泥沙对河流水文情势、河流发育以及河床演变影响极大。例如，我国的黄河因流经黄土高原，大量泥沙随洪水汇入河中，到了下游段，由于河道比降变缓，水流速度减低，泥沙就淤积下来；为了防御洪水，人们又不得不加高河堤，天长日久形成了“空中悬河”，导致黄河经常泛滥。新中国成立前，黄河曾决口上千次，其中严重决口改道 26 次，给中下游人民带来严重灾难。黄河洪水泛滥与其水流中挟带大量泥沙有极为密切的关系，所以在了解洪水的同时，必须了解泥沙。

鉴于我国大多数河流挟带泥沙，兴修水利工程和进行流域治理时，不仅需要研究河流水文情势，也要考虑与之相伴的泥沙运动状况，河水携带泥沙数量的多少和泥沙颗粒的大小，与给排水工程有密切关系。例如，从高含沙量河流中取水的水质处理、防止取水构筑物进水口的淤积、山区河流上修建堤坝引水时的取水防沙等，都需要对河流泥沙资料有较全面的了解。

3.3.2 基本概念

河流中的泥沙，按其运动形式可分为悬移质、推移质和河床质三类。悬移质泥沙悬浮于水中并随之运动，简称为悬沙；推移质泥沙受水流冲击沿河底移动或滚动；河床质泥沙则相对静止停留在河床上。三者随水流条件的变化而相互转化。三者特性不同，测算的方法也各异，但全国现有的推移质泥沙取样站仅有 20 多个，河床质泥沙只根据需要在特殊情况下才取得。因此，本节主要介绍最为常用的悬移质泥沙测验。

描述河流中悬移质的泥沙情况，常用的两个定量指标是含沙量和输沙率。单位体积浑水中所含干沙的质量称为含沙量，用 c_S 表示，单位为 kg/m^3。单位时间内通过测流断面的干沙质量，称为输沙率，以 Q_S 表示，单位为 kg/s。

3.3.3 含沙量测验

含沙量测验，一般需要用采样器从水流中采集含沙的水样。常用的采样器有横式采样器（见图 3-7）与瓶式泥沙采样器（见图 3-8）。如果水样取自断面的某一固定点，称为积点式取样；如果取样时，取样瓶在测线上上下匀速移动，这种方法称为积深式取样，该水样代表所在测线的平均含沙情况。

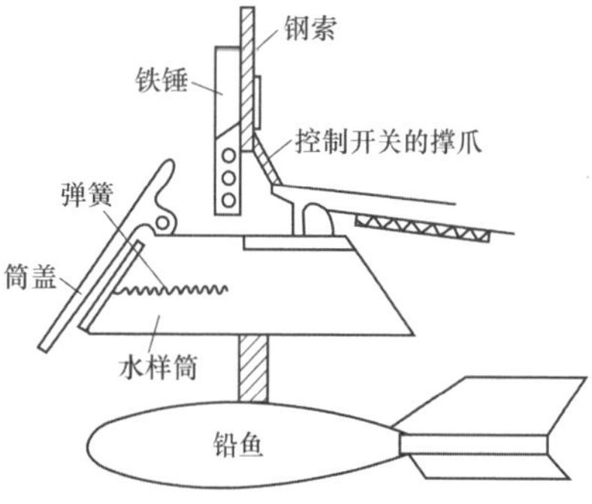

图 3-7 横式泥沙采样器

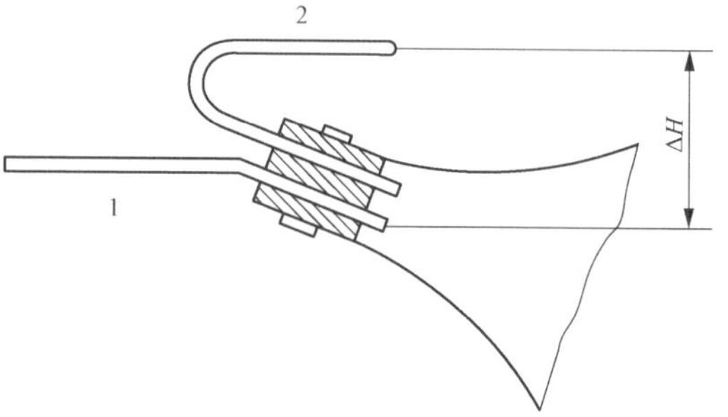

图 3-8 瓶式采样器
1—进水管；2—排气管

无论采用何种方式取得的水样，都要经过量积、沉淀、过滤、烘干、称重等过程，得到一定体积水样中的干沙重量。水样的含沙量可根据下式计算

$$c_S = \frac{W_S}{V} \tag{3-8}$$

式中：C_S 为水样含沙量，kg/m^3；W_S 为烘干后所得干沙重量，kg；V 为水样体积，m^3。

3.3.4 输沙率测验

悬移质输沙率 Q_S 表示单位时间内通过测流断面的悬移质泥沙的质量，以 kg/s 计，可通过下式得

$$Q_S = Q \cdot c_S \tag{3-9}$$

式中：Q 为断面流量，m^3/s；c_S 为断面平均含沙量 kg/m^3。

如前所述，含沙量的测验一般是断面某一点取样，由于天然河流过水断面上各点的含沙量并不一致，因此，要测得断面输沙率，也需要采用与测流量相似的方法。为了测出含沙量在断面上的变化情况，需要在断面上布设适当数量的取样垂线。垂线上测点的分布，视水深大小以及要求的精度而不同，与流速测验类似，可有一点法、二点法、三点法、五点法等。

先测得点含沙量，再求出垂线平均含沙量及部分断面平均含沙量，并利用测速时所算得的部分断面流量，按下式求断面输沙率 Q_S。可见断面输沙率是通过断面上含沙量测验配合断面流量测验来推求的。

$$Q_S = \sum_{i=1}^{n} c_{Si} q_i \tag{3-10}$$

式中：c_{Si} 是第 i 部分断面平均含沙量，kg/m^3；q_i 为第 i 部分流量，m^3/s；n 为划分断面的个数。

3.4 水文资料的收集

收集水文资料是水文分析计算的重要基础性工作。水文资料的来源有水文年鉴、水文数据库、水文手册、水文图集和各种水文调查及气象部门的水文气象资料。

1. 水文年鉴和水文数据库

水文站网观测整编的资料按全国统一规定，分流域、干支流及上下游，每年汇编刊印成册，称为水文年鉴。1990 年后，随着电子计算机的迅速发展，这些资料基本上已不再刊印，而是以水文数据的形式存储在光盘上，供用户调用。水文年鉴的主要内容包括测站分布图，水文站说明表及位置图，各测站的水位、流量、泥沙、水温、冰凌、水化学、降水量、蒸发量等资料。

2. 水文手册和水文图集

水文手册、水文图集、水资源评价报告等由全国及各地区水文部门基于对全国各地区所有水文站资料的分析研究编制而成。它给出了全国或某一地区的各种水文特征值的等值线图、经验公式、图表、关系曲线等。利用水文手册，便可计算无资料地区的水文特征值。

3. 水文调查

通过水文站网进行定位观测是收集水文资料的主要途径。但是，由于定位观测受时间和空间的限制，有时并不能完全满足生产需要，故还必须通过水文调查加以补充。

水文调查包括洪水调查、枯水调查、暴雨调查等，其中主要是洪水调查。我国设计洪水计算规范要求，重要的设计洪水计算，都必须进行历史洪水调查和考证工作，以保证成果的可靠性。历史洪水调查包括两方面的内容：一是确定洪水的大小，主要是洪峰流量；二是确定洪水的发生日期和在调查的历史年代中的排列序位，以便估计它的出现频率（重现期）。对于前者，一般可通过在工程断面附近选择比较顺直、稳定的河段，查阅有关的历史文献，访问当地老人，指认沿河各次历史洪水痕迹及发生时间，然后测量河道地形、断面和洪痕高程，确定各次洪水的水面坡降、过水断面积和河道糙率，并由相应的公式可求得洪峰流量。对于后者，可通过对历史文献记载和当地老居民回忆的系统分析和反复比较，排出各次洪水在调查期中的序位。排位时，须特别注意不要把影响排位的不太突出的洪水给遗漏，否则将引起洪水频率计算上一系列的错误。历史洪水调查是一项非常重要的工作。近年来，水文工作者还应用地层学、地质学、年代学知识，采用同位素分析等先进技术，调查分析近万年内的特大洪水，也称为古洪水研究。我国在 20 世纪七八十年代，曾组织许多水文部门对历史洪水进行过大规模的系统调查，并汇编成册，供设计洪水计算参考。

4. 水文遥感

遥感技术使人们能够在宇宙空间的高度上，大范围、快速、周期性地探索地球上各种现象及变化。在水文科学领域应用的遥感技术称为水文遥感，其具有诸多特点：如动态遥感、从定性描述发展到定量分析、遥感遥测遥控的综合应用、遥感与地理信息系统相结合等。

近几十年来，水文遥感已成为收集水文信息的一种重要手段，尤其在水资源水文调查的应用更为显著，可概括为如下几个方面：

（1）流域调查。根据卫星相片可以准确查清流域范围、流域面积、流域覆盖类型、河长、河网密度、河流弯曲度等。

（2）水资源调查。使用不同波段、不同类型的遥感资料，容易判读各类地表水的分布，还可分析饱和土壤面积、含水层分布以估算地下水储量。

（3）水质监测。通过遥感资料分析识别热水污染、油污染、工业废水及生活污水污染、农药化肥污染以及悬移质泥沙、藻类繁殖等情况。

（4）洪涝灾害的监测。洪涝灾害的监测包括确定洪水淹没范围、决口、滞洪、积涝、泥石流及滑坡的情况。

（5）河口、湖泊、水库的泥沙淤积及河床演变，古河道的变迁等。

（6）降水量的测定及水情预报。

利用卫星传输地面自动遥测水文站资料，具有投资低、维护少、使用方便的优点，且在恶劣天气下安全可靠、不易中断，对大面积人烟稀少地区更加适合。

3.5 水位与流量关系曲线

天然河道中的水流经常是不恒定的，水位、流量等均随时间不断变化，通过对多次观测到的水位、流量资料的整理，可以建立水位与流量关系曲线。如前所述，水位的观测远比流量的观测容易得多，通过水位与流量关系曲线，可把水位变化过程转换成相应的流量变化过程，并进一步求得各种统计特征值，以供国民经济部门及工程规划设计应用。

3.5.1 水位与流量关系曲线

一个测站的水位流量关系是指基本水尺断面处的水位与通过该断面的流量之间的关系。根据实测水位和流量数据绘制水位–流量关系时，要将水位–面积、水位–流速以选定的合适比例尺绘在同一坐标上，因为需要用这两条关系曲线来校核各级水位时的水位–流量关系。绘制成果如图 3–9 所示。

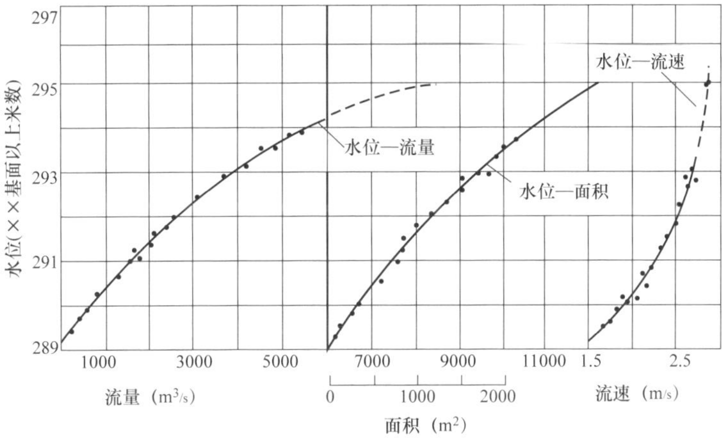

图 3–9 水位–流量曲线及其延长部分（实线为实测部分，虚线为延长部分）

有时绘制出来的水位–流量关系不是单一曲线，即同一水位下有若干个对应的流量。河床发生冲淤变化，对水位–流量关系曲线的影响如图 3–10 所示。在断面流速变化不大的情况下，当河流发生淤积后，同一水位所对应的过流断面面积减小，因此，通过流量相应减小；当河床发生冲刷后则刚好相反。河流中洪水涨落对关系曲线的影响如图 3–11 所示。涨水时，河段水面比降大，流速快，同一水位时通过的流量较大，图示曲线向右偏离；落水时，水面比降小，流速慢，同一水位时通过的流量较小，曲线又向左偏离。一涨一落，水位流量关系曲线呈现出绳套形。

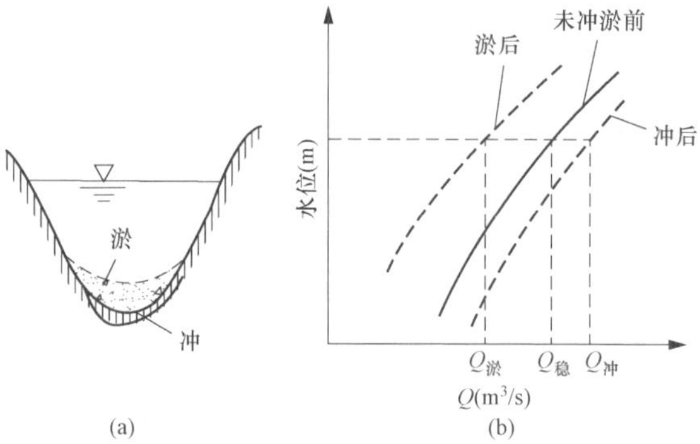

图 3-10　受河床冲淤影响的水位-流量关系曲线

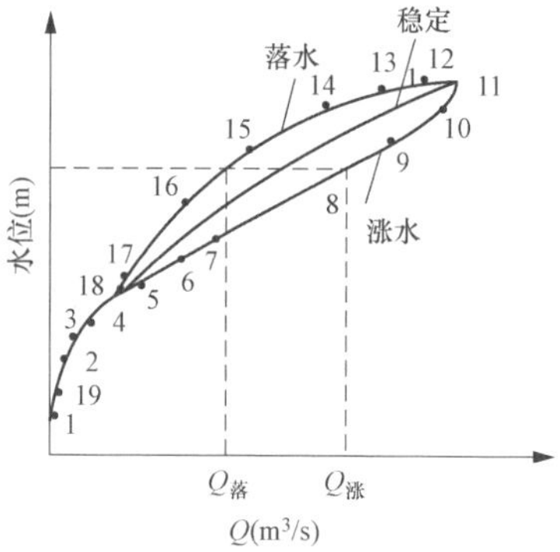

图 3-11　受洪水涨落影响的水位-流量关系曲线

3.5.2　水位流量关系曲线的延长

由于河流处于中、低水位情况的时间较长，流量施测的次数在这个范围内的就很多，故水位-流量关系曲线上这部分的点较多，而特大或特小流量的点很少。在进行设计时却往往要用到曲线的高水与低水部分，这就需要用各种适当方法将该曲线作高水延长和低水延长。一般情况下，高水部分延长不应超过当年实测流量所占水位变幅的 30%，低水部分延长不应超过 10%。

延长水位-流量关系曲线的方法较多，一般常用的有下列几种。因高水位与给排水工程关系密切，故本节重点讲解高水延长。

1. 高水延长

（1）简单顺势延长。当河床稳定，水位-面积和水位-流速两组关系点集中，曲线趋势明显的情况下，可以通过顺势延长水位-流速关系曲线得到高水位时的流速，进而得到高水位下的流量。首先根据当时实测的大断面资料，绘制包括高水位在内的水位-面积曲线，接着将水位-流速关系曲线按其趋势进行顺势延长到所需高水位（因为在高水时，水位-流速关系曲线趋近于常数），并读出高水位下的流速，与相应的断面面积乘积即为该高水位下所对应的流量值，最后将水位-流量关系曲线延长至高水位区。如图 3-9 所示，通过对水位-流速曲线进行顺势延长，可得到高水位 295m 时，对应的流速为 2.75m/s，通过水位-面积曲线读出对应的面积为 3100m^2，因而可得其流量为 8525m^3，从而将水位-流量关系曲线延长至高水位 295m 处，图中虚线部分即为高水延长部分。

（2）采用水力学公式延长。采用水力学公式延长法可避免顺势延长过程中，水位-流速延长的任意性，减小主观误差，通过水力学公式计算出外延部分的流速值来进行辅助定线。此法适用于河床没有严重冲淤变化的断面，并且具有较全面的河流断面资料，尤其是水力坡度、河槽粗糙率、水力半径等参数。

首先，根据实测的大断面资料，绘制包括高水位在内的水位−面积关系曲线。其次，利用水力学公式计算高水部分的断面平均流速，进而在实测水位−流速关系曲线上接绘计算出的高水位与流速的关系曲线。最后，将延长部分的各级水位的流速乘以相应面积即得对应高水位的流量。据此，便可绘出延长的水位−流量关系曲线图。

计算高水位对应的断面平均流速 v 采用谢才公式

$$v=C\sqrt{RS} \tag{3-11}$$

式中：C 为谢才系数；R 为水力半径；S 为水面比降。

谢才系数 C 可用曼宁公式计算

$$C=\frac{1}{n}R^{1/6} \tag{3-12}$$

式中：n 为河床糙率。

（3）斯蒂文斯（Stevens）法。当断面没有实测的 S 和 n 的测站，则无法通过式（3−11）与式（3−12）计算高水位的流速，也就无法求得对应的流量。若过水断面面积为 ω ，结合谢才公式有

$$Q=\omega C\sqrt{RS}=C\sqrt{S}\cdot\omega\sqrt{R} \tag{3-13}$$

研究表明，在高水部分 $C\sqrt{S}$ 在不同流量时变化不大，可近似看作常数，令 $K=C\sqrt{S}$ ，则

$$Q=\omega C\sqrt{RS}=K\omega\sqrt{R} \tag{3-14}$$

根据式（3−14）按照以下步骤可进行延长（设 H 代表水位）。

1）根据实测流量和大断面资料，作 $H-Q$、$Q-\omega\sqrt{R}$ 和 $H-\omega\sqrt{R}$ 三条关系曲线，其中，$H-\omega\sqrt{R}$ 曲线仅涉及河流断面的几何要素，故可以直接绘制至高水位区（见图3−12）。

2）将 $Q-\omega\sqrt{R}$ 曲线在高水位部分顺势作直线延长（虚线部分）。

3）如欲求高水位50.0m时的流量，可从 $H-\omega\sqrt{R}$ 曲线上求得 a 点，由 a 点引一条水平线交 $Q-\omega\sqrt{R}$ 的延长线于 b 点，由 b 点作一垂线与 H=50.0m 处引出的水平线相交于 c 点，根据 c 点即可延长 $H-Q$ 曲线（虚线部分）至高水位部分，c 点的水位为50.0m，流量为12500 m^3/s 。

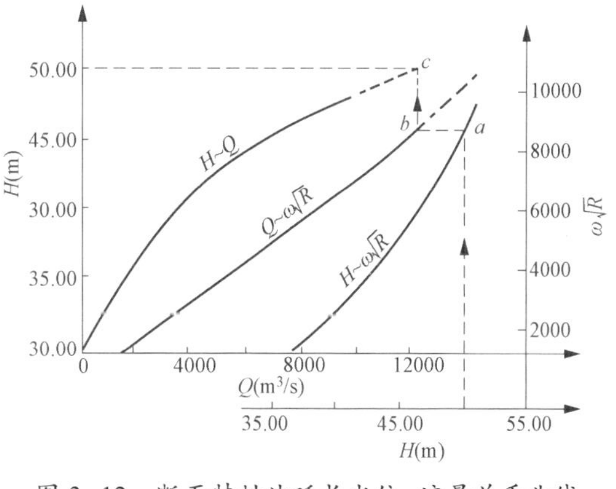

图3−12 断面特性法延长水位−流量关系曲线

此法利用到了断面在高水部分 $C\sqrt{S}$ 变化不大这样的特性，因此也称作断面特性法。对于没有明显冲淤、水深不大但水面较宽的河槽，通常以断面的平均水深作为水力半径

进行高水延长。此外，需要注意的是虽然 $H-\omega\sqrt{R}$ 曲线的比例及位置对计算结果没有影响，但为了避免曲线交叉，应尽量将该曲线定在相对靠右的位置，以使曲线延长过程更加明确。

2.* 低水延长

低水延长一般是以断流水位作控制进行水位流量关系曲线向断流水位作的延长，断流水位是指流量为零时的水位。

假定水位–流量关系曲线的低水部分可以表示为

$$Q=K\left(Z-Z_0\right)^n \tag{3-15}$$

式中：Z_0 为断流水位，m；n、K 为固定的指数和系数。

在水位–流量关系曲线的中、低弯曲部分，依次选取 a、b、c 三点，它们的水位和流量分别为 Z_a、Z_b、Z_c 及 Q_a、Q_b、Q_c。若能使得 $Q_b=\sqrt{Q_aQ_c}$，则代入式（3–15），可求解得到断流水位

$$Z_0=\frac{Z_aZ_c-Z_b^2}{Z_a+Z_c-2Z_b} \tag{3-16}$$

求得断流水位 Z_0 后，以坐标（Z_0, 0）为控制点，将关系曲线向下延长至当年最低水位即可。

3.5.3 水位流量关系曲线的移用

规划设计工作中，常遇到设计断面处缺乏实测水位流量关系的情况，这时就需要将邻近水文站的水位流量关系移用到设计断面上。

在设计断面与水文站相距不远且两断面间的区间流域面积不大、河段内无明显的出流与入流的情况下，在设计断面设立临时水尺，与水文站同步观测水位。因两断面中、低水时同一时刻的流量大致相等，所以可用设计断面的水位与水文站断面同时刻水位所得的流量点绘关系曲线，再将高水部分进行延长，即得设计断面的水位流量关系曲线。

如设计断面距水文站较远，且区间入流、出流近乎为零，则必须采用水位变化中位相相同的水位来移用。

若设计断面的水位观测数据不足，或甚至等不及设立临时水尺进行观测后再推求其水位流量关系，则用计算水面曲线的方法来移用。方法是在设计断面和水文站之间选择若干个计算断面，假定若干个流量，分别从水文站基本水尺断面起计算水面曲线，从而求出各个计算流量相对应的设计断面水位。

而当设计断面与水文站的河道有出流或入流时，则主要依靠水力学的办法来推算设

计断面的水位流量关系。

3.5.4 水位流量关系曲线的应用

在给水排水工程中，研究水位–流量关系曲线的目的，主要是把设计用的最大流量和枯水流量转换成相应的设计最高水位和最低水位，或者相反，把调查得来的洪、枯水位转换成相应的流量。

上述水位流量关系均指水文站基本水尺断面上的情况，还得移用到取水口处才能供设计使用。如取水口附近有水文站，可从基本水尺到取水口分别施测几条高、中、低水位的水面比降线，按不同比降，将基本水尺处的设计最高、最低水位推算到取水口去。如取水口距水文站较远，直接施测比降线较为困难，则可考虑在取水口处设置临时水尺，并观读水位。其观测历时最好能包括一个汛期和枯水期，以期与水文站基本水尺建立水位相关时能包括较大的水位变幅在内。如取水口附近或较远处无水文站资料可供参考，可在适宜河段设置临时水尺以观读水位，并施测一定数量的流量资料，建立临时水尺处的水位–流量关系曲线，虽然精度稍差，但对提供设计参考仍有一定价值。

复习思考题

3.1 什么是水位？水尺测水位的原理是什么？

3.2 按照测流的工作原理，测流的方法有哪些？

3.3 简述流速面积法测流的基本原理及过程。

3.4 简述悬移质输沙率与断面平均含沙量的概念。悬移质输沙率如何计算？

3.5 高水延长水位–流量关系曲线，有哪几种方法？其中简单顺势延长与采用水力学公式延长有何区别？

3.6 论述斯蒂文斯高水位延长法的具体过程，该过程中 $H-\omega\sqrt{R}$ 曲线的坐标对结果有无影响？为了便于曲线的延长该曲线坐标应如何确定？

3.7 某水文站实测流量成果见表 3–1，试绘制水位–流量、水位–面积、水位–流速关系曲线，并用简单顺势延长法延长水位–流量关系曲线，并求水位为 330.6m 时的流量与流速。

表 3–1　某水文站实测流量成果

水位（m）	流量（m^3/s）	断面面积（m^2）	平均流速（m/s）	水位（m）	流量（m^3/s）	断面面积（m^2）	平均流速（m/s）
322.09	51.5	53.7	0.96	322.37	238	143	1.66
322.36	80	62.9	1.27	322.69	114	90	1.27

续表

水位（m）	流量（m^3/s）	断面面积（m^2）	平均流速（m/s）	水位（m）	流量（m^3/s）	断面面积（m^2）	平均流速（m/s）
322.07	397	224	1.77	326.48	1090	459	2.37
325.23	681	328	2.08	327.70	1510	591	2.56
325.98	892	417	2.14	328.35	1820	674	2.70
325.23	681	328	2.08	330.6		910	

3.8　某河流断面无明显冲淤，且水深不大、水面较宽，该河流水文站有实测的水位–面积、水位–水面宽度及用流速仪测得的 4 个水位–流量关系见表 3–2。试用断面特征法将水位–流量关系曲线延长到最高水位 H=4.0m 处。

表 3–2　　实 测 数 据 表

水位 H（m）	过水面积 ω（m^2）	河宽 B（m）	湿周 χ（m）	水力半径 R（m）	$\sqrt{R}$	$\omega\sqrt{R}$	流量 Q（m^3/s）
3	530	196					860
1.5	650	210					1290
2.0	780	223					1780
2.5	900	231					2400
3.0	1020	239					
4.0	1280	254					

第4章

水文统计

教学目标

理解频率和概率、累积频率和重现期的基本概念；理解随机变量的概率分布（随机变量的概率密度曲线和概率分布曲线的绘制）；掌握随机变量的统计参数的计算，了解理论频率曲线的基本原理，能够熟练掌握适线法进行水文频率分析；了解直线相关分析法，并能够应用该方法进行水文资料的插补和延长。

课程思政

俗话说“智者千虑，必有一失；愚者千虑，必有一得”，这句话反映了概率论中对小概率事件的认识。一个小概率事件的出现，往往不是确定的；当我们投入了大量的精力不断地尝试，多次重复地进行实验，那么这一事件的发生几乎是必然的。同样，当你觉得自己不如其他人聪明、不如其他人智慧时，不妨尝试着成为最努力的那个人，最聪明的人也许会“千虑一失”，但最努力的人或许也会“千虑一得”，既然我们不是“最幸运的”，那就努力将“幸运最大化”。这正是我们努力的意义所在。

4.1 水文统计的意义

水文现象是自然现象，它既具有必然性，又具有偶然性。

（1）必然性，指在一定条件下事物在发展、变化中必然会出现。例如，流域上的降水或融雪必然有一部分会渗入地面以下，也必有一部分会沿着流域不同路径，流入河流、湖泊或海洋，形成径流，这是一种必然的水文现象。

（2）偶然性，指在一定条件下事物在发展、变化中可能出现也可能不出现。降水必然形成径流也会发生下渗，但是，河流上任一断面的流量每年每月都不相同，每一次降水入渗地下的量也都不相同，这就体现了水文现象的偶然性，称作偶然现象，或随机现象。水文统计的基本原理就是利用统计学的基本理论，从偶然的水文现象中揭露出其规律。这种规律需要从大量的随机现象中统计出来，称为统计规律。

水文统计的任务就是研究和分析水文随机现象的统计变化特性，并以此为基础对水文现象未来可能的长期变化做出在概率意义上的定量预估，以满足工程规划、设计、施工以及运营期间的需要。例如，在流域上设计一个水库，为保证水库防洪安全，就必须了解水库运营期内可能发生的最大洪水。水库运营期一般在 100 年以上，要预测这么长时期内可能发生的最大洪水，显然成因分析法是不可能的。在这种情况下，只能以水文统计方法加以研究，具体来说就是凭借较长时期观测的洪水资料，探索洪水统计变化规律（以概率分布曲线表示），由此估计出在水库运营期内可能出现的洪水，作为水库防洪安全设计的重要依据。

本章将简要回顾事件、概率、频率等基本概念，随机变量及其概率分布和均值、均方差、变差系数、偏态系数等统计参数，在扼要介绍正态分布的基础上，着重论述我国水文频率计算所采用的皮尔逊Ⅲ型（简称 P-Ⅲ型）频率曲线及其参数估计方法，如较常用的适线法，最后重点介绍相关关系的概念、简单直线相关分析等相关内容。

4.2 水文统计的基本概念

水文统计的基本概念微课

4.2.1 事件

在概率论中，对随机现象的观测称为随机试验，随机试验的结果称作事件。具体地说，事件是指在一定的条件组合下，在试验的结果中所有可能发生或可能不发生的事情。自然界中的一切现象都可以称为事件，按照事件发生的情况，事件可以分为以下三类。

1. 必然事件

在一定的条件组合下，每一次试验中必然会发生的事情，称为必然事件。例如，在标准大气压下，纯水温度低于 0℃肯定会结冰；长江汉口站年最大洪峰大于零等，这都是必然事件。

2. 不可能事件

在一定条件组合下，在任何一次试验中都不会发生的事情，称为不可能事件。例如，在无外力作用的条件下，作等速直线运动的物体变成作加速运动；在河槽未发生变化的条件下，河道的同一断面处的洪水位低于枯水位，都是不可能事件。

3. 随机事件

在一定条件组合下，一次随机试验中可能发生也可能不会发生的事情，称为随机事件。例如，某流域一年中最大降水量与最小降水量的数值、每次打靶的环数等，都属于随机事件。它们在事发前是无法被准确地确定的。

4.2.2 随机变量和总体、样本、样本容量

1. 随机变量

随机变量就是在随机试验中测量到的数量。在水文现象中，变量一般是指某种水文特征值，如某流域出口断面年径流量和洪峰流量，某流域的年降水量、蒸发量等。由一系列的随机变量可以组成一个系列，根据随机变量在区间内的取值情况，随机变量可以分为两种。一种是连续型随机变量，即随机变量在区间内可以取得任何值，例如江河中的水位、流量，在最大值和最小值之间的任何数值都可能出现；另一种是离散型随机变量，即随机变量在区间内只能取得某些间断的值，例如，每次抛掷骰子的点数只能是 1～6 中的六个数值之一，而不能得到相邻两数值间的任何数，由这些骰子点数组成的系列就是离散型随机变量。水文现象大多数属于连续型随机变量，如降雨量、降雨时间、蒸发量，河流的流量、水量、水位等，都是连续型随机变量。

2. 总体、样本、样本容量

随机变量所能取值的全体称为总体，即成因相同、相互独立的同一水文变量的集合；从总体中随机抽取的一组观测值，这组观测值就是这个总体的一个样本，样本中所含随机变量的项数称为样本容量。

当现象的容量有限时，可以得到有限总体，例如某灯具厂生产了 1 万盏灯，这批灯就可以当作总体，每一盏灯就是一个个体。在对产品的质量进行检验时，不必对每盏灯都做检验，只需从中取出一部分检验就可以了，用来检验的这部分灯就构成了样本，做检验用的灯的个数就是样本容量。用这些灯做试验所得到的结果，就是所生产的这一批灯的合格率。

总体根据其所包含的单位数目是否可数可以分为有限总体和无限总体。有限总体是指总体的范围能够明确确定，而且元素的数目是有限可数的。比如，一批待检验的灯泡也是有限总体。无限总体是指总体所包括的元素是无限的、不可数的。例如，在科学实验中，每个实验数据可以看作总体的一个元素，而实验则可以无限地进行下去，因此由实验数据构成的总体就是一个无限总体。水文现象个体沿时程变化的数量应包括过去、现在和将来的所有情况，故属无限总体。

水文统计就是把各种水文现象的调查和实测过程当作随机试验，把已观测到的水文资料当作总体的一个随机样本（只有当样本系列足够大时，它才能准确地反映总体的特征），利用数理统计的方法分析样本的统计规律性，再考虑抽样误差，作为总体的规律，应用到工程中去解决实际问题。

4.2.3 频率和概率

1. 概率

概率是指随机事件在客观上出现的可能性，即该事件的发生率，也称几率。

设试验中可能的结果总数为 n，某事件 A 出现的可能结果数为 m，则 A 事件出现的概率为

$$P(A)=\frac{m}{n} \tag{4-1}$$

显然，必然事件的概率等于 1，不可能事件的概率等于 0，随机事件的概率介于 0 与 1 之间。

2. 频率

频率是指在具体重复的试验中，某随机事件 A 出现的次数（频数）与试验总次数 n 的比值，即

$$W(A)=\frac{m}{n} \tag{4-2}$$

式中：$W(A)$ 为随机事件 A 出现的频率；m 为事件 A 出现的次数；n 为总的试验次数。

当试验次数 n 不大时，事件的频率有明显的随机性，但当试验次数足够大时，随机事件 A 出现的频率具有一定的稳定性。

3. 频率与概率的关系

18 世纪的法国科学家蒲丰和英国生物学家皮尔逊分别做了掷硬币的试验，见表 4-1。试验结果表明，当试验次数增加很多时，频率才会逐渐趋近于概率，即

$$\lim_{n\to\infty} W(A)=P(A) \tag{4-3}$$

表 4-1　投掷硬币频率试验

试验者	试验总次数	正面出现次数	W（正）
蒲丰	4040	2048	0.5069
皮尔逊	12000	6019	0.5016
皮尔逊	24000	12012	0.5005

频率是实测值（经验值），概率是理论值，当试验次数很多时，可以通过实测样本的频率分析来推论事件总体概率特性，即推论随机事件在客观上可能出现的程度，这是数理统计法的基本原理。

水文现象的总体无法全盘得到，不能直接用式（4-1）计算概率来作为该水文现象的概率特性，只能将有限的多年实测水文资料组成样本系列，根据各样本的出现频数和系列的样本容量，用式（4-2）推求其频率来作为概率的近似值。但是，采用此法推论水文现象在客观上发生的可能性，应确保一定大的样本容量，样本容量越大，此法的推论才越可靠。

4. 概率运算定理

（1）概率加法定理。

对于 A 和 B 两个事件，若 A 与 B 不能同时发生，则称 A 与 B 为互斥事件。例如，掷一枚骰子观察朝上面的点数，掷一次只能得一种点数，其余五种点数都不可能出现；河流某断面汛期出现的最大流量，只能为唯一值，也属于互斥事件。如两个事件彼此互斥，则两事件之和出现的概率等于这两个事件的概率之和，即

$$P(A+B)=P(A)+P(B) \tag{4-4}$$

式中：$P(A+B)$ 为事件 A 或事件 B 发生的概率；$P(A)$ 为事件 A 的概率；$P(B)$ 为事件 B 的概率。

例如，一枚骰子投掷一次，出现 3 点（记为事件 A）或 5 点（记作事件 B）的概率为

$$P(A+B)=P(A)+P(B)=\frac{1}{6}+\frac{1}{6}=\frac{1}{3}$$

对于任意的两个事件 A 和 B，则有

$$P(A+B)=P(A)+P(B)-P(AB) \tag{4-5}$$

式中：$P(AB)$ 为事件 A 与 B 同时发生的概率。

（2）条件概率。

若 A、B 是随机试验 S 的两个事件，在事件 A 发生的前提下，事件 B 发生的概率称为事件 B 在条件 A 事件下事件 B 的条件概率，记作 $P(B|A)$ 。

例如，在上游某支流发生洪峰的条件下，要预报下游站发生最大洪峰的可能性，便是条件概率的问题。

两事件积的概率，等于其中一事件的概率乘以另一事件在已知前一事件发生条件下的条件概率，即

$$\begin{aligned}P(AB)=P(A)\cdot P(B|A), P(A)\neq 0\\ P(AB)=P(B)\cdot P(A|B), P(B)\neq 0\end{aligned} \tag{4-6}$$

【例 4.1】 例如，在 100 件水泵中有 5 件次品，任意从中抽取出一件不放回，再从中抽取一件，求解两次抽取的都是合格产品的概率。

【解】 设第一次抽得合格产品为事件 A，第二次抽得合格产品为事件 B，则

$$P(A)=\frac{95}{100}$$

由于第一次抽得的一件合格产品未放回，故第二次抽取时产品总数应该是 $100-1=99$，合格产品数应该是 $95-1=94$，故

$$P(B|A)=\frac{94}{99}$$

则 $$P(AB)=P(A)\cdot P(B|A)=\frac{95}{100}\times\frac{94}{99}=0.902$$

上面是就条件概率来说的，如果两个事件是相互独立的，即任一事件的发生不影响另一事件发生的概率，则

$$P(A|B)=P(A)$$

或

$$P(B|A)=P(B)$$

由此推得，两个独立事件共同出现的概率 $P(AB)$ 等于这些事件各自出现概率的乘积，即

$$P(AB)=P(A)P(B) \tag{4-7}$$

【例 4.2】 一枚骰子连续投掷 2 次，求两次均出现 4 点的概率。

【解】 设 A 与 B 分别为第一、第二次掷骰子出现 4 点的事件，由于 A 与 B 相互独立，故两次均出现 4 点的概率为

$$P(AB)=P(A)\cdot P(B)=\frac{1}{6}\times\frac{1}{6}=\frac{1}{36}$$

4.2.4 随机变量的概率分布

随机变量的取值总是伴随着相应的概率，而概率的大小随着随机变量的取值而变化，这种随机变量与其概率是一一对应的关系，称为随机变量的概率分布规律。

离散型随机变量的概率分布一般以分布列表示，即

$$\begin{matrix} x & x_1 & x_2 & \cdots & x_n \\ P(x=x_n) & P_1 & P_2 & \cdots & P_n \end{matrix}$$

式中，P_n 为随机变量 x 取值 $x_n(n=1,2,...,n)$ 的概率。它满足两个条件：① $P_n\geqslant 0$；② $\sum_{n=1}^{\infty}P_n=1$。

由于连续型随机变量的可取值是无限多个，所以个别取值的概率几乎等于零，因而只能以区间的概率来分析其分布规律。

设有连续系列，其最大值和最小值分别为 $x_{\max}$、$x_{\min}$，现将其按由大到小顺序排列，并分成 n 组，每组分别为 $x_{\max}\sim x_1,x_1\sim x_2,...,x_{n-1}\sim x_{\min}$，组距值 $\Delta x=x_i-x_{i+1}$，若组内任意特征值的概率为 f_i，组内各特征值的累积概率为 $\Delta P=\sum_{1}^{\Delta x}f_i$，组间的平均概率则为 $f=\dfrac{\Delta P}{\Delta x}$，此值亦称为特征值在 $x_i\sim x_{i+1}$ 区间对应的概率密度。对于连续型随机变量的任一分组区间，都有一个确定的概率密度相对应，取其极限值有

$$\lim_{n\to\infty}\frac{\Delta P}{\Delta x}=\frac{\mathrm{d}P}{\mathrm{d}x}=f(x) \tag{4-8}$$

在水文学中，习惯研究事件由于水文学通常研究随机事件 $x\geqslant x_i$ 的概率及其分布，将

式（4-8）中的概率密度积分得

$$F(x)=P(x\geqslant x_i)=\int_{x_i}^{\infty} f(x)\mathrm{d}x \tag{4-9}$$

式中：$f(x)$为概率密度函数；$F(x)$为概率分布函数。

$F(x)$与$f(x)$实际上是微分与积分的关系，前者的几何曲线称为概率分布曲线，后者的几何曲线为概率密度曲线（见图 4-1）。

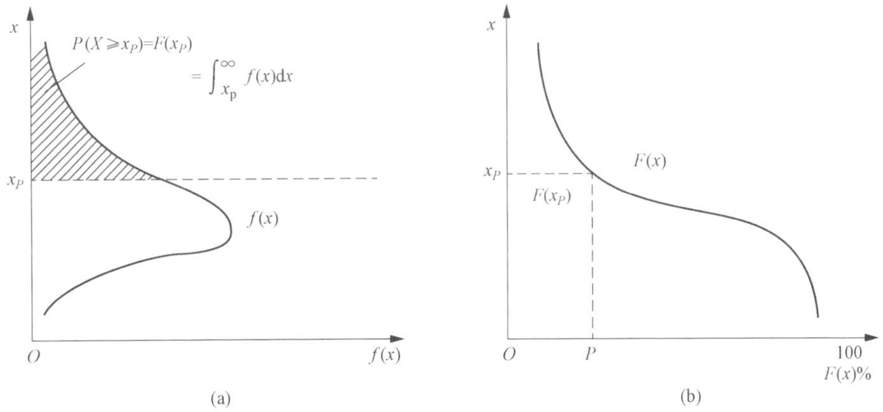

图 4-1　随机变量的概率密度函数和概率分布函数曲线
（a）概率密度函数；（b）概率分布函数

下面用水文实例进一步说明频率密度曲线与频率分布曲线的意义。

【例 4.3】 某测站有 62 年降水资料，将这 62 年降水量按大小每隔 $\Delta x=200$mm 划分为一组，并统计各组组值出现的次数，同时计算各组相应的频率、频率密度、累积次数、累积频率的值，列于表 4-2 中。

【解】 表中第（1）、（2）栏为分组的上下限；第（3）栏为各组内年降水量出现的次数；第（4）栏为将第（3）栏自上而下逐组累加的次数，其表示年降水量大于等于该组下限值 x 出现的次数；第（5）、（6）栏是分别将第（3）、（4）栏相应各数值除以总次数 62，得相应的频率；第（7）栏是将第（5）栏的组内频率 ΔP，再除以组距 Δx，其表示频率沿 x 轴各组年降水量分布的密集程度。

表 4-2　　某站年雨量分组频率计算表

年降水量（mm）分组组距 $\Delta x=200$mm		次数（a）		频率（%）		组内平均频率密度 $\frac{\Delta P}{\Delta x}$(1/mm)
组上限值	组下限制	组内	累积	组内 ΔP	累积 P	
（1）	（2）	（3）	（4）	（5）	（6）	（7）
2299. 9	2100.0	1	1	1.6	1.6	0.000080
2099.9	1900.0	2	3	3.2	4. 8	0.000160
1899.9	1700.0	3	6	4.8	9.6	0.000240
1699.9	1500.0	7	13	11.3	20.9	0.000565

续表

年降水量（mm） 分组组距 $\Delta x=200$mm		次数（a）		频率（%）		组内平均频率密度 $\frac{\Delta P}{\Delta x}$(1/mm)
组上限值	组下限制	组内	累积	组内 ΔP	累积 P	
（1）	（2）	（3）	（4）	（5）	（6）	（7）
1499.9	1300.0	13	26	21.0	41.9	0.001050
1299.9	1100.0	18	44	29.1	71.0	0.001455
1099.9	900.0	15	59	24.2	95.2	0.001210
899.9	700.0	2	61	3.2	98.4	0.000160
699.9	500.0	1	62	1.6	100.0	0.000080
合计	—	62	—	100.0	—	—

以年降水量（各组的下限值）为纵坐标，以第（7）栏平均频率密度为 $\frac{\Delta P}{\Delta x}$ 横坐标，绘成频率密度直方图，如图 4-2（a）所示。从图 4-2（a）可以看出，整个系列中，出现特别大、特别小降水的机会少，而出现中间值的机会多；每个小矩形的面积代表该组年降水量出现的频率；所有小矩形面积之和等于 1。

以年降水量的各组下限值 x 为纵坐标，以累积频率 P 为横坐标，绘成累积频率直方图，如图 4-2（b）所示。图 4-2（b）中的折线代表大于或等于各组降水下限的累积频率，反映出大于或等于 x 的频率依随机变量取值而变化的情况，称为频率分布图。

当资料年数无限增多、组距无限缩小时，频率密度直方图会变成光滑的连续曲线，频率趋于概率，这条曲线称为随机变量的概率密度曲线［见图 4-2（a）铃形曲线］；同样，图 4-2（b）中的折线也会变成 S 形的光滑连续曲线，这条曲线称为随机变量的概率分布曲线，水文学中称为累积频率曲线（频率分布曲线），或简称为频率曲线。

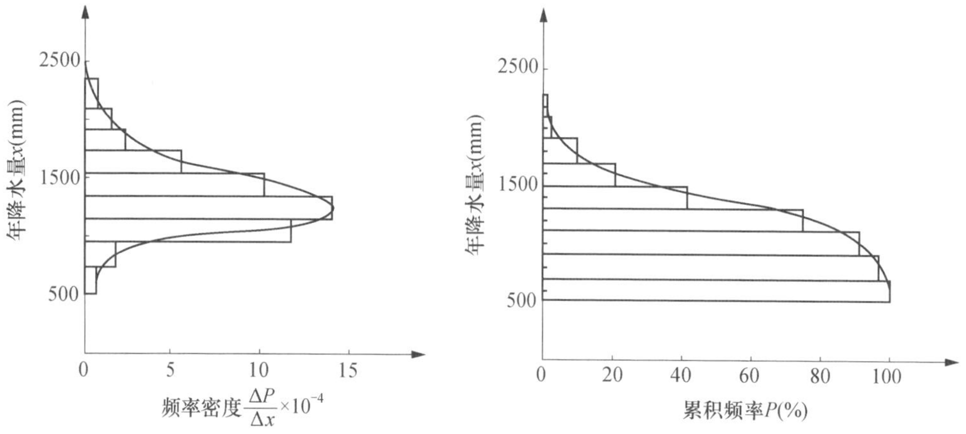

(a) (b)

图 4-2 某站年降水量频率密度曲线和频率分布曲线

（a）频率密度曲线；（b）频率分布曲线

4.2.5 累积频率和重现期

1. 累积频率与随机变量的关系

水文特征值属于连续型随机变量，在分析水文系列的概率分布时，不用单个的随机变量取值 $x=x_i$ 的概率，而是用 $x\geqslant x_i$（或 $x\leqslant x_i$）的概率，对应于 $x\geqslant x_i$（或 $x\leqslant x_i$）的频率 $P(x\geqslant x_i)$［或 $P(x\leqslant x_i)$］实际上指的是累积频率。采用累积频率预示建筑物面临的水文情势安全度比采用单一的频率更为确切。

因为单一水文特征值的频率只反映单个水文特征值出现的可能性，并未综合考虑该系列所有水文特征值出现的可能性，为了提高工程设计的安全度，引入累积频率以能更直观地反映工程设计的安全性。累积频率是指等于及大于（或等于及小于）某水文要素出现可能性的量度。在分析样本系列的统计规律时，实际得出的是样本系列的频率分布，而在实际应用中，是用样本系列的频率分布近似地代替总体系列的概率分布。

如果【例 4.3】中样本容量相当大，而组距 Δx 分得很小时，可以绘出类似图 4-3 所示的频率分布曲线（即累积频率曲线）。按照累积频率的定义，如果 $x_1>x_2$，对应 x_1 的累积频率 $P_1=P(x\geqslant x_1)$ 小于对应 x_2 的累积频率 $P_2=P(x\geqslant x_2)$。因而可以说，在一个确定的随机变量系列内，各个随机变量对应着一个累积频率值，随机变量的大小与累积频率成反比。在不同的系列中，同一累积频率所对应的随机变量大小是不同的。工程上习惯把累积频率简称为频率，本书将沿用此习惯术语。

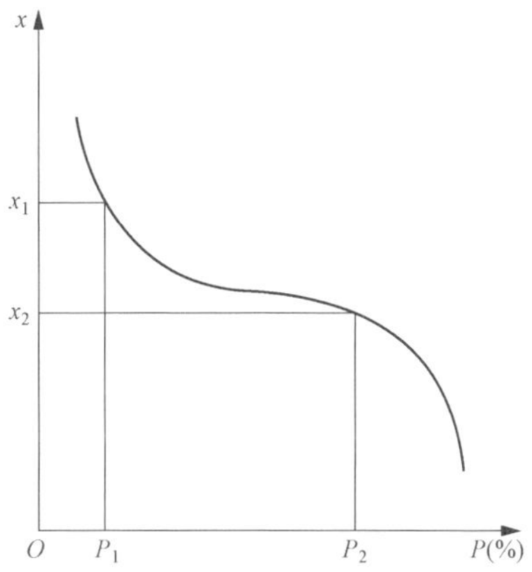

图 4-3　随机变量与累积频率的关系

根据选取样本系列的方法不同，频率可分为年频率和次频率。当采用年最大值法选样时，即每年取一个最大代表值组成随机样本系列，样本的容量 n 为年数，由该样本所得的频率称为年频率；当采用超定量法或超大值法选样时，即每年取多个代表值组成随机样本系列，样本的容量 s 为次数，由该样本所得的频率称为次频率。

2. 重现期

由于频率这个词比较抽象，为了便于理解，实际上常采用重现期这一概念。所谓重现期是指等于及大于（或等于及小于）一定量级的水文要素值出现一次的平均间隔年数，以该量级频率的倒数计。频率和重现期的关系，对于下列两种不同的情况有不同的表示方法：

（1）当研究洪峰流量、洪水位、暴雨时，使用的设计频率 $P<50\%$，则

$$T = \frac{1}{P} \tag{4-10}$$

式中：T 为重现期。例如当设计洪水的频率采用 $P=1\%=0.01$ 时，代入上式得 T=100a，称为百年一遇的洪水。

（2）当研究枯水流量、枯水位时，设计频率 $P>50\%$，采用

$$T = \frac{1}{1-P} \tag{4-11}$$

例如，对于 $P=80\%=0.80$ 的枯水流量，代入上式，得 T=5a，称为 5 年一遇的枯水流量。需要说明的是，在频率 $P>50\%$时，工程上习惯于把设计频率称作设计保证率，即来水的可靠程度。例如以十年一遇的设计枯水，据式（4-11）得设计频率为 90%，平均 10 年中可能有一年来水小于此枯水年的水量，其余几年的来水等于或大于此数值，说明平均具有 90%的可靠性。

必须指出，水文现象一般并无固定的周期性，所谓百年一遇的洪水是指大于或等于这样的洪水在长时期内平均 100 年发生一次，而不能理解为恰好每隔 100 年遇上一次。对于具体的 100 年来说，超过或等于这样的洪水可能有几次，也可能一次也不出现。

4.2.6 设计标准

实际工程规划设计所要求的水文特征值的设计标准，如设计洪水、枯水设计等标准的确定，将涉及社会、环境、经济、技术、安全与风险等各方面问题。水文现象具有显著的地区性与随机性的特征，使得无法用具体的某一水文特征数值作为实际工程规划与设计的标准。例如，流域下垫面因素相似的南方与北方两条河流，会因为气象因素存在着显著差异而使得河川径流量相差悬殊，若以南方此条河流的水文特征值作为设计标准，必然会出现北方河流用巨资修建的工程没有用；反之，若以北方此条河流的水文特征值作为设计标准，必然会出现南方河流上修建的工程遭遇经常性破坏而不能正常运行。因此，各国根据自己的国情和各类工程特点，权衡各种因素如工程在国民经济中的地位、工程规模以及工程失事后果等，在不同行业的设计规范中以各种水文特征值的设计频率（或重现期）作为工程设计标准，以供工程设计规划中查用。

在实际工程规划与设计过程中，根据当地实测水文系列，运用水文频率分析法，通过计算求出对应于设计频率标准的水文特征值，以此数值作为工程规划与设计的依据。作为示例，有关工程的部分设计频率标准列于表 4-3 中。根据《水文基础设施建设及技术装备标准》SL/T 276—2022，水文（位）站建设同样也需要有不同的设计标准，见表 4-4。

表 4-3　　设计频率标准举例

工程类别		设计标准	规范名称及代号
以地表水为水源的城镇设计枯水流量保证率和设计枯水位保证率（%）		90	《室外给水设计标准》GB 50013—2018,《城镇给水排水技术规范》GB 50788—2012
地表水取水构筑物设计洪水重现期（a）	特别重要城市	＞200	《室外给水设计标准》GB 50013—2018,《泵站设计规范》GB 50265—2010,《城市防洪工程设计规范》GB/T 50805—2012
	重要城市	100～200	
	比较重要城市	50～100	
	一般城市	20～50	
雨水管渠设计重现期（a）	大城市、超大城市和特大城市的非中心城区，中等城市和小城市	2～3	《室外排水设计标准》GB 50014—2021
	大城市的中心城区	2～5	
	超大城市和特大城市的中心城区，中等城市和小城市中心城区的重要地区	3～5	
	大城市、超大城市和特大城市中心城区的重要地区	5～10	

表 4-4　　水文（位）站防洪、测洪建设标准

级别	防洪标准	测洪标准
大河重要控制站（大河水位站）	高于 100 年一遇，或不低于近 50 年以来发生的最大洪水	50～100 年一遇，或不低于当地和下游防洪区防洪标准
大河一般控制站（一般河流水位站）	50～100 年一遇，或不低于近 30 年以来发生的最大洪水	不低于 30 年一遇，或不低于当地和下游防洪区防洪标准
区域代表站	50 年一遇	30 年一遇
小河站	30～50 年一遇	10～30 年一遇

4.3　经验频率曲线

4.3.1　经验频率公式

据【例 4.3】可知，水文统计学上的累积频率可以理解为等量和超量值累积出现的次数（m）与总观测次数（n）之比，以百分数或小数表示，即

$$P(x \geqslant x_i)=\frac{m}{n}\times 100\% \tag{4-12}$$

式中：P 为大于或等于变量 x_m 的经验频率；m 为 x_m 在 n 项观测资料中按照递减顺序排列的序号，即在 n 次观测资料中大于或等于 x_m 的次数；n 为观测资料的总项数。

由于该频率是通过对已经发生的水文现象的特征值进行计算得出，因此也称为经验频率（累积频率）。但是此式只适用于总体，对于水文样本资料，如果利用其来估计总体的分布规律，就有不合理的地方了。例如当 $m=n$ 时，样本中最小项 $x_{\min}$ 的经验频率 $P(x \geqslant x_{\min})=100\%$，据此，将来出现比 $x_{\min}$ 更小的值的可能性为 0，也就不会出现比 $x_{\min}$ 更小的值，这显然不符合实际情况。因此，有必要选用比较符合实际的公式，我国目前使

用的是数学期望公式，即

$$P(x \geqslant x_i)=\frac{m}{n+1}\times 100\% \tag{4-13}$$

上式用于样本系列，当 $m=1$ 时，

$$P=\frac{1}{n+1}$$

若 $T=100$a（百年一遇洪水），则

$$T=\frac{1}{P}=\frac{1}{\frac{1}{n+1}}=n+1=100$$

得 $n=99$a。这表示，欲得百年一遇的结果，约需要近百年（$n=99$）的实测资料。

对于样本系列的最小项，当 $m=n$ 时，其频率为

$$P(x \geqslant x_n)=\frac{n}{n+1}<1$$

显然，用此公式分析样本的累积频率比较合理。

4.3.2　经验频率曲线的绘制和应用

如果有 n 年的实测水文资料，可按照如下步骤绘制水文序列的经验频率曲线（也即累积频率曲线或频率分布曲线）：

（1）将按时间顺序排列的实测水文资料按其数值大小进行递减顺序排列成 x_1, x_2, ⋯, x_n，对应的序号 m 为 1, 2 ,⋯, n。

（2）利用式（4-13）分别计算对应各个变量的经验频率。

（3）以实测水文资料为变量作为纵坐标，以其所对应频率 P 为横坐标，在坐标纸上点绘经验频率点据（P_i, x_i），通过点群中心目估绘制一条光滑的曲线，该曲线就是经验频率曲线，如图 4-4 所示。

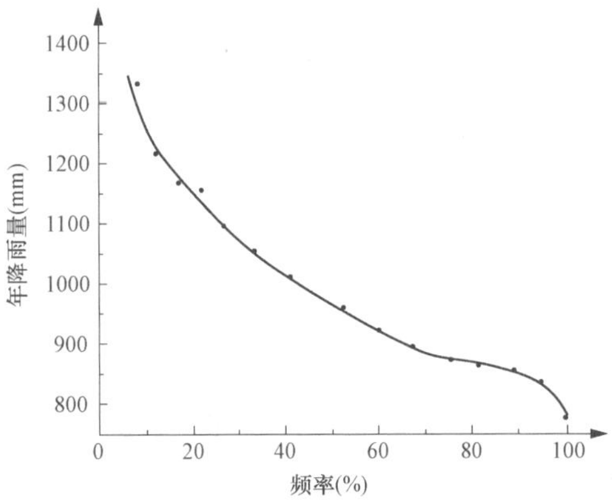

图 4-4　某流域年降雨量的经验频率曲线

（4）根据工程设计标准指定的频率，在该曲线上查出所需的相应设计频率标准的水文数据。

绘制经验频率曲线是为了按设计频率标准从中选定设计值，该设计值就是工程设计的依据。如工程设计所需的水文资料中所需的设计流量 Q_P、设计水位 H_P 等。

绘在一般坐标纸上的频率曲线，其两端坡度较陡，即上部急剧上升，下部急剧下降

(见图 4–4),而两端正是工程设计频率所用的部位。为了比较方便和精确地绘制频率曲线,人们采用频率计算专用的概率格纸(也称为海森概率格纸)(见附录 1)。常用的概率格纸的横坐标是按正态曲线的概率分布分格制成的,所以,正态概率分布曲线绘在这种格纸上呈直线,非正态概率分布曲线绘在这种格纸上,其两端曲线坡度也会大大变缓,有利于曲线外延。概率格纸的纵坐标可以是均匀分格,也可以是对数分格。

4.3.3　经验频率曲线的外延

由于实测资料年数不多,用其绘制的经验频率曲线位于概率格纸的中间部分,而工程上往往需要推求稀遇频率的水文数据,对经验频率曲线进行外延就是一种常用的推求方法。

然而,由于没有实测点据控制,目估对曲线外延往往有相当大的主观成分。如图 4–5 所示,*AB* 线外延到 *C* 或 *D* 都是可能的。其次,由于水文现象的随机性,有时点绘的经验频率点分布比较散乱,使得经验频率曲线的定线比较困难,这样就会影响设计水文数据的精度。为了解决定线和外延上的困难,人们提出用数学模型来表示频率曲线,这就是所谓的理论频率曲线。

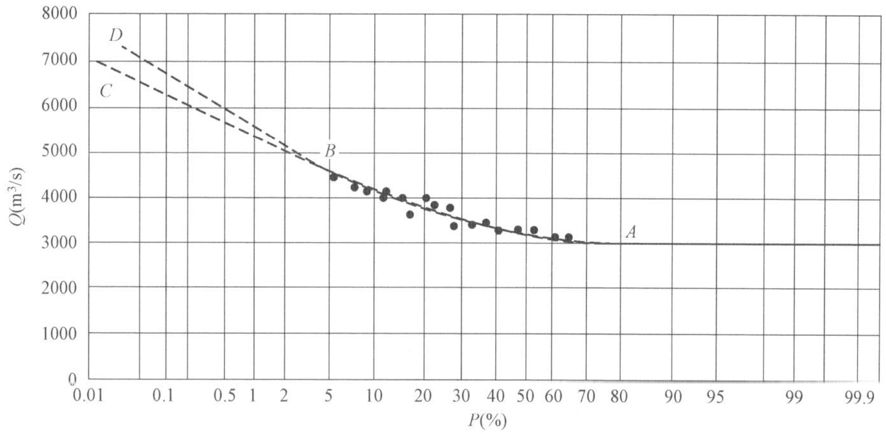

图 4–5　概率纸上的经验频率曲线及外延

4.4　随机变量的统计参数

从统计学的观点来看,随机变量的概率分布曲线或分布函数较完整地描述了随机现象,然而在许多实际问题中随机变量的分布函数不易确定,或有时不一定都需要用完整的形式来说明随机变量,而只要知道个别代表性的数值,能说明随机变量的主要特征就够了。例如,某地的年降水量是一个随机变量,各年的降水量不同,具有一定的概率分布曲线,若要了解该地年降水量的概括情况,就可以用多年平均年降水量这个数量指标来反映。这种能说明随机变量的统计规律的某些数字特征，称为随机变量的统计参数。

推求理论频率曲线，需要使用数理统计中的统计参数。统计参数是反映随机变量系列数值大小、变化幅度、对称程度等情况的数量特征值，因而能反映水文现象基本的统计规律，概括水文现象的基本特性和分布特点，也是进行理论频率曲线估计的基础。

水文现象的统计参数反映其基本的统计规律，能概括水文现象的基本特性和分布特点。统计参数有总体统计参数与样本统计参数之分。所谓总体是某随机变量所有取值的全体，样本则是从总体中任意抽取的一个部分，样本中所包括的项数则称为样本容量。水文现象的总体通常是无限的，它是指自古迄今以至未来长远岁月所有的水文系列。显然，水文随机变量的总体是不知道的，只能靠有限的样本观测资料去估计总体的统计参数或总体的分布规律。也就是说，由样本统计参数来估计总体统计参数。水文计算中常用的样本统计参数有如下几种。

4.4.1 均值

1. 加权平均法

设有一实测系列由 x_1, x_2, $\cdots$, x_n 组成，各个随机变量出现的次数（频数）分别为 $f_1, f_2, \cdots, f_n$，则系列的均值为

$$\bar{x} = \frac{x_1 f_1 + x_2 f_2 + \cdots + x_n f_n}{f_1 + f_2 + \cdots + f_n} = \frac{1}{N}\sum_{i=1}^{n} x_i f_i \tag{4-14}$$

式中：N 为样本系列的总项数。

2. 算术平均法

设某水文特征值的观测系列（样本）为 x_1, x_2, $\cdots$, x_n，则其均值（算术平均值）为

$$\bar{x} = \frac{1}{n}\sum_{i=1}^{n} x_i \tag{4-15}$$

均值表示系列的平均情况，可以说明这一系列总水平的高低。例如，甲河多年平均流量 $\overline{Q}_{甲} = 1870\text{m}^3/\text{s}$，乙河多年平均流量 $\overline{Q}_{乙} = 32\text{m}^3/\text{s}$，说明甲河的水量比乙河丰富。均值不但是频率曲线分布的一个重要参数，而且是水文现象的一个重要特征值。

将式（4−15）两边同除以 $\bar{x}$，得

$$\frac{1}{n}\sum_{i=1}^{n} \frac{x_i}{\bar{x}} = 1 \tag{4-16}$$

式中：$K_i = \frac{x_i}{\bar{x}}$，称为模比系数。由此可得

$$\overline{K} = \frac{K_1 + K_2 + \cdots + K_n}{n} = \frac{1}{n}\sum_{i=1}^{n} K_i = 1 \tag{4-17}$$

式（4−17）说明，当某一水文序列的 x 用模比系数 K 表示时，其均值等于 1，这是水文统计中的一个重要特征。

4.4.2　均方差

由以上分析可知，均值能反映系列中各值的平均状况，但不能反映系列中各变量值的离散程度。例如，有如下两个系列：

甲系列：5，10，15

乙系列：1，10，19

这两个系列的均值相同，都为 10，但是其离散程度很不相同，甲系列在 5～15 变化，而乙系列变化范围则增大到 1～19。

研究数据系列的离散程度是以均值为中心来考查的。因此，离散特征参数可用相对于分布中心的离差来计算。设以平均数 $\bar{x}$ 代表分布中心，随机变量与分布中心的离差为 $x-\bar{x}$，因为随机变量的取值既有大于 $\bar{x}$ 的，也有小于 $\bar{x}$ 的，故离差有正有负，其平均值为零。为了使离差的正值和负值不致相互抵消，一般取 $(x-\bar{x})^2$ 的平均值的开方作为衡量数据系列绝对离散程度的计量标准，并称为均方差，也称标准差，即

$$s=\sqrt{\frac{\sum_{i=1}^{n}(x_i-\bar{x})^2}{n}} \tag{4-18}$$

式（4−18）只适用于总体，对于样本系列应采用式（4−19）修正：

$$s=\sqrt{\frac{\sum_{i=1}^{n}(x_i-\bar{x})^2}{n-1}} \tag{4-19}$$

不难看出，如果各变量取值 x_i 距离 $\bar{x}$ 较远，则 s 较大，即此系列分布较散；如果 x_i 距离 $\bar{x}$ 较近，则 s 较小，系列分布较集中。可见，均方差代表的是系列的绝对离散程度。

4.4.3　变差系数

均方差虽然能说明系列的离散程度，但对均值不相同的两个系列，用均方差来比较其离散程度就不合适了。例如，有如下两个系列：

甲系列：5，10，15，$\bar{x}=10$

乙系列：995，1000，1005，$\bar{x}=1000$

按照式（4−19）计算，这两个系列的均方差相同，说明这两个系列的绝对离散程度是相同的，但因其均值一个是 10，另一个是 1000，它们对均值的相对离散程度就很不相

同了。可以看出，第一系列中的最大值和最小值与均值之差都是 5，这相当于均值的 5/10=1/2；而在乙系列中，最大值和最小值与均值之差虽然也都是 5，但只相当于均值的 5/1000 =1/200，在近似计算中，乙系列的这种差距甚至可以忽略不计。

为了克服以均方差衡量系列离散程度的这种缺点，数理统计中用均方差与均值之比作为衡量系列相对离散程度的指标，称为变差系数（C_v），又称离差系数或离势系数。变差系数为一无因次的数，其计算式为

$$C_v = \frac{s}{\bar{x}} = \frac{1}{\bar{x}}\sqrt{\frac{\sum_{i=1}^{n}(x_i - \bar{x})^2}{n-1}} \tag{4-20}$$

用模比系数 K_i 代入式（4-20），得

$$C_v = \sqrt{\frac{\sum_{i=1}^{n}(K_i - 1)^2}{n-1}} \tag{4-21}$$

对于水文现象来说，C_v 的大小反映了河川径流在多年中的变化情况。例如，由于南方河流水量充沛，丰水年和枯水年的年径流变化相对来说较小，所以南方河流多年径流量数据系列相比北方河流比较集中，C_v 值一般比北方河流要小。

4.4.4 偏态系数

变差系数说明了系列的相对离散程度，但不能反映系列在均值两旁分布是否对称，如果不对称时，是大于均值的数出现的次数多，还是小于均值的数出现的次数多？由此引入另一个参数——偏态系数（也称偏差系数）。

数理统计中以式（4-22）来定义偏态系数

$$C_s = \frac{\sum_{i=1}^{n}(x_i - \bar{x})^3}{ns^3} = \frac{\sum_{i=1}^{n}(K_i - 1)^3}{nC_v^3} \tag{4-22}$$

式（4-22）适用于总体，对于样本系列则有

$$C_s = \frac{\sum_{i=1}^{n}(x_i - \bar{x})^3}{(n-3)s^3} = \frac{\sum_{i=1}^{n}(K_i - 1)^3}{(n-3)C_v^3} \tag{4-23}$$

当 $C_s = 0$ 时，系列在均值两旁呈对称分布；$C_s > 0$ 属正偏分布；$C_s < 0$ 属负偏分布。系列为正偏、负偏或对称可由 C_s 的符号表示出来，如图 4-6 所示。

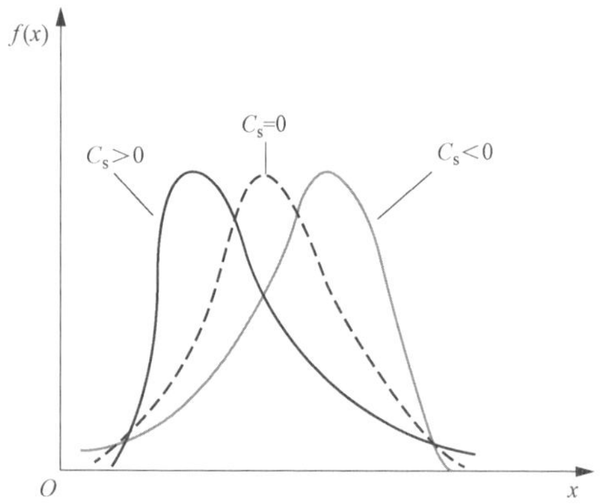

图 4-6　C_s 对频率密度曲线的影响

一般认为，没有百年以上的资料，C_s的计算结果很难得到一个合理的数值。实测资料往往没有这么长，因此，实际工作中并不计算C_s，而是按照C_s与C_v的经验关系，通过适线确定。C_s与C_v的经验关系为

设计暴雨量：　$C_s=3.5C_v$

设计最大流量：　$C_v<0.5$时，$C_s=(3\sim4)C_v$；$C_v>0.5$时，$C_s=(2\sim3)C_v$

年径流及年降水：$C_s=2C_v$

4.5　理论频率曲线

由于实测系列的项数 n 较小，所绘经验频率曲线往往不能满足推求稀遇频率特征值的要求，目估定线或外延会产生较大的误差，往往需要借助于某些数学形式的频率曲线作为定线和外延的依据。通常在实测资料中选取或算得2～3个有代表性的特征值作参数，并据此选配一些数学方程作为总体系列频率密度曲线的假想数学模型，再按一定的方法确定累积频率曲线。这种用数学形式确定的、符合经验点据分布规律的曲线称为理论频率曲线。所谓“理论”二字，是有别于经验累积频率曲线的称谓，并不意味着水文现象的总体概率分布已从物理意义上严格被证明符合这种曲线，它只是水文现象总体情况的一种假想模型，或者说是一种外延或内插的频率分析工具。

水文现象作为一种连续型随机变量，其分布是以频率密度曲线和分布曲线来表示的，这些分布在数学上有很多类型。我国水文计算中常用的有正态分布、皮尔逊Ⅲ型分布及对数正态分布。根据《水利水电工程设计洪水计算规范》（SL 44—2006）规定，频率曲线的线型一般采用皮尔逊Ⅲ型（三参数Γ分布曲线），如遇特殊情况，经分析论证后可采用其他线型。为此，本节重点介绍皮尔逊Ⅲ型频率曲线。

4.5.1　皮尔逊Ⅲ型理论频率曲线的推导

英国生物学家皮尔逊通过很多资料的分析研究，于1895年提出了一种概括性的曲线簇，包括13种分布曲线，其中第Ⅲ种被后来的水文工作者引入水文频率的计算中，成为当前水文计算中被广泛应用的频率曲线。

皮尔逊Ⅲ型曲线描述了概率密度的变化情况，是一条一端有限另一端无限的不对称单峰曲线（见图4-7），数学上称为伽马分布，其所表示的概率密度函数为

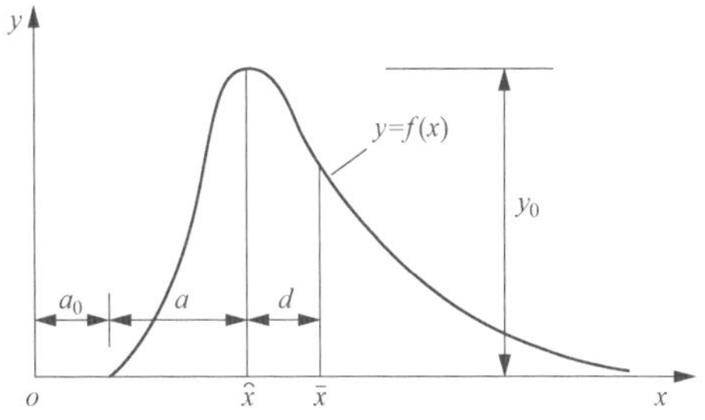

图4-7　皮尔逊Ⅲ型理论频率曲线

$$f(x)=\frac{\beta^{\alpha}}{\Gamma(\alpha)}\left(x-a_0\right)^{\alpha-1}\mathrm{e}^{-\beta(x-a_0)} \tag{4-24}$$

式中：$\Gamma(\alpha)$ 为 α 的伽马函数；α、β、a_0 为皮尔逊Ⅲ型分布的形状、尺度和位置参数，$\alpha>0$，$\beta>0$。

可见，α、β、a_0 确定以后，该密度函数也随之确定。可以推证，这三个数与实测系列的 3 个统计参数 $\bar{x}$、C_v、C_s 具有如下关系

$$\left.\begin{aligned}\alpha&=\frac{4}{C_s^2}\\ \beta&=\frac{2}{\bar{x}C_vC_s}\\ \alpha_0&=\bar{x}(1-\frac{2C_v}{C_s})\end{aligned}\right\} \tag{4-25}$$

在水文分析计算中，需要通过频率曲线来确定一定设计频率 P 条件下的水文特征值 x_P，因此，首先要确定理论频率曲线（即 4.2.4 节的概率分布曲线）。理论频率曲线所表示的意义是大于等于某一特征值所出现的可能性。因此，概率分布函数可通过对概率密度函数求积分得到

$$P(x\geqslant x_p)=\frac{\beta^{\alpha}}{\Gamma(\alpha)}\int_{x_p}^{\infty}\left(x-a_0\right)^{\alpha-1}\mathrm{e}^{-\beta(x-a_0)}\mathrm{d}x \tag{4-26}$$

但是直接由上式计算 P 值需要经过复杂的计算，因此，有研究者将其通过参数代换，制成数表，从而使计算工作大大简化。令

$$\Phi=\frac{x-\bar{x}}{\bar{x}C_v} \tag{4-27}$$

则有

$$x=\bar{x}(1+\Phi C_v) \tag{4-28}$$

$$\mathrm{d}x=\bar{x}C_v\mathrm{d}\Phi \tag{4-29}$$

式中：Φ 为标准化变量，称为离均系数。将 x 和 $\mathrm{d}x$ 代入式（4−26），简化后可得

$$P(\Phi\geqslant\Phi_P)=\int_{\Phi_P}^{\infty}f(\Phi,C_s)\mathrm{d}\Phi \tag{4-30}$$

式中，被积函数只含有一个待定参数 C_s，其他两个参数 $\bar{x}$ 和 C_v 都包括在 Φ 中，因而只要假定一个 C_s 值，即可利用式（4−30）通过积分求出 P 和 Φ 之间的关系。给定不同的 C_s，得出不同的 $P-\Phi$ 关系，便可制成皮尔逊Ⅲ型曲线离均系数 Φ 值表（见附录 2）。

在进行频率计算时，先由已知的 C_s 查 Φ 值表得出不同频率 P 的离均系数 Φ_P 值，然后将已知的 $\bar{x}$、C_v 代入下式，即可求出对应于频率 P 的水文特征值 x_P

$$x_P=(1+\Phi_PC_v)\bar{x} \tag{4-31}$$

结合模比系数 K 的定义，一定频率 P 下水文特征值 x_P 的模比系数 K_P

$$K_P = \frac{x_P}{\bar{x}} \tag{4-32}$$

即

$$x_P = K_P\bar{x} \tag{4-33}$$

故若已知不同频率 P 所对应的 K_P 值，则可直接利用式（4-33）计算对应不同频率 P 的水文特征值 x_P。为此，水科院还制定了几种 C_s/C_v 值时的模比系数 K_P 值表，见附录 3。

由不同的 P 及相应的 x_P，便可绘制出一条与 $\bar{x}$, C_v, C_s 相应的理论频率曲线。

理论频率曲线绘制的步骤可概括为：

（1）由实测的资料统计并计算 $\bar{x}$，C_v。

（2）确定 C_s。

（3）由 C_s 查附录 2，得不同频率 P 的离均系数 Φ_P 值，再根据式（4-31）计算不同频率 P 的水文特征值 x_P；如果已知 K_P 值表（附录 3），则可直接按式（4-33）计算不同频率 P 的水文特征值 x_P。

（4）在海森概率格纸上，以 P 为横坐标，x_P 为纵坐标，点绘 (P, x_P)，根据理论点据分布趋势，目估并绘制一条光滑曲线，即为皮尔逊Ⅲ型理论频率曲线。

4.5.2 统计参数对皮尔逊Ⅲ型曲线的影响

目估适线法水文频率分析方法中（将在 4.7 节介绍），需要选择一条能够拟合经验点据的最佳理论频率曲线。为了避免适线时修改参数的盲目性，需要了解统计参数对频率曲线的影响。

1. 均值 $\bar{x}$ 的影响

当皮尔逊Ⅲ型理论频率曲线的另外两个参数 C_v 和 C_s 不变时，由于均值 $\bar{x}$ 不同，频率曲线会发生很大变化。为了对比 $\bar{x}$ 对频率曲线的影响，把 $C_v = 0.5$、$C_s = 1.0$，而均值 $\bar{x}$ 分别为 50、75、100 的 3 条皮尔逊Ⅲ型理论频率曲线绘于图 4-8 中。由图可见，C_v 和 C_s 相同时，由于均值 $\bar{x}$ 不同，频率曲线位置也不同，均值大的曲线位于均值小的曲线之上；均值大的曲线比均值小的曲线更陡。

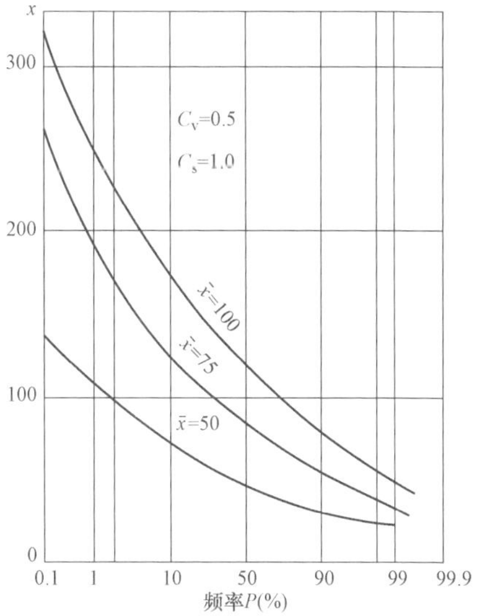

图 4-8 不同 $\bar{x}$ 对理论频率曲线的影响

由式（4-31）与式（4-33）也可知，当 C_v 一定时，某一频率下的 Φ_P 为常数，C_v 不变时 K_P 为

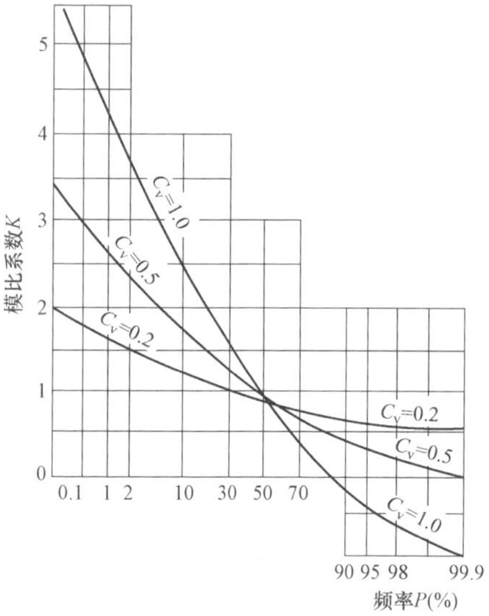

图 4-9 C_v 对频率曲线的影响(C_s=1.0)

定值，因而可以说，理论频率曲线的纵坐标和 $\bar{x}$ 成正比。其特点是均值不同的理论频率曲线之间无交点。

2. 变差系数 C_v 的影响

此时均值 $\bar{x}$ 设为固定值，可以探讨均值相同的情况下 C_v 对理论频率曲线的影响。据式（4-33），$\bar{x}$ 一定时，模比系数 K_P 与一定 P 下的水文特征值 x_P 成正比例，因此，以模比系数 K_P 为纵坐标绘制频率曲线，如图 4-9 所示（图中 $C_s=1.0$ ）。由于 C_v 反映了数据系列的离散程度，当 $C_v=0$ 时，说明随机变量全部等于 $\bar{x}$，即 $x_P=\bar{x}$，此时频率曲线为 $K_P=1$ 的一条水平线。C_v 越大，说明数据系列越离散，因而频率曲线将越偏离 $K_P=1$ 的水平线。随着 C_v 的继续增大，频率曲线的偏离程度也随之增大，显得越来越陡峭。其特点是不同 C_v 的曲线在 $K_P=1$ 的位置（均值处）有一个交点。

3. 偏态系数 C_s 的影响

图 4-10 为 $C_v=0.1$ 时，C_s 分别为 0、0.8、3.0 所对应的三条理论频率曲线。从图中可以看出正偏情况下（ $C_s>0$ ），C_s 越大，曲线上段愈陡，下段愈平缓。其特点是不同 C_s 的曲线有两个交点。

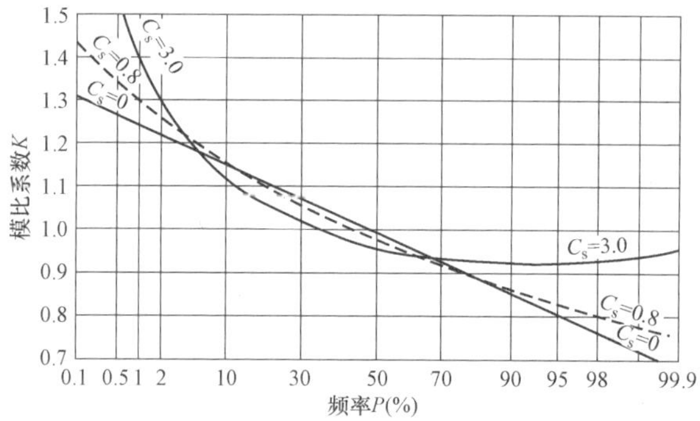

图 4-10 C_s 对频率曲线的影响（ $C_v=0.1$ ）

需要注意的是，图 4-8～图 4-10 所用坐标纸是概率格纸，在此坐标纸上正态分布为一条直线，因此如图 4-10 所示，当 $C_s=0$ 时，频率曲线变为一条直线。

4.6 抽 样 误 差

4.6.1 误差来源

水文计算中的误差来源有两个方面，一方面是观测、记录、整编和计算中有些假定不够合理造成的，这种误差随着科学技术的发展逐渐减小；另一种误差是从总体中抽取样本产生的。水文现象属于无限总体，人们所观测到的资料只是一个有限的样本，根据样本资料计算的参数对总体而言总有一定的误差，这种由抽样所引起的误差称抽样误差。

4.6.2 抽样误差概述

1. 抽样的类型

通常，研究水文现象是通过研究总体中的部分元素所组成的样本而得出的统计规律性。为了说明总体的特征，必须了解如下同总体特征有关的样本性质。

（1）随机抽样。随机抽样表示总体中选取每一项的可能性是相等的，可用随机数生成器来获得，以便确定被选取的元素。

（2）分层随机抽样。分层随机抽样是把总体分成多个组，在各组中采用随机抽样的方法。

（3）均匀抽样。均匀抽样指按照严格的规则选取资料，所抽取的点在时间或空间上均匀地相隔一定距离。

（4）适时抽样。适时抽样是指实验者只在方便时收集资料。如某些水文工作者只在无雨的夏日收集资料，而不喜欢在雨期或冷天工作。

由上述的样本性质来看，抽样最好采用前三种形式。均匀抽样常有一些逻辑上的优点，在多数情况下，它比随机抽样更为有效，因为它可使系列中的相依性对抽样变化的影响为最小。但水文现象的样本经常受各地所具有的观测技术水平和时间、水文资料保存状况等因素影响，而不能进行最有效的抽样，甚至有些样本全部拿来也不能保证样本的可靠性和代表性，需作一定的相关分析来增长样本系列。

2. 抽样误差

从总体中随机抽样可以得到许多个随机样本，这些样本的统计参数也属于随机变量，它们也具有一定的频率分布，这种分布称为抽样误差分布。

假设总体有 N 项，从中随机抽出 n 项组成样本，因为 $N \gg n$，所以由总体可以组成许多个随机样本，设共有 m 个样本，每个样本有自已的统计参数如下。

由于是随机抽样，所以每个样本的统计参数也属于随机变量。以均值为例，m 组样本的均值组成的系列为$\bar{x}_1$，$\bar{x}_2$，$\bar{x}_3$，…，$\bar{x}_m$，它们也具有一定的频率分布，称为均值$\bar{x}$的抽样分布，抽样分布大多属于正态分布。

样本	统计参数
x_{11}，x_{12}，x_{13}，…，x_{1n}	$\bar{x}_1$，s_1，C_{v1}，C_{s1}
x_{21}，x_{22}，x_{23}，…，x_{2n}	$\bar{x}_2$，s_2，C_{v2}，C_{s2}
⋮	⋮
x_{m1}，x_{m2}，x_{m3}，…，x_{mn}	$\bar{x}_m$，s_m，C_{vm}，C_{sm}

由各样本均值所组成系列的均值为

$$E(x)=\frac{1}{m}\sum\bar{x}_i \tag{4-34}$$

可以证明这个均值就是总体的均值$\bar{x}_{总}$。每个样本均值$\bar{x}_i$与$\bar{x}_{总}$之间的离差为

$$\Delta\bar{x}_i=\bar{x}_i-\bar{x}_{总} \tag{4-35}$$

这个离差是由抽样引起的，所以称为抽样误差。

$$s_{\bar{x}}=\sqrt{\frac{\sum(\bar{x}_i-\bar{x}_{总})^2}{m}} \tag{4-36}$$

由各个样本均值误差的平方和的平均数再开方来表示用样本估计总体所产生的平均误差，这个误差称为均方误差或标准误差。

4.6.3* 抽样误差的计算

抽样误差的大小由均方误差来衡量。计算标准误差的公式与总体分布有关，但由于总体未知，无法用式（4-36）求标准误差。由统计数学可以导出当随机变量属于皮尔逊Ⅲ型分布时，随机样本系列各个统计参数的标准误差计算公式

$$\left.\begin{aligned}
s_{\bar{x}}&=\frac{s}{\sqrt{n}}\\
s_s&=\frac{s}{\sqrt{2n}}\sqrt{1+\frac{3}{4}C_s^2}\\
s_{C_v}&=\frac{C_v}{\sqrt{2n}}\sqrt{1+2C_v^2+\frac{3}{4}C_s^2-2C_vC_s}\\
s_{C_s}&=\sqrt{\frac{6}{n}\left(1+\frac{3}{2}C_s^2+\frac{5}{16}C_s^4\right)}
\end{aligned}\right\} \tag{4-37}$$

式中：$s_{\bar{x}}$、s_s、s_{C_v}、s_{C_s}分别代表样本均值、均方差、变差系数及偏态系数标准误差。

由式（4-37）可见，抽样误差的大小随样本项数n、C_v和C_s的大小而变化。样本容量大，对总体的代表性就好，其抽样误差就小，这就是为什么在水文计算中总是想方设法取得较长水文系列的原因。

注：书中*部分为选读内容。

4.7　水文频率计算适线法

由实测水文变量系列求得的经验频率曲线，是对水文变量总体概率分布的推断和描述，但如直接把经验频率曲线用于解决工程实际问题还存在着一定的局限性。因我国目前的水文实测资料一般不超过几十年，算出的经验频率至多相当于几十年一遇。而在工程规划设计里面，常需要确定更为稀遇的水文变量值，这些稀遇值无法从经验频率曲线直接查出。为解决这样的问题，目前的做法是借助于理论频率曲线对经验频率曲线进行延长，求得稀遇洪水或枯水水文特征值的频率分布。

为了借助理论频率曲线对经验频率曲线进行延长，需要找到一条和水文变量经验频率点据拟合比较好的理论频率曲线，即该曲线在实测资料范围内表示出的统计规律和实测资料是一致的。同时认为，该理论频率曲线能够表示水文变量总体的统计规律，确定合适的参数作为总体参数的估计值，以推求设计频率的水文特征值，作为工程规划设计的依据。

根据实测资料还可以绘出一条经验频率曲线，由皮尔逊Ⅲ型频率密度曲线积分，可以绘出一条理论频率曲线。但两者不一定配合得好，必须通过试算来确定合适的统计参数，这种方法叫适线法。适线法是现行水文频率计算的基本方法。

适线法是先在概率格纸上按经验频率公式点绘出水文系列的经验频率点，选定频率曲线线型（一般为皮尔逊Ⅲ型），取与经验点据拟合最佳的那条曲线和相应的参数作为最终的计算结果。确定最佳拟合频率曲线可使用不同的准则，因而有不同的方法和结果。适线法主要有经验适线法（目估适线法）和优化适线法两种，经验适线法长期以来在我国被广泛采用，因此，本节主要介绍这种方法。

4.7.1　经验适线法

此方法又称为目估适线法或试错适线法，用这种方法绘制频率曲线的步骤如下。

（1）将审核过的水文资料按递减顺序排列，利用公式计算各随机变量的经验频率，并点绘于概率格纸上。

（2）计算统计参数 $\bar{x}$、C_v。

（3）由于 C_s 的抽样误差很大，一般不计算 C_s，而根据经验假定 C_s 为 C_v 的某一倍数（参见 4.4.4 节）。

（4）确定线型（一般采用皮尔逊Ⅲ型曲线）。

（5）按 4.5.1 节所述方法绘制理论频率曲线。

（6）观察理论频率曲线是否符合经验点的分布趋势，若基本符合点群分布趋势，则统计参数即为对总体的估计值，可以从图上查出设计频率的水文特征值。否则，根据统计参数对频率曲线的影响（4.5.2 部分），在标准误差范围内调整统计参数重新适线。

一般认为均值比较稳定，误差较小，由均值公式计算而得。C_v 亦由离差公式求得，并由 C_v 确定若干个 C_s，进行目估适线，由于 C_s 误差较大，在适线时一般调整 C_s 适线，在调整 C_s 得不到满意的效果时，可调整 $\overline{x}$，C_v。

【例 4.4】 某站有连续 35 年实测最大洪峰流量资料，见表 4–5，试用经验适线法求设计频率 $P=1\%$的最大流量 Q_P。

【解】 由于重复运算多，整个计算一般列表进行，见表 4–5。计算步骤如下。

（1）将原始资料不论年序地按递减顺序排列［表 4–5 中第（2）列］。

（2）计算均值及变差系数 C_v［其计算过程列入第（3）、（4）、（5）列］。

$$\overline{Q}=\frac{1}{n}\sum_{i=1}^{n}Q_i=8860\text{m}^3/\text{s}$$

$$C_v=\sqrt{\frac{\sum_{i=1}^{n}(K_i-1)^2}{n-1}}=\sqrt{\frac{6.0616}{35-1}}\approx 0.42$$

当表中计算无误时，应有

$$\left.\begin{aligned}\sum K_i=n\\ \sum(K_i-1)\equiv 0\end{aligned}\right\}\quad［表中（3）、（4）列最末一行］$$

（3）假设 C_s 等于若干倍 C_v 适线。现取 $C_s=2C_v$、$C_s=3C_v$、$C_s=4C_v$ 适线，理论频率曲线纵坐标的计算列于表 4–6，所绘制的曲线如图 4–11 所示。

表 4–5　某站最大流量的统计参数及经验频率计算表

序号 m	最大流量 Q（m³/s）	模比系数 K_i	K_i-1	$(K_i-1)^2$	经验频率 $P=\frac{m}{n+1}\times100\%$
（1）	（2）	（3）	（4）	（5）	（6）
1	18500	2.09	1.09	1.1881	2.8
2	17700	2.00	1.00	1.0000	5.6
3	13900	1.57	0.57	0.3249	8.3
4	13300	1.50	0.50	0.2500	11.1
5	12800	1.44	0.44	0.1936	13.9
6	12100	1.37	0.37	0.1369	16.7
7	12000	1.35	0.35	0.1225	19.4
8	11500	1.30	0.30	0.0900	22.2
9	11200	1.26	0.26	0.0676	25.0
10	10800	1.22	0.22	0.0484	27.8
11	10800	1.22	0.22	0.0484	30.6
12	10700	1.21	0.21	0.0441	33.3

续表

序号 m	最大流量 Q（m^3/s）	模比系数 K_i	K_i-1	$(K_i-1)^2$	经验频率 $P=\frac{m}{n+1}\times100\%$
（1）	（2）	（3）	（4）	（5）	（6）
13	10600	1.20	0.20	0.0400	36.1
14	10500	1.19	0.19	0.0361	38.9
15	9690	0.09	0.09	0.0081	41.7
16	8500	0.96	−0.04	0.0016	44.4
17	8220	0.93	−0.07	0.0049	47.2
18	8150	0.92	−0.08	0.0064	50.0
19	8020	0.91	−0.09	0.0081	52.8
20	8000	0.90	−0.10	0.0100	55.6
21	7850	0.89	−0.11	0.0121	58.3
22	7450	0.84	−0.16	0.0256	61.1
23	7290	0.82	−0.18	0.0324	63.9
24	6160	0.70	−0.30	0.0900	66.7
25	5960	0.67	−0.33	0.1089	69.4
26	5950	0.67	−0.33	0.1089	72.2
27	5590	0.63	−0.37	0.1369	75.0
28	5490	0.62	−0.38	0.1444	77.8
29	5340	0.60	−0.40	0.1600	80.6
30	5220	0.59	−0.41	0.1681	83.3
31	5100	0.58	−0.42	0.1764	86.1
32	4520	0.51	−0.49	0.2401	88.9
33	4240	0.48	−0.52	0.2704	91.7
34	3650	0.41	−0.59	0.3481	94.4
35	3220	0.36	−0.64	0.4096	97.2
总计	310010	35.00	0.00	6.0616	–

表 4-6　理论频率曲线计算表

C_s/C_v	P(%)	0.01	0.1	1	5	10	25	50	75	90	95	99	99.9
2	Φ_P	5.59	4.30	2.92	1.85	1.34	0.58	−0.14	−0.73	−1.16	−1.37	−1.71	−1.97
	K_P	3.35	2.81	2.23	1.78	1.56	1.24	0.94	0.69	0.51	0.42	0.28	0.17
	Q_P	29700	24900	19800	15800	13800	11000	8330	6110	4520	3720	2480	1510
3	Φ_P	6.55	4.90	3.19	1.92	1.34	0.51	−0.20	−0.74	−1.07	−1.22	−1.41	−1.52
	K_P	3.75	3.06	2.34	1.80	1.56	1.22	0.91	0.69	0.55	0.49	0.41	0.36
	Q_P	33200	27100	20700	16000	13800	10800	8060	6110	4870	4340	3640	3190
4	Φ_P	7.50	5.48	3.43	1.97	1.32	0.44	−0.27	−0.72	−0.97	−1.07	−1.15	−1.18
	K_P	4.15	3.31	2.44	1.83	1.55	1.18	0.89	0.70	0.59	0.55	0.52	0.50
	Q_P	36800	29300	21600	16200	13700	10500	7880	6200	5220	4870	4600	4430

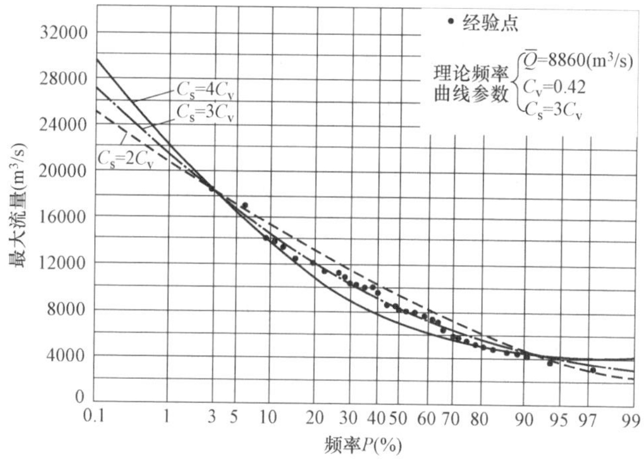

图 4-11　某站最大流量频率曲线（经验适线法）

从适线结果来看，$C_s = 3C_v$ 的效果较好，拟采用的理论频率曲线的统计参数为

$$\overline{Q} = 8860\text{m}^3/\text{s} \quad C_v = 0.42 \quad C_s = 1.26$$

（4）由理论频率曲线查得设计频率为 1%的最大流量为 $Q_P = 21400\text{m}^3/\text{s}$。

经验适线法的经验性强，适线灵活，不受频率曲线线型的限值。适线时可兼顾分析计算中的一些重要点据（如历史洪水和精度较高的点据）、有些不能定量只能定性的点据（如在纵横坐标上有一定变化范围的点据）。特别是当参数成果在时间上和空间上作综合平衡调整和合理性分析时，适线灵活的优点就更为突出。

4.7.2* 优化适线法

优化适线就是取目标函数 F 为最小的估计统计参数的方法，其特点是在一定的适线准则下，求解与经验点据拟合最优的频率曲线。

当误差方差比较均匀时，可考虑采用离差平方和最小准则（OLS）；当绝对误差比较均匀时，可考虑采用离差绝对值和准则最小（ABS）；当误差较大时，可考虑采用相对离差平方和最小准则（WLS）。下面简要介绍常用的离差平方和最小准则，供读者了解参考。

离差平方和准则的优化适线法又称最小二乘估计法，是指频率曲线统计参数的最小二乘估计使经验点据和同频率的频率曲线纵坐标之差（即离差或残差）平方和达到极小，即

$$S(\overline{x}, C_v, C_s) = \sum_{i=1}^{n} [x_i - f(P_i; \overline{x}, C_v, C_s)]^2 \tag{4-38}$$

式中：$f(P_i; \overline{x}, C_v, C_s)$ 可简记作 f_i，为频率 $P = P_i$，$i = 1, 2, \cdots, n$ 时频率曲线的纵坐标。对皮尔逊Ⅲ型曲线，有

$$f(P_i;\ \overline{x}, C_v, C_s) = \overline{x}[1 + C_v \Phi(P_i; C_s)] \tag{4-39}$$

由数学分析，统计参数的最小二乘估计是方程组

$$\frac{\partial S}{\partial \theta}=0 \tag{4-40}$$

的解。式中：θ 为参数向量，即 $\theta=(\bar{x},C_{\mathrm{v}},C_{\mathrm{s}})^{i}$。

由于式（4-40）对参数是非线性的，只能通过迭代法求解，一般采用高斯-牛顿法。

近年来水文工作者研究发现，以离差平方和准则的优化适线法所求得的参数和经验适线法的结果比较接近，所以，采用优化适线法时最先考虑离差平方和最小准则。

4.8 相 关 分 析

4.8.1 相关关系的概念

两个随机变量 x 和 y 之间的相关程度存在着三种情况：一是完全相关，即对于每一个 x 值，有一个或多个确定的 y 值与之对应，也称之为函数关系［见图 4-12（a）］；二是零相关，即两变量之间互不影响或互不相关［见图 4-12（b）］；三是统计相关，即 x 和 y 不像函数关系那样密切，也不像零相关那样毫无关系［见图 4-12（c）］，若将它们的关系点据绘于坐标纸上，就可发现点据虽然有些散乱，但却有一个明显的趋势，这种趋势能够用某种类型的数学曲线近似地拟合。例如，降水与径流之间、上下游洪水之间、水位与流量之间等都存在着这样的联系。相关分析就是要研究两个或多个随机变量之间的联系。

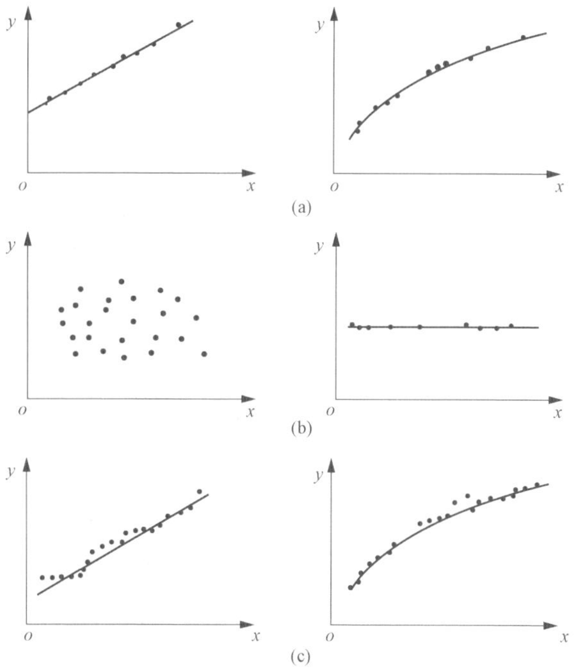

图 4-12　相关关系示意图

（a）完全相关；（b）零相关；（c）统计相关

此外，依据相关关系的线型，可分为直线相关和曲线相关；依据随机变量之间变化关系，可分为正相关和负相关，正相关是变量随自变量增加而增加或随自变量减少而减少，负相关则相反；根据研究相关变量的多少，相关关系可分为简单相关（只研究两个现象的相关关系）和复相关（研究 3 个及以上变量的相关关系）。

4.8.2 相关分析在水文学中的意义

如前所述，适线法进行水文频率分析中，首先需要多年的实测资料来绘制经验点据，进而推求出一条与其配合比较好的理论频率曲线，确定出合适的统计参数，以计算设计频率的水文特征值。但是有些测站因建站较晚、资料缺失、资料污损等原因导致系列中有若干年缺测，使得整个系列不连续。水文现象不是孤立变化的，它们之间相互联系、相互制约，例如水位与流量、降水与径流、蒸发与气温之间存在相关关系。通过相关分析，可以对已有的实测资料序列进行插补和延长，增加系列的代表性，提高分析计算的精度，减少抽样误差。

水文相关分析的主要内容包括：①对研究变量进行成因分析，判断是否有成因上的联系。②建立变量之间的数量关系，即回归方程或相关方程，判断相关的密切程度。③对回归线延展的成果做合理性分析。本节主要介绍水文计算中常用的简单直线相关。

4.8.3 简单直线（线性）相关

1. 相关图解法

设有在时间上相互对应的两个水文实测系列 x，y，它们分别为：

$x_1, x_2, \cdots, x_n$，x 系列的均值为 $\bar{x}$；

$y_1, y_2, \cdots, y_n$，y 系列的均值为 $\bar{y}$。

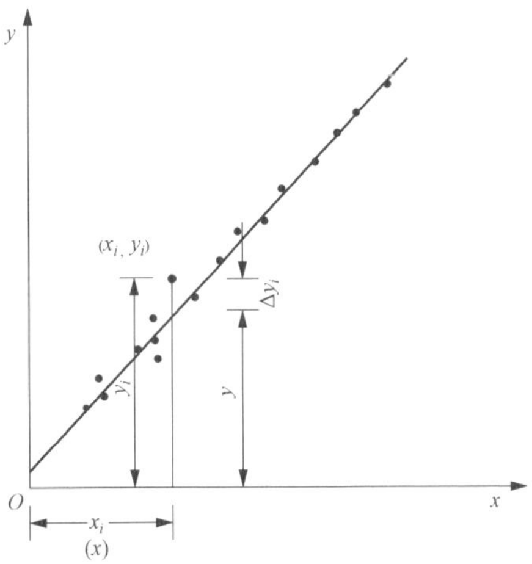

图 4-13 直线相关图

设 y 系列为待延长的水文系列，x 系列为含有待求的水文系列。将时间对应的 n 对经验点据 (x_i, y_i) 绘于直角坐标系中，若点群的平均趋势近似于直线，则可用直线来近似地代表这种相关关系。如果点距分布较集中，可以直接利用作图法求得相关直线，称为相关图解法。

该法是先目估通过点群中间和均值点 $(\bar{x}, \bar{y})$，绘出一条直线（见图 4-13），再从该图中量得直线的斜率 a，直线与纵轴的截距 b，直线方程 $y = ax + b$ 即为所求的相关直线方程。此法简单，当点据相关密切时，可获得满意结果。

2. 相关分析法

（1）直线回归方程。如果点据分布较散，或对待求数据要求较高，则相关图解法目估定线时会出现较大的误差。为了减少任意性，采用分析法来确定相关直线方程。设直线方程为

$$y = ax + b \tag{4-41}$$

式中：a 为直线的斜率；b 为直线在纵轴上的截距。

要使直线与点据配合最好，根据最小二乘法原理，应该使观测所得的相关点与直线之间纵坐标的离差平方和最小，即

$$\sum(y_i - y)^2 = \varepsilon \tag{4-42}$$

将式（4−41）代入式（4−42）得

$$\sum(y_i - ax - b)^2 = \varepsilon \tag{4-43}$$

如果该直线是一条最佳配合线，它应通过$(\bar{x},\bar{y})$点，所以

$$\bar{y} = a\bar{x} + b \tag{4-44}$$

那么，$b = \bar{y} - a\bar{x}$，将 b 带入式（4−43）得

$$\sum[(y_i - \bar{y}) - a(x_i - \bar{x})]^2 = \varepsilon \tag{4-45}$$

式（4−45）中只有一个参数 a，为使得式取得最小值，对 a 求一阶导数，并使其等于零，可得

$$\frac{\mathrm{d}\varepsilon}{\mathrm{d}a} = 2a\sum(x_i - \bar{x})^2 - 2\sum(x_i - \bar{x})(y_i - \bar{y}) = 0 \tag{4-46}$$

$$\left.\begin{aligned} a &= \frac{\sum(x_i - \bar{x})(y_i - \bar{y})}{\sum(x_i - \bar{x})^2} \\ b &= \bar{y} - a\bar{x} \end{aligned}\right\} \tag{4-47}$$

将 a、b 代入式（4−41）得回归方程为

$$y - \bar{y} = \frac{\sum(x_i - \bar{x})(y_i - \bar{y})}{\sum(x_i - \bar{x})^2}(x - \bar{x}) \tag{4-48}$$

（2）相关系数。回归线只是对观测点的一条最佳配合线，它反映了两个变量之间的平均关系，并不能说明两个变量之间的关系是否密切。观察离差的平方和为

$$\sum(y_i - y)^2 = \sum\{y_i - [\bar{y} + a(x_i - x)]\}^2 = \sum[(y_i - \bar{y}) - a(x_i - \bar{x})]^2 \tag{4-49}$$

并整理得

$$\sum(y_i - y)^2 = \sum(y_i - \bar{y})^2 - a^2\sum(x_i - \bar{x})^2 \tag{4-50}$$

令 $A = \sum(y_i - \bar{y})^2$，$B = a^2\sum(x_i - \bar{x})^2$，$r^2 = B/A$，则式（4−50）即为$\sum(y_i - y)^2 = A - B$。

若离差平方和$\sum(y_i - y)^2 = 0$，说明所有点据都在直线上，两变量之间为函数相关，此时 $A=B$，$r^2 = 1$，$r = \pm 1$；若离差平方和 $\sum(y_i - y)^2$ 取最大，即 $\sum(y_i - y)^2 = A$，由于 $\sum(x_i - \bar{x})^2 > 0$，只有 $a = 0$ 时 B 才为零，$a = 0$ 说明两个变量之间没有直线关系，此时 $r^2 = 0$，$r = 0$；第三种情况是$0 < \sum(y_i - y)^2 < A$，属统计相关，此时$0 < |r| < 1$。

从 r 的取值情况可以看出两个变量之间关系的密切程度，所以称 r 为相关系数。且

$$r^2=\frac{B}{A}=\frac{a^2\sum(x_i-\overline{x})^2}{\sum(y_i-\overline{y})^2} \tag{4-51}$$

将 a 值代入整理得

$$r=\frac{\sum(x_i-\overline{x})(y_i-\overline{y})}{\sqrt{\sum(x_i-\overline{x})^2(y_i-\overline{y})^2}} \tag{4-52}$$

点据分布和相关关系大小的示例，可参考图 4-14。经过以上分析可知，在直线相关的情况下，r 可以表示两变量相关的密切程度，所以将 r 作为直线相关密切程度的指标。但是相关系数 r 不是从物理成因推导出来的，而是从直线拟合点据的离差概念推导出来的。因此，当 $r=0$（或接近于零）时，只表示两变量间无直线关系存在。

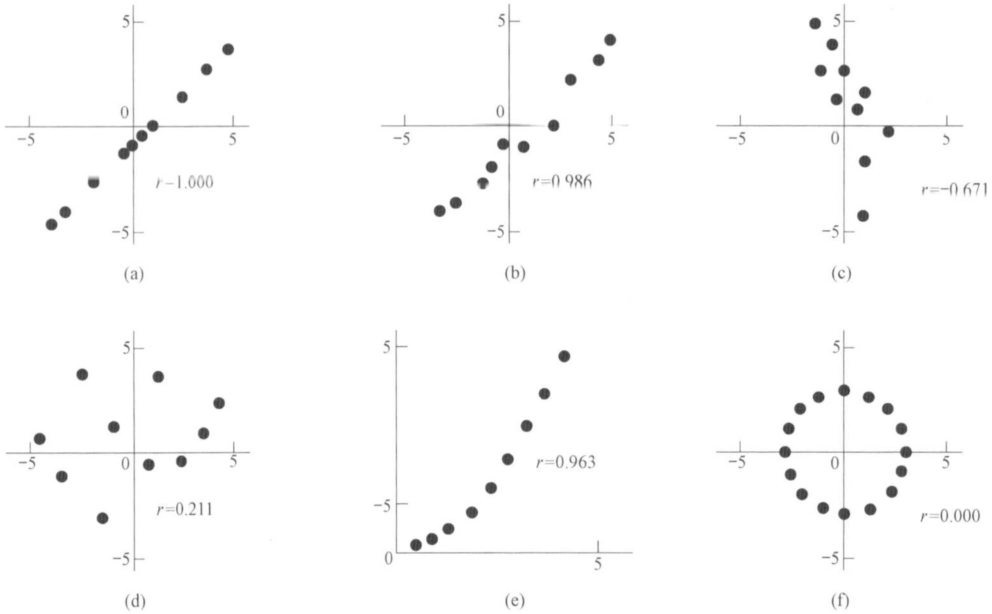

图 4-14　点据分布和相关关系大小说明图

（3）回归系数。回归直线的斜率在回归方程式中称为回归系数。两个系列的均方差为

$$s_y=\sqrt{\frac{\sum(y_i-\overline{y})^2}{n-1}}$$

$$s_x=\sqrt{\frac{\sum(x_i-\overline{x})^2}{n-1}}$$

$$\frac{s_y}{s_x}=\sqrt{\frac{\sum(y_i-\overline{y})^2}{\sum(x_i-\overline{x})^2}}$$

将式（4-47）变形整理得

$$a = r\frac{s_y}{s_x} \tag{4-53}$$

直线回归方程可以写成

$$y - \overline{y} = r\frac{s_y}{s_x}(x - \overline{x}) \tag{4-54}$$

3. 相关分析的误差

（1）回归线的误差。回归线只是两个实测系列对应点的最佳配合线，并不是所有点据都在直线上，而是散布在回归线的两旁。因此，回归线反映的是两个变量间的平均关系，利用回归线展延、插补短系列时，总有一定的误差。回归线的误差用标准误差 S_y 表示为

$$S_y = \sqrt{\frac{\sum(y_i - y)^2}{n-2}} \tag{4-55}$$

由统计推理可以证明，回归线的标准误差和样本系列均方差之间有下列关系

$$S_y = s_y\sqrt{1-r^2} \tag{4-56}$$

回归线上任一个 x_i 值所对应的最佳估计值是 y，它只是一个理论上的平均值，实际上可以有很多个 y_i 与之对应。根据误差理论可知，每个 y_i 值落在回归线两侧各一个标准误差范围内的可能性为 68.3%，落在三个标准误差范围内的可能性为 99.7%，可以表示为（见图 4-15）

$$P(y - S_y < y_i < y + S_y) \quad = 68.3\%$$

$$P(y - 3S_y < y_i < y + 3S_y) \quad = 99.7\%$$

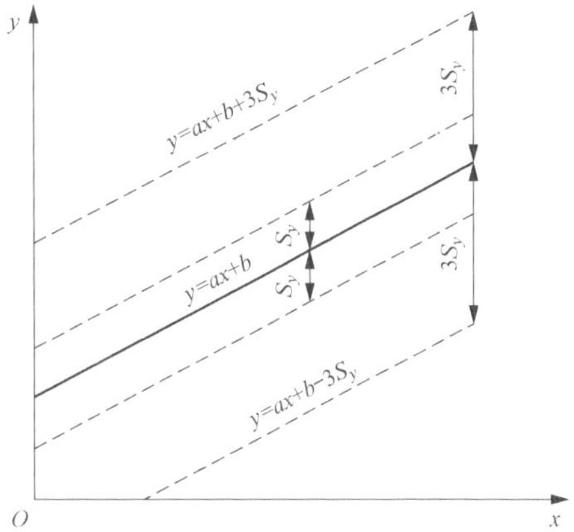

图 4-15　回归线的误差范围

（2）相关系数的误差。相关系数是用样本资料计算的，它必然存在着误差。根据统计理论，相关系数的误差 s_r 可用式（4-57）计算

$$s_r \approx \frac{1-r^2}{\sqrt{n}} \tag{4-57}$$

相关系数的误差也可以用随机误差（机误）E_r 表示

$$E_r = 0.6745 s_r \tag{4-58}$$

4. 相关分析时应注意的问题

（1）首先应分析论证两种变量间在成因上确实存在着联系，这是相关分析的必要条件，例如，上下游洪水流量之间、水位与流量之间、本站的降雨与径流等。

（2）同期观测资料不能太少，应在 10 项以上，否则会影响成果的可靠性。

（3）水文计算中，一般认为相关系数 $|r| > 0.8$，且回归线误差 S_y 不大于均值 $\overline{y}$ 的 15%，相关分析成果才认为可以应用。

5. 直线相关计算举例

【例 4.5】 已知黄河上诠站和兰州站所控制流域面积上的自然地理特征基本相似，上诠站有 1943—1957 年的不连续平均径流量资料 14 年，兰州站有 1935—1957 年连续 23 年的年平均径流量资料（见表 4–7），试用相关分析法插补、延展上诠站的年径流资料。

表 4–7　兰州站与上诠站实测年径流量资料（m^3/s）

年份 站名	1935	1936	1937	1938	1939	1940	1941	1942	1943	1944	1945	1946
兰州站	1298	1013	1031	1267	990	1312	782	779	1247	950	1168	1404
上诠站									1004	791		1131
年份 站名	**1947**	**1948**	**1949**	**1950**	**1951**	**1952**	**1953**	**1954**	**1955**	**1956**	**1957**	
兰州站	1077	995	1259	1011	1203	970	898	984	1320	731	852	
上诠站	922	827	1098	870	930	778	773	823	1140	617	649	

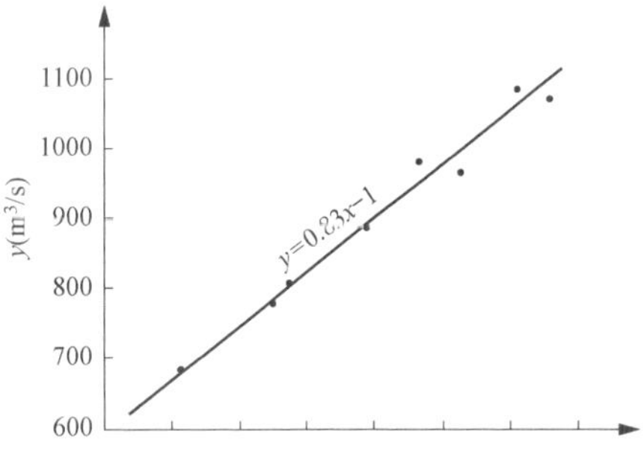

图 4–16　兰州站与上诠站径流相关图

【解】（1）判断相关趋势。两测站所控制流域面积上的自然地理特征基本一致，说明径流的成因存在着联系；两站有对应观测资料 14 对（$n>10$），把上诠站流量（待插补、展延的短系列）作为因变量 y，把兰州站流量（长系列资料）作为自变量 x。将对应的 14 对资料点绘于直角坐标系内（见图 4–16），点群的分布具有直线趋势，能够进行相关计算。

（2）利用 14 对资料计算各个参数。为了便于检查，应列表计算（见表 4–8）。

表 4–8　两站年径流量相关计算表

序号	年份	流量（m^3/s）		$(y_i-\bar{y})$	$(x_i-\bar{x})$	$(y_i-\bar{y})^2$	$(x_i-\bar{x})^2$	$(x_i-\bar{x})\cdot(y_i-\bar{y})$
		y_i（上诠站）	x_i（兰州站）					
1	1943	1004	1247	121.6	182.6	14786.6	33342.8	22204.2
2	1944	791	950	−91.4	−114.4	8354.0	13087. 4	10456.2
3	1946	1131	1404	248.6	339.6	61802.0	115328.2	84424. 6
4	1947	922	1077	39.6	12.6	1568.2	158.8	499.0
5	1948	827	995	−55.4	−69.4	3069.2	4816.4	3844.8
6	1949	1098	1259	215.6	194.6	46483.4	37869.2	41955.8
7	1950	870	1011	−12.4	−53.4	153.8	2851.6	662.2
8	1951	930	1203	47.6	138.6	2265.8	19210.0	6597.4

续表

序号	年份	流量（m³/s）		$(y_i-\bar{y})$	$(x_i-\bar{x})$	$(y_i-\bar{y})^2$	$(x_i-\bar{x})^2$	$(x_i-\bar{x})\cdot(y_i-\bar{y})$
		y_i（上诠站）	x_i（兰州站）					
9	1952	778	970	−104.4	−94.4	10899.4	8911.4	9855.4
10	1953	773	898	−109.4	−166.4	11968.4	27689.0	18204.2
11	1954	823	984	−59.4	−80.4	3528.4	6464.2	4775.8
12	1955	1140	1320	257.6	255.4	66357.8	65331.4	65842.6
13	1956	617	731	−265.4	−333.4	70437.2	111155.6	88484.4
14	1957	649	852	−233.4	−212.4	54475.6	45113.8	49574.2
Σ		12353	14901	−0.6	−0.6	356149.8	491329.8	407380.8

$$\bar{x}=\frac{1}{n}\sum x_i=\frac{14901}{14}=1064.4\text{m}^3/\text{s}$$

$$\bar{y}=\frac{1}{n}\sum y_i=\frac{12353}{14}=882.4\text{m}^3/\text{s}$$

$$r=\frac{\sum(x_i-\bar{x})(y_i-\bar{y})}{\sqrt{\sum(x_i-\bar{x})^2\cdot(y_i-\bar{y})^2}}=\frac{407380.8}{\sqrt{491329.8\times356149.8}}=0.97$$

$$s_x=\sqrt{\frac{\sum(x_i-\bar{x})^2}{n-1}}=\sqrt{\frac{491329.8}{13}}=194.4$$

$$s_y=\sqrt{\frac{\sum(y_i-\bar{y})^2}{n-1}}=\sqrt{\frac{356149.8}{13}}=165.5$$

$$S_y=s_y\sqrt{1-r^2}=165.5\times\sqrt{1-0.97^2}=40.23$$

经过计算，$r=0.97>0.8$，$S_y=40.23<0.1\bar{y}=88.24$，说明了两变量间关系比较密切。

（3）计算回归系数，建立回归方程式。

$$a=r\frac{s_y}{s_x}=0.97\times\frac{165.5}{194.4}=0.83$$

$$y-882.4=0.83(x-1064.4)$$

$$y=0.83x-1$$

（4）利用回归方程插补、延展上诠站缺测年份的年径流量（见表 4−9）。

表 4−9　　上诠站年径流量插补、延展结果（m³/s）

兰州站	1298	1013	1031	1267	990	1312	782	779	1168
上诠站	1076	840	855	1050	821	1088	648	646	968

（5）计算回归分析的误差。

1）回归线的误差。前面的计算结果为

$$S_y=40.23\text{m}^3/\text{s}$$

2）相关系数和的误差。

$$s_r = \frac{1-r^2}{\sqrt{n}} = \frac{1-0.97^2}{\sqrt{14}} = 0.016$$

复 习 思 考 题

4.1　水文统计具有怎样的实际意义？

4.2　频率、概率、累积频率有何区别？扼要说明累积频率的特性。

4.3　什么是重现期？它与物理学中的周期有何区别？

4.4　累积频率针对不同的研究对象如何计算？

4.5　累积频率与设计频率有何区别？

4.6　与数学期望公式相比，式（4-12）在水文分析中有何不足？

4.7　简述随机变量的几个常用统计参数及其表示的意义。

4.8　简述统计参数对皮尔逊Ⅲ型理论频率曲线的影响。

4.9　试论述经验适线法的操作步骤。

4.10　根据某河段洪水统计资料已知：$\overline{Q}=800\text{m}^3/\text{s}$，$C_\text{v}$=0.5，$C_\text{s}$=2$C_\text{v}$，试求百年一遇的设计洪水流量。

4.11　某测站有 1950—1984 年的实测最大流量记录（见表 4-10），试用经验适线法求设计频率 P=1%的最大流量 Q_P。

表 4-10　　某站最大流量记录

年份	1950	1951	1952	1953	1954	1955	1956	1957	1958	1959	1960	1961
流量（m³/s）	18500	3220	17700	3650	13900	4240	13300	4520	5100	12800	12100	5100
年份	1962	1963	1964	1965	1966	1967	1968	1969	1970	1971	1972	1973
流量（m³/s）	5220	12000	11500	5340	5490	11200	10800	5590	5960	10800	10700	6160
年份	1974	1975	1976	1977	1978	1979	1980	1981	1982	1983	1984	
流量（m³/s）	7290	10600	10500	7450	7850	9690	8500	8000	8020	8220	8150	

4.12　已知某测站有 1946 年～1967 年共 22 年的降雨和径流资料（见表 4-11），其中年降雨资料连续而年径流资料不连续（表中空格所示）。试用直线相关分析法插补缺测的年径流资料。

表 4-11　　某站降雨-径流资料记录

年份	1946	1947	1948	1949	1950	1951	1952	1953	1954	1955	1956
降雨量（mm）	514.1	610.7	602.0	564.0	575.6	580.6	750.9	610.2	550.2	612.1	845.8

续表

年份	1946	1947	1948	1949	1950	1951	1952	1953	1954	1955	1956
径流量（m^3/s）	62.8		67.8		70.3		87.3				121.7
年份	1957	1958	1959	1960	1961	1962	1963	1964	1965	1966	1967
降雨量（mm）	829.9	697.9	715.4	667.0	468.1	943.4	648.8	792.2	874.8	7.5.7	503.4
径流量（m^3/s）	110.2	84.6	95.2	77.5	58.9	132.0		101.3	131.3		49.8

第 5 章

设计年径流分析

教学目标

掌握具有长期实测资料时设计年径流量的推算，了解资料不足情况下、缺乏实测资料时设计年径流量的推算；掌握代表年法设计年径流量年内分配，掌握日流量（或水位）历时曲线的绘制和应用；了解洪水及洪水三要素及推求设计洪水的四种方法；理解洪水资料的选样；掌握特大洪水资料的处理。

课程思政

洪水由于其巨大的灾害性，在设计年径流分析中是一项不容忽视的重要考虑因素。在设计洪水的过程中，我们对已经发生的洪水流量系列，通过一定的频率分析方法来预测未来可能发生的洪峰流量值。这种预测对于工程设计具有至关重要的指导意义。作为实际工作者，我们必须本着极为严谨的态度来进行设计年径流分析，这不仅仅是因为洪水涉及工程的安全性，更是因为它直接关系到人民的生命和财产安全。我们需要以极高的责任心和科学精神来对待，确保我们的工程设计不仅能够应对当前的挑战，也能够在未来的洪水事件中保持高效、安全的运行，这是我们作为工程实践者的一项重要使命。

5.1 概　　述

河川径流在时间上的变化过程有一个以年为循环的特性，这样就可以年为单位去分析和研究径流的变化规律，并预估未来的变化趋势。一个年度内通过河流出口断面的水量，称作该断面以上流域的年径流量。它可以用年平均流量 Q、年径流深 R、年径流总量 W 或年径流模数 M 表示，因此在本章后面提及设计径流时，可以指代这几个参数中的任何一个。

年径流量的多年平均值称作多年平均径流量，它表明了河流在天然情况下所蕴藏的水资源数量，是开发河流水利资源的重要依据。由前述 2.3.3 节可知，闭合流域内的多年平均径流量的大小完全取决于降水和蒸发这两大气候因素，而下垫面诸因素是通过其对降水和蒸发的影响而间接影响多年平均径流量的，但其中的大型水利化措施直接影响径流的变化过程，应特别给予关注。

年径流变化具有如下一些特性：①径流具有大致以年为周期的汛期与枯季交替变化的规律，但各年汛期、枯季的历时有长有短，发生的时间有早有迟，水量也有大有小，基本上每年都不同，从不重复，具有偶然性。②另外，年径流量的逐年变化也很大，最大的与最小的年平均流量之比可达几倍或十几倍，这都是由于年内和年际不均匀的降水造成的。③年径流在多年变化中有丰水年组和枯水年组交替出现的现象。

年径流量的年内及年际变化情势往往与工农业的用水需求很不一致，要根据年径流的变化规律以确定合理的取水方式，如需修建水库闸坝进行径流调节时，就要分析径流的年际变化和年内分配，以便解决年径流的变化和取水量需求之间的矛盾。

我国大部分河流的洪水发生在夏秋两季，主要由流域内的暴雨所造成，而枯水则出现在干旱少雨的冬春季节，枯水径流主要靠流域内的地下水补给。取水工程中的河床式或岸边式取水构筑物的顶部高程，取决于设计洪水位的高低，而进水口的最低位置和集水井的底部标高则由设计枯水位决定；排入河流的最大排污量则要依据河流的设计枯水流量来计算确定。

本章主要讨论径流量的年际变化和年内分配、设计洪水流量（水位）的计算等问题。

5.2　设计年径流量

设计年径流量
微课

进行给水工程的规划设计时，需要了解河川径流在过去多年间的年际变化和年内分配情况，据此预估取水构筑物在运行期间可能遇到的径流情势。而作为工程规划设计的依据，则需求径流年际变化中相应于某一设计频率的年、月径流量，这也称为设计年径流计算，主要内容包括设计年径流量及其年内分配的计算等。考虑到水文现象的随机性，可以运用第 4 章介绍的数理统计法，通过对一定年限内的实测数据进行分析，找出年径流量的统计规律，一般采用年径流量频率曲线来预估径流年际变化的特征。由于设计断面所具备的径流连续观测资料的年限长短不一，本章分别介绍在不同情况下（具有长期实测资料、资料不足和缺乏实测资料）的设计年径流量及其年内分配的计算方法。

5.2.1　具有长期实测资料时设计年径流量的推算

一般来说具有 30 年以上连续实测年径流资料者可视为具有长期实测年径流资料，其设计年径流量的计算可分为三个步骤，即资料审查、频率计算和成果合理性分析。

1. 径流资料的审查

（1）审查资料的可靠性。径流资料是通过采集和处理取得的。因此，可靠性审查应从审查测验方法、采集成果、处理方法和处理成果着手。一般可从以下几个方面进行：①检查原始水位资料情况并分析水位过程线形状，从而了解当时观测质量，分析有无不合理的现象。②检查水位流量关系曲线绘制和延长的方法，并分析历年水位流量关系曲线的变化情况。如在1965年复查湖南资水柘溪电站的技术设计时，发现上、下游的水量不平衡，是由于浮标流速分布图偏大所造成的，经过实际调查，并重绘浮标流速分布图和水位流量关系曲线而予以改正。③根据水量平衡的原理，下游站的径流量应等于上游站径流量加区间径流量，通过水量平衡的检查即可衡量径流资料的精度。

（2）审查资料的一致性。应用数理统计法的前提是要求统计系列具有一致性，即要求组成系列的每个资料具有同一成因。不同成因的资料不得作为一个统计系列。就年径流量系列而言，它的一致性是建立在气候条件和下垫面条件的稳定性上的。当气候条件或下垫面条件有显著的变化时，资料就不符合一致性。一般认为气候条件的变化极其缓慢，可认为是相对稳定的，但下垫面条件却可由于人类活动而迅速变化，破坏了径流形成的一致性条件。如在测流断面上游修建了水库或引水工程，则工程建成后下游水文站实测资料的一致性就遭到破坏，引用该水文站的资料时必须进行合理的修正，还原到修建工程前的同一基础上。常用水量平衡法、降雨径流相关法进行修正还原。一般说来，只要下垫面条件的变化不是非常显著，可以认为径流系列具有一致性。

（3）审查资料的代表性。应用数理统计法进行水文计算时，计算成果的精度取决于样本对总体的代表性，代表性高，抽样误差就小。因此，资料代表性审查对衡量频率计算成果的精度具有重要意义。

样本对总体代表性的程度可以理解为样本分布参数与总体分布参数的接近程度。由于总体分布参数是未知的，不能仅凭样本分布参数本身来评估其代表性，通常需要将其与更大样本系列的分布参数进行比较。下面将介绍检验样本系列代表性的具体方法。

某设计站具有1961～1980年共20年的年径流量（以后称设计变量）系列。为了检验这一系列的代表性，可以选取与设计变量存在成因联系且具有更长时间系列的参证变量（例如具有1921～1980年共60年系列的邻近流域的年径流量）进行比较。首先，计算参证变量长系列（1921～1980年）的分布参数（主要是均值和变差系数）。其次，计算参证变量1961～1980年系列的分布参数。若两者的分布参数值大致接近，就可认为参证变量短系列（1961～1980年）具有代表性，从而认为，与参证变量有成因联系的设计变量的1961～1980年系列也具有代表性。

显然，采用上述方法，应具备下列两个条件：①设计变量与参证变量的时序变化具有同步性；②参证变量的长系列本身具有较高的代表性。

在实际工作中如选不到恰当的参证变量，也可通过降水资料及历史旱涝现象的调查和气候特性的分析，来论证年径流量系列的代表性。

2. 频率计算

资料经过审查符合要求后，接下来便可进行频率分析。首先计算年径流量的三个统计参数（$\bar{x}$、C_v、C_s）。然后绘制年径流量频率曲线，从该曲线上求出符合设计频率的设计年径流量，具体方法见 4.5 节。

3. 成果合理性分析

成果合理性分析，主要是对多年平均年径流量、年径流变差系数 C_v 和偏态系数 C_s 进行合理性评价，一般借助水量平衡原理和地理分布规律来进行。

如 2.3.3 节所述，气候因素是影响年径流的主要因素，其具有地理分布规律，所以多年平均年径流量和年径流量的 C_v 也具有地理分布规律性，可通过各地多年平均年径流深等值线图、年径流变差系数 C_v 等值线图来检查其是否符合这种地理分布规律。还可以通过上下游站的水量是否平衡来检查多年平均径流量的合理性。目前对年径流量偏态系数 C_s 的研究还很不够，但是有研究表明 C_s / C_v 值在地理上具有一定的分区性，可作为检查 C_s 是否合理的依据。此外，还可以参考各省、区、地、市编制的水文手册，进行统计参数的合理性分析。

5.2.2　资料不足（具有短期实测资料）情况下设计年径流量的推算

中小型流域一般水文监测不够完善，因此，在规划设计中小型流域水利水电工程时，往往遇到设计断面处或邻近水文站仅有短短数年或十数年的观测资料，这种情况一般在中、大流域不会出现。此时如果根据现有资料推算，由于不满足水文统计对资料数量的要求，误差可能大大超过容许范围。为了降低抽样误差，保证成果的可靠性，必须首先插补、延展设计断面的年径流系列。

1. 参证站的选择

径流系列的延展时，首先要解决的问题就是选择合理的参证站。选择时必须注意以下几点：

（1）参证站径流要与设计站的径流在成因上有密切联系，主要是自然地理因素（尤其气候因素）应十分相似，这样才能保证相关关系有足够的精度。

（2）参证站径流资料与设计站的径流资料应有一段相当长的平行观测期，这样才能通过 4.8 节介绍的相关分析法建立可靠的相关关系。

（3）参证站必须有足够长的实测资料，除了有与设计站同期的资料外，还应有延展设计站所缺年份的资料。

2. 插补延长方法

年径流量系列的插补延长，可以采用下列分析方法：

（1）利用本站水位流量关系延展。当设计站年水位资料系列较长且有一定长度年径流量资料时，可通过如 4.8 节所述的方法利用水位资料插补延长流量资料。

（2）利用径流资料延展系列。利用年径流量之间的关系来展延，即直接找出设计站与参证站相同年份流量之间的关系，实际工作中多用年径流模数 M 或年径流深 R 进行相关分析，一般先进行图解分析，点绘相关图，目估定出平均关系线。如果点据相当分散，可采用相关计算以确定其回归方程式（见【例 4.5】），求出设计站径流展延后的 N 年延展系列，再进行频率分析。

如果设计过程中需要提供逐月径流资料，可以将参证站的月径流量作为参证变量，与设计站的月径流量建立相关关系。当两者流域面积相差不大时，通常可以获得较好的相关关系。但月径流量的相关关系一般不如年径流量的相关关系密切，对于个别离群点据需要进行具体分析以提高数据处理的精度。

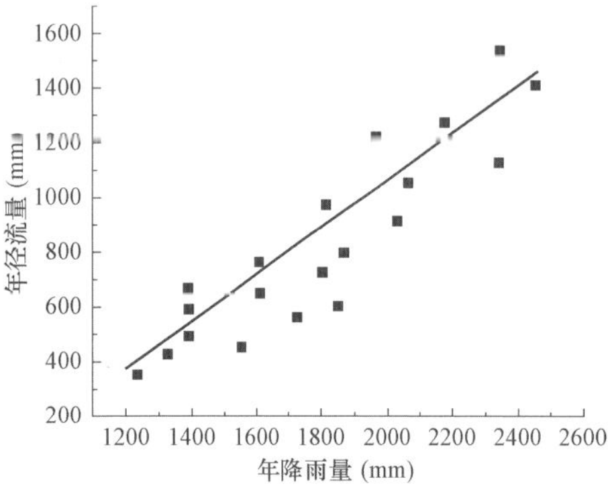

图 5-1　湿润地区某站降雨径流相关图

（3）利用降水资料延展系列。径流来源于降水，流域的年径流量通常与流域年降水量之间存在良好的相关关系。而且，相比径流资料，降水量的记载往往资料系列较长，在缺乏具有长期实测径流资料的参证站的情况下，可以考虑建立设计站降雨与径流之间的相关关系，以延展径流系列（见图 5-1）。在采用这种方法时，需要注意以下几点：我国多雨带及湿润带的年降雨量是年径流的主要影响因素，它们之间具有较好的同步性，因此两者的相关关系通常良好。在设计流域内，如果雨量站众多且流域平均年降水量系列较年径流系列长，则可建立年降水量与年径流量之间的相关关系，利用年降水量延长年径流系列。在绘制流域平均年降水量与同期年径流量相关图时，为了便于比较，通常选择使用相同的单位，均以毫米表示，即年径流量除以流域面积以年径流深表示，如图 5-1 所示。如果流域面积较小（小于 500km^2），或流域内某一站的降雨量与流域平均降雨量密切相关时，可以考虑使用点雨量，即单站雨量代替流域平均降雨量。在干旱及半干旱地区，由于蒸发量相对较大，年雨量与年径流量之间的关系通常不太密切（见图 5-2）。在这种情况下，引入蒸发量作为参数可能改善

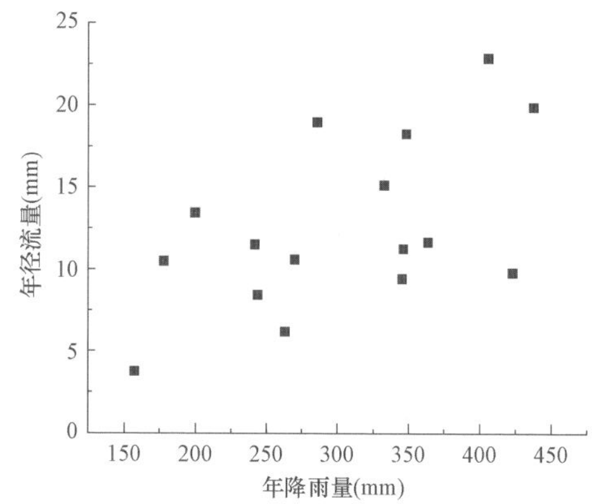

图 5-2　干旱地区年降雨径流关系散点图

两者之间的关系。

有时，由于设计站实测的年径流量系列过短，无法建立可靠的年降雨量与年径流量的相关关系，或在规划设计中需要提供逐年月径流资料时，可以考虑建立月降雨量与月径流量的相关关系。但一般月降雨量与月径流量之间的相关关系相对较差，这主要是由于以下两个原因：首先，枯水月份的降雨量较小，而月径流量主要受到月蒸发量和流域蓄水量变化的影响，有时月径流量可能大于月降水量，此时月径流量与月降水量之间成因联系较差；其次，月降水量与月径流量在时间上不完全对应，例如，本月末的降雨大部分在下月初形成，造成径流比降雨略有滞后，从而使相关点呈现散乱状态。

资料插补、延展以后，设计年径流量的计算与具有长期实测资料时的计算方法完全相同。

5.2.3 缺乏实测径流资料时设计年径流量的推算

在进行小流域及部分中等流域中水利水电工程的规划设计时，经常遇到小流域上缺乏实测径流资料的情况，或实测径流资料太短而无法用相关法延展的情况。在这种情况下，只能通过间接途径来解决。目前常用的方法是参数等值线图法和水文比拟法，以此来求得年径流量的 $\bar{x}$ 、变差系数 C_v 和偏态系数 C_s ，进而通过前述频率分析方法来求得指定设计频率的设计年径流量。

1. 参数等值线图法

把数值相同的点连接起来的线叫做等值线，水文特征值的等值线绘制在地图上，表示了水文特征值的地理分布规律。闭合流域年径流的主要影响因素是降水和蒸散发，由于降水量和蒸散发量都具有地理分布规律，所以年径流也具有这一规律，它的统计参数主要是多年平均径流量、变差系数 C_v 值等都可以绘制成参数等值线图。设计流域与参证流域的面积差异可能比较大，为了消除面积的影响，多年平均径流量等值线图都以年径流深度 R（mm）或年径流模数 M 为计量单位，L/(s·km²)。

河川任一断面径流量是由该断面以上流域各处的径流集合而成的，不仅仅是该断面处所产生的数值，而是代表整个流域所产生的数值。因此，不能将多年平均年径流深的数值点绘制在该断面处，而应当点绘在多年平均年径流深最接近流域平均值的那一点上。在实际制图时一般点绘在流域面积的形心处，然后，根据各点数值考虑各站点资料的精度，结合对降水和地形条件的分析，绘制出等值线图，最后进行校核调整。目前，各省（区）水文手册中均提供了本地区的多年平均年径流深或年径流模数等值线图，以及年径流变差系数等值线图，以备查用。图 5-3 所示为某流域多年平均年径流深 R（mm）的等值线图，图 5-4 则是该地区的年径流量变差系数 C_v 等值线图。

应用等值线图推求多年平均年径流深时，先在图上勾绘出设计断面以上流域的分水

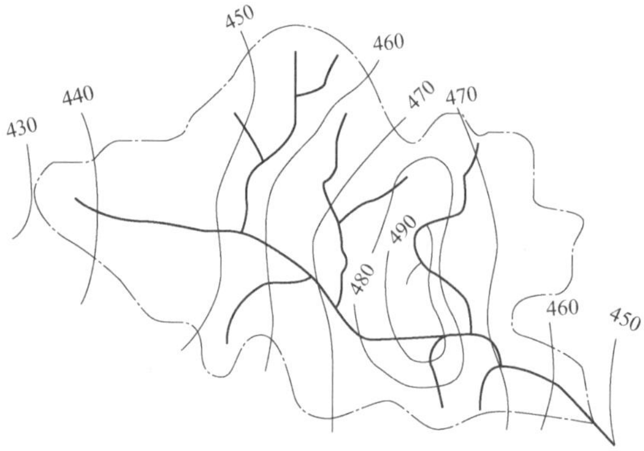

图 5-3　某流域多年平均径流深等值线图（mm）

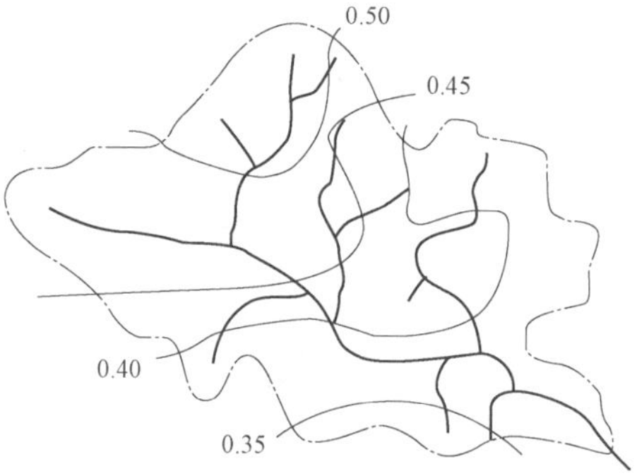

图 5-4　某流域年径流变差系数 C_v 等值线图

线。若流域面积较小而流域内等值线分布比较均匀时，流域的多年平均年径流深可根据流域面积形心附近的两条等值线的数值内插求得。若流域面积较大而等值线分布不均匀时，可用面积加权平均法推求多年平均年径流深 $\overline{R}$（mm）

$$\overline{R}=\frac{R_1f_1+R_2f_2+\cdots+R_nf_n}{F}=\frac{\sum R_if_i}{F} \tag{5-1}$$

式中：R_i 为相邻两等值线数值的算术平均值，mm；f_i 为流域内相邻两等值线之间的面积，km^2；F 为流域面积，km^2，且 $F=\sum f_i$。

对于流域面积小于 500km^2 的小流域，使用参数等值线图法所得结果的误差可能较大（超过 20%）。这是因为小流域的资料往往十分缺乏，而绘制等值线图主要根据中等流域的资料。另外，小流域可能不闭合或河槽下切不深，不能全部汇集或较少汇集地下径流。如某地区曾分析多条小河径流站的资料，发现同一条河流中，上游断面的年平均径流系数比下游断面的偏小 13.7%，说明上游断面属于不闭合流域，使用参数等值线图会得出偏大的结果。因此，小流域应用参数等值线图时一般应进行实地调查，分析论证所用数据是否合理，并考虑其具体条件加以适当修正。

年径流量变差系数 C_v 等值线图的绘制与使用方法，与多年平均年径流深等值线图的相似。但年径流量 C_v 等值线图的精度较低，使用其计算小流域的年径流量 C_v 值时可能误差较大（一般 C_v 估值偏小），必须加以修正。

小流域年径流量与大中流域年径流量组成的差异，只在于缺少深层地下水的补给量。若假设它们的均方差 s 相等，即

$$C_{va}=\frac{s}{\overline{R}_a},\quad C_{vb}=\frac{s}{\overline{R}_b}$$

则

$$C_{vb}=\frac{\overline{R}_a}{\overline{R}_b}C_{va} \tag{5-2}$$

式中：C_{va}、C_{vb} 分别为大中流域与小流域的年径流量变差系数；$\bar{R}_a$、$\bar{R}_b$ 分别为大中流域与小流域多年平均年径流深度，mm。

根据式（5-2），可用大中流域的 C_v 值来推算或修正小流域的 C_v 值。

年径流量偏态系数 C_s 值一般通过 C_s 与 C_v 的比值定出。可查阅各地水文手册上分区给出的 C_s 与 C_v 的比值。在大多数情况下，常采用 $C_s=2C_v$。

2. 水文比拟法

水文比拟法是一种将参证流域的径流资料特征参数和分析结果按要求有选择地移到设计站上来的方法。根据设计站的需要，可以移植参证站的设计年、月径流系列，也可以移植参证站年径流量的统计参数。这种移置基于设计流域和参证流域的各项影响径流因素相似这一前提。因此，水文比拟法的关键在于选择合适的参证流域。参证流域应具有较长的实测径流资料，并且在气候条件和流域下垫面方面与设计流域极为相似。此外，需要注意两者的流域面积不宜相差太大。

把参证流域的径流资料移用于设计流域时，根据两流域的具体情况，有以下几种处理方法。

（1）移用径流深。当设计流域与参证流域的降雨量基本相等、两流域面积相差不超过15%时，可直接将参证流域的径流深移用到设计流域上来。

（2）用降雨量修正。当设计流域与参证流域的降雨量情况有差别时，就不宜直接移用径流深。但是一般可以假设参证流域与设计流域的径流系数α（$R_s/P_s=R_c/P_c$）相等，通过年降雨量修正径流深，即

$$R_s=\frac{P_s}{P_c}R_c \tag{5-3}$$

式中：P_s、R_s 分别为设计流域的年降雨量与年径流深；P_c、R_c 为参证流域的年降雨量与年径流深。

（3）移用参证流域的年降雨径流相关图。根据参证流域的降雨和径流资料绘制年降雨径流相关图，并把它移用到设计流域。由设计流域该年的降雨量查图，得设计流域相应年份的年径流深。下节所需的径流年内分配的逐月径流过程，可根据参证流域的月径流按年径流量的相同比例缩放求得，这种方法是移用参证流域多年的降雨径流关系，可望得到较上述两法更好的成果。

（4）移用参证流域的次降雨径流相关图。如资料条件允许，可根据参证流域每次的降雨与径流资料绘制次降雨径流相关图，再移到设计流域上去。由设计流域的降雨资料查次降雨径流相关图，求出各次降雨所产生的径流深，按月求和，即得设计流域该年的年、月径流量。需指出的是：在枯水期各月径流中，大部分径流量是来自流域蓄水，只有一小

部分是由当月降雨所形成，这样求得的枯水期月径流量误差较大，可改为移用参证流域枯水期径流量与年径流量相关图来推求。

至于C_v和C_s/C_v值，也可以直接移用参证流域的相应数值，并根据流域特征的不同加以修正。

在小流域缺乏实测水文资料、参数等值线图又难以应用时，水文比拟法有较大的实用意义，它也可以作为应用参数等值线图法的参考和补充。

5.3 设计年径流的年内分配

设计年径流的年内分配微课

5.3.1 径流的年内分配

径流在一年内的变化过程称为径流的年内分配。我国由于受季风影响较大，径流年内分配很不均匀（见表5-1），夏季水丰，冬季水枯，往往不能满足各用水部门的在时间上和数量上对用水的需求而产生矛盾。这就需要以丰补枯，进行径流调节，这是研究径流的年内分配问题。图5-5所示为北方某河流指定断面某一年以季为单位的径流分配过程图，假设某用水部门全年需水量是不变的（$Q=12.5\text{m}^3/\text{s}$），但冬春季天然径流不能满足要求，需要把夏秋季多余水量储存起来，以补冬春水量之不足。图中阴影部分就是所缺少的水量。因此，为了满足水力发电、灌溉、航运、工业和城市供水等多方面的需求，以争取最大的经济效益，人类必须通过兴建一些水利工程（如蓄水池、水库、堤坝等）来调节和改变径流的天然状态。

但是，实际的径流过程并不像图5-5那样简单，而要复杂得多。与此同时，需水过程也不会是一个常数，但不论这两个过程有多复杂，当需水过程已确定时，所需要的调节容量取决于径流的年内分配。在给水工程中，当采用水库或蓄水池进行径流调节时，一般根据情况的不同，采用90%～95%不同设计频率的年径流量及其最不利的年内分配进行设计，这就是给水水文计算研究年内分配的目的。

表5-1 我国主要河流径流量年内分配

名称	水文站	季节分配（%）			
		冬	春	夏	秋
松花江	哈尔滨	6.2	16.9	30	37.9
永定河	官厅	11.7	22.8	43	22.5
黄河	陕县	9.9	15.3	38.1	36.7
淮河	蚌埠	8.0	15.4	51.7	24.9
长江	大通	10.3	21.2	39.1	29.4
珠江	梧州	6.8	18.6	53.5	21.1
澜沧江	景洪	10.7	9.9	45.0	34.4

表示径流年内分配有两种方式：一是流量（或水位）过程线，即一年内径流随时间的变化过程。通常以逐月平均流量（或水位）或逐日平均流量（或水位）表示，这是表示径流年内分配的主要形式。二是流量（或水位）历时曲线，是将年内逐日平均流量（或水位）按递减次序排列而成。横坐标常用百分数表示，是表示径流年内分配的特殊形式，详细绘制方法见 5.3.4 节。图 5-6 所示为我国东部某水文站的这两种曲线示意图。

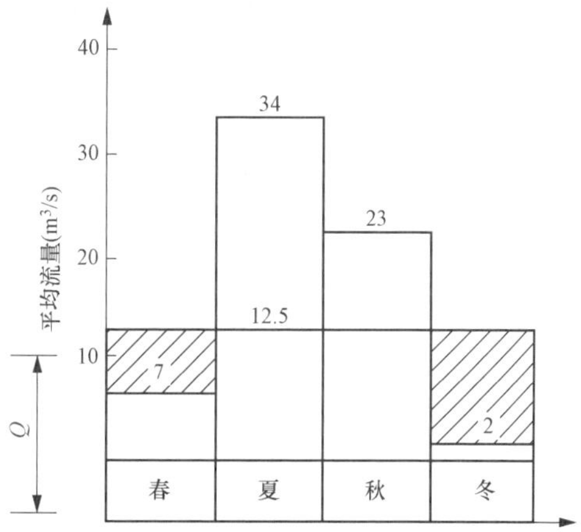

图 5-5 年径流过程与径流调节示意图

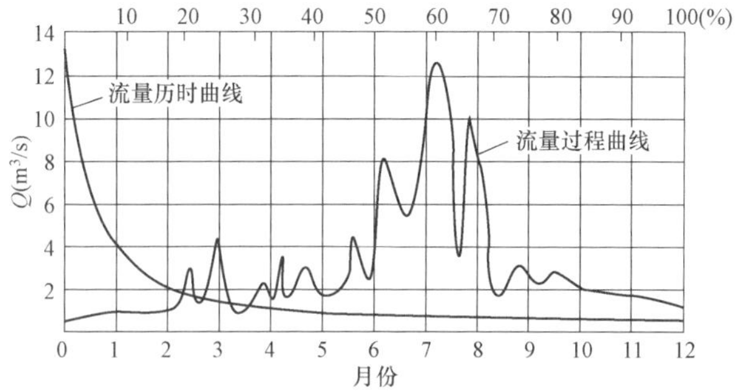

图 5-6 我国东部某水文站某年流量过程线与流量历时曲线

5.3.2 有长期实测径流资料时设计年径流量年内分配的确定

当具有长期实测资料的情况下，从实测资料中按一定原则选择某一年作为代表年，以该年的径流年内分配为模型，将此年内分配模型按一定方法进行缩放，求得设计年径流量的年内分配，即为代表年法。对水力发电工程一般选择丰水、平水和枯水三个代表年；对城镇给水工程和农业灌溉工程只选枯水年为代表年。其中，给水工程选择代表年应遵循的原则是：①代表年的年径流量与设计年径流量相接近；②对工程不利，即枯水期长且枯水流量小。当选定代表年后，求出设计年径流量 Q_P 与代表年径流量 Q_d 的比值 K，K 称为缩放倍比，即

$$K = \frac{Q_P}{Q_d} \tag{5-4}$$

然后把代表年的年内分配乘以 K 值，即得设计年径流量的年内分配。

【例 5.1】 根据某水文站 24 年的年径流资料（按水文年），推求出 P=90%的设计年径流量为 6.70 m^3/s，试求其以月平均流量表示的年内分配。

【解】（1）在实测资料中选出与设计年平均流量 $Q_{90\%} = 6.70 m^3/s$ 相近的 1955—1956 年、

1960—1961 年、1973—1974 年作为代表年选择的对象（见表 5-2），它们的年平均径流量分别为 7.01、6.80 和 6.99m^3/s。

表 5-2　某站实测历年逐月平均流量摘录　（m^3/s）

年度＼月份	3	4	5	6	7	8	9	10	11	12	1	2	年平均流量
⋮	⋮												⋮
1955—1956	10.9	7.53	18.4	8.01	2.89	6.17	15.6	7.21	1.40	1.29	1.13	3.62	7.01
⋮	⋮												⋮
1960—1961	14.5	4.00	6.41	15.4	23.0	4.21	8.67	1.37	0.42	0.33	1.02	2.31	6.80
⋮	⋮												⋮
1973—1974	3.04	8.38	8.17	23.2	0.65	0.04	12.3	7.89	1.09	0.90	1.44	16.8	6.99
⋮	⋮												⋮

（2）在这三个年份中，各月平均流量小于年平均流量之半的分别为 4 个月、5 个月、6 个月。且相比之下，年内分配更不均匀、枯水期较长、枯水流量小的是 1973—1974 年，故选定该水文年度为代表年。

（3）计算缩放倍比 K。

$$K=\frac{6.70}{6.99}=0.958$$

（4）将代表年的各月平均流量乘以 K，即得设计年内各月的平均流量，计算结果列于表 5-3 中。

表 5-3　设计枯水年径流年内分配计算　（m^3/s）

项目＼月份	3	4	5	6	7	8	9	10	11	12	1	2	年平均流量
代表年	3.04	8.38	8.17	23.2	0.65	0.04	12.3	7.89	1.09	0.90	1.44	16.8	6.99
设计年	2.91	8.03	7.83	22.22	0.62	0.038	11.8	7.56	1.04	0.86	1.38	16.1	6.70

在实际情况中可能遇到所选择的几个代表年不太容易确定哪个更合适，这时可以通过径流调节，把缺水量最大的年份作为代表年。

设计年径流量年内分配除了采用代表年法外还有其他方法，此处不再赘述。

5.3.3　缺乏实测径流资料时设计年径流量年内分配的确定

在缺乏实测资料的情况下，通常使用水文比拟法来确定设计年径流量的年内分配。

该方法的核心是选择一个与设计流域在径流年内分配条件上相似且具有长期实测径流资料的参证流域。然后，将参证流域相应的年内分配比例直接应用于设计流域，以推求该流域设计年径流量的年内分配。在必要时，可以通过实地调查对结果进行修正。

此外，各省区水文手册中也有按自然地理情况进行分区的，对每一分区选定有实测资料的某河流作为分区典型，将该河流的径流年内分配形式作为本分区无实测径流资料河流的分配形式。

5.3.4　日流量（或水位）历时曲线的绘制和应用

日流量（或水位）历时曲线是表示径流分配的另一种方式。流量过程线表示年内径流量随时间的变化过程，而历时曲线表示了年内大于或等于某个值的径流量出现的时间在全年中所占的百分比（也称为保证率）。如果不考虑各流量出现的时刻而只研究出现流量数值的大小，可以从历时曲线上方便地求得大于等于某流量数值所出现的历时。该曲线将某时段内的日流量（或水位）分组，并按递减次序排列，统计各组下限值出现的累计天数在整个时段中的百分比。然后，将各组下限值及其相应的百分比点绘制在坐标系中，根据点群的分布趋势绘制一条曲线，即为日流量历时曲线。

【例 5.2】 某站设计频率 95%的枯水年日流量经整理后列入表 5-4，试求保证率为 90%的日流量值。

【解】（1）求各组流量出现的天数、$Q \geq Q_i$ 的累计天数、相应的百分比列于表中。

表 5-4　　某站 $P=95\%$ 枯水年日流量历时曲线计算用表

流量分组（m^3/s）	历时（d）		$P_T=\frac{\sum t}{365}\times 100\%$
	t	$\sum t$	
8000～7500	3	3	0. 8
7500～6000	3	6	1.6
6000～5000	6	12	3.2
5000～4000	12	24	6.5
4000～3000	9	33	8.0
3000～2000	22	55	15. 1
2000～1500	25	80	22.0
1500～1000	64	144	39.5
1000～500	125	269	73.7
500～240	96	365	100

（2）绘制流量历时曲线（见图 5-7）。

（3）在横坐标上保证率为 90%处作垂线，与曲线交点处的纵坐标即为所求，此处 $Q\approx 400m^3/s$。

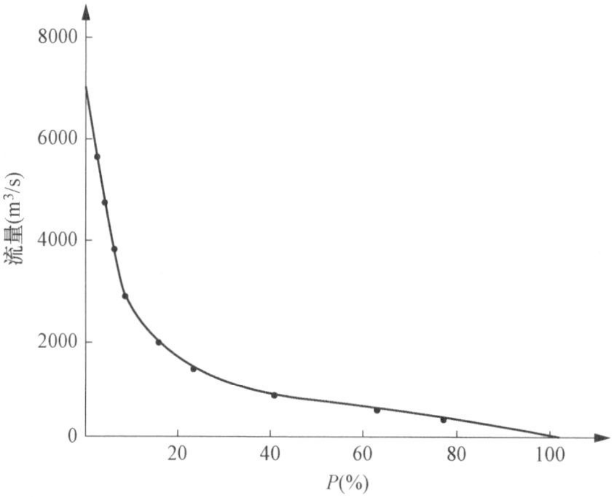

图 5-7　某站日流量历时曲线

5.4　设计洪水流量和水位

5.4.1　洪水及设计洪水

1. 洪水

流域内的暴雨或大面积的降雨产生的大量地面水流，在短时间内汇入河槽，使河流流量急剧增加，水位猛涨，形成波状下泄的水流，这种径流称为洪水。在我国北方春季迅速融雪或者冰凌阻塞河槽形成冰坝而溃决也能产生洪水。

图 5-8 为一次洪水过程中流量随时间变化示意图。洪水在 A 点起涨，流量增加较快，直到出现最大值（B 点），然后流量较缓慢减少，直到水流落平（C 点），于是一次洪水结束。一次洪水的流量最大值称为洪峰流量（Q_m）；一次洪水总历时（T）为涨水历时（t_1）和退水历时（t_2）之和；一次洪水的过程由 ABC 曲线表示，称为洪水过程线（$Q \sim t$）；ABC 曲线与 A、C 两点之间的时间横轴所包围的面积是一次洪水的总水量，称为洪水总量（W_T）。洪峰流量、洪水过程线和洪水总量，通常称为洪水三要素。

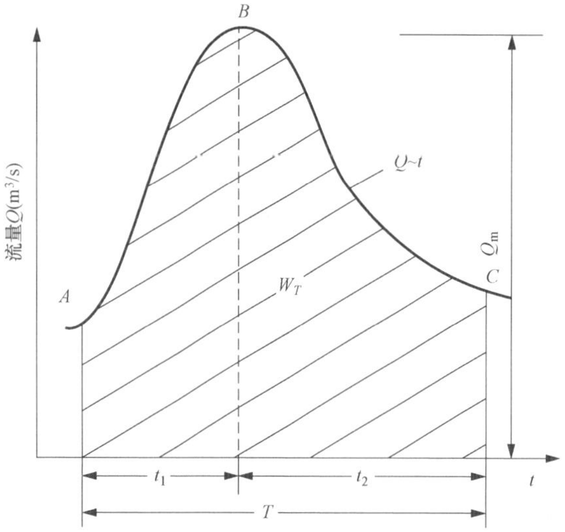

图 5-8　一次洪水过程中流量随时间变化示意图

2. 设计洪水

当河流发生较大洪水时，如果河槽泄洪能力不够，洪水溢出两岸，甚至溃堤决口，泛滥成灾，视为洪灾。在平原河流下游或湖泊的沿岸，常有许多低洼地区，如该地区降雨过多，河湖水位高涨，使低洼地区排水不畅，造成地面积水，庄稼被淹没而歉收，视为涝灾。

为了预防洪涝灾害，需要修建各种水利工程来有效控制洪水。这些水利工程的规模、组成以及它们本身的安全性，都取决于未来运行期间可能遭遇的洪水情况。然而，由于科技发展水平的限制，目前很难准确预测未来若干年内确定的洪水情况。根据 5.4.3 节所述的方法确定的洪水特征值（包括洪峰流量和不同时段的洪水总量），并据此拟定的一次洪水过程线和洪水地区组成等，统称为“设计洪水”。对于具有防洪、发电和灌溉等综合功能的大、中型水库，这些设计洪水的要素都是不可或缺的。但在市政工程中，普通的取水工程和防洪工程的设计洪水通常只需计算洪峰流量（或洪水位）即可满足需求，因为岸边式或河床式取水构筑物的顶部高程、城市排洪管渠的尺寸以及流经城镇江河的堤防高程，都取决于洪峰流量的大小或洪水位的高低。

所谓设计洪水，实质上是指具有一定规定功能的一场特定洪水，其具备的功能是：以频率等于设计标准的原则，求得该频率的设计洪水，以此为依据而规划出的工程，其防洪安全事故的风险应恰好等于指定的设计标准。例如，某一水库工程的设计标准是以重现期表示为千年，以频率表示为 0.1%，就是指采用重现期千年或频率 0.1%的设计洪水作为调洪演算所推求的水库设计洪水位，在未来水库长期运行过程中，每年最高库水位超过该设计水位的概率为千分之一。

5.4.2 设计洪水标准

在设计各种涉水工程的水工建筑物时，必须高度重视工程本身的防洪安全，即必须全面考虑工程能经得住某种大洪水的考验而不会失事。所谓某种大洪水意指工程设计时选择的一种特定洪水。若此洪水过大，工程的安全度增大，但工程造价增多而不经济；若此洪水过小，工程造价降低，但遭受破坏的风险增大。如何选择较为合适的洪水作为依据涉及一个标准问题，称为设计标准。

在住房和城乡建设部颁发的《防洪标准》GB 50201—2014 中明确了两种防洪标准的概念，第一种是上述水工建筑物本身的防洪标准；第二种是与防洪对象保护要求有关的防洪区的防洪安全标准，如某一城市的防洪安全标准。这两个防洪安全标准的概念是有差别的，不能混淆。前者以“水库工程水工建筑物设计用防洪标准”为例，列于表 5-5 中，表中建筑物的级别按照有关行业标准确定，如根据建筑物的作用和重要程度进行确定，见表 5-6。第二种是依据防护对象的重要性分级设定的。例如，确定城市防洪标准时，是根据城市社会经济地位的重要性划分成不同等级（4 级），不同等级城市取用不同标准（见表 5-7）。

表 5-5　水库工程水工建筑物设计用防洪标准（山区、丘陵区）

建筑物级别	1	2	3	4	5
防洪标准（重现期 a）	1000～500	500～100	100～50	50～30	30～20

表 5-6　水工建筑物的级别

工程级别	永久性水工建筑物级别		临时性水工建筑物级别
	主要建筑物	次要建筑物	
Ⅰ	1	3	4
Ⅱ	2	3	4
Ⅲ	3	4	5
Ⅳ	4	5	5
Ⅴ	5	5	

表 5-7　防护对象的防洪标准

等级	城市				乡村		
	重要性	常住人口（万人）	当量经济规模（万人）	防洪标准（重现期 a）	人口（万人）	耕地面积（万亩）	防洪标准（重现期 a）
Ⅰ	特别重要	≥150	≥300	≥200	≥150	≥300	100～50
Ⅱ	重要	50～150	<300，≥100	100～200	<150，≥50	<300，≥100	50～30
Ⅲ	比较重要	20～50	<100，≥40	50～100	<50，≥20	<100，≥30	30～20
Ⅳ	一般	≤20	<40	20～50	<20	<30	20～10

5.4.3　推求设计洪水的方法

如前所述，绝大多数情况下，设计洪水就是某一频率的洪水，故推求设计洪水一般就是符合设计频率的洪峰流量、洪水总量和洪水过程线。因掌握资料的情况和工程规划设计要求不同，推求设计洪水有不同的方法，主要有以下四种。

（1）由流量资料推求设计洪水。当设计流域洪水流量资料系列较长时（n≥30a），最好再能进行历时洪水的调查考证，就可以直接用流量资料采用频率分析方法求得设计洪水，当资料系列相对较短（n<15a）时，亦可通过插补和延展后的数据应用频率分析方法。本节主要介绍这一方法。

（2）由暴雨资料推求设计洪水。在缺乏实测洪水资料但存在实测雨量资料的情况下（对面雨量或点雨量资料系列 n≥30a），可以通过雨量资料的频率分析首先确定设计暴雨，然后利用本流域的产流汇流方案由设计暴雨推求出设计洪水。本书只讨论用于小流域的由暴雨资料推求洪峰流量的方法，详见第 7 章。

（3）由经验公式推求设计洪水。当缺乏实测雨量资料时可使用经验公式法。本方法是对气候及下垫面因素相似地区实测和调查的洪水资料进行综合归纳，直接建立洪峰流量或洪水总量与各相关影响因素之间的相关关系，并用数学公式表示的一种方法。由于这种方法并非从洪水的成因角度进行研究和公式推导，因此被称为经验公式。它适用于设计地区缺乏资料的中、小流域估算设计洪水所用，详细内容可参考第 7.5 节。

（4）由水文气象资料推求设计洪水。通过对设计流域及附近地区的暴雨气象成因分析和洪水分析，选择或建立符合当地暴雨特性的暴雨模式；分析影响暴雨的主要气象因子（如水汽、动力等）及其组合，将其作为放大指标，对暴雨模式进行放大（极大化），从而得到可能的最大降水（PMP）；通过流域的产流、汇流计算，最终获得可能的最大洪水（PMF）。可能的最大洪水也是一种设计洪水，在我国的设计标准《水电枢纽工程等级划分及设计安全标准》DL 5180—2003 中，被列为重要水库的非常运用洪水标准（校核标准），详细内容见第 6.5 节。

5.4.4　洪水资料的分析处理

1. 洪水资料的审查

（1）可靠性。一般可作历年水位流量关系曲线的对照检查（特别是高水外延部分），审查点据离差情况及定线的合理性；通过上下游、干支流各断面的水量平衡及洪水流量、水位过程线的对照，流域的暴雨过程和洪水过程的对照等，进行合理性检查，从中发现问题。检查的重点应放在观测及整编质量较差的年份，特别是战争年代及政治动乱时期的观测记录，同时应注意对设计洪水计算成果影响较大的大洪水年份进行分析。如发现有问题，应会同原整编单位做进一步审查，必要时作适当的修正。

（2）一致性。洪水资料一致性指资料记载的这些洪水是在一致的流域下垫面和气候条件下形成的，即各洪水形成的基本条件未发生显著变化。在洪水的观测期内，如流域上修建了蓄水、引水、分洪、滞洪等工程或发生决口、溃坝、改道等事件，会使流域的洪水形成条件发生改变，因而洪水的统计规律也会改变。不同时期观测的洪水资料可能代表着不同的流域自然条件和下垫面条件，不能将这些洪水资料混杂在一起作为一个样本进行洪水频率分析。

（3）代表性。洪水资料的代表性，反映在样本系列的统计特性能否代表总体的统计特性。洪水总体难以获得，一般认为，洪水系列较长，并能包括大、中、小等各种洪水，则推断该系列代表性较好。

通过历史洪水调查、历史文献考证和系列插补延长等加大洪水系列的长度增添信息量，是提高洪水系列代表性的基本途径。

2. 洪水资料的选样

每一次的洪水过程是在时间上和空间上的连续过程，理应作为随机过程来分析研究各种不同洪水出现的可能性。由于受到观测资料的限制，同时也为了简化计算，人们通常是用洪水过程的一些数字特征来反映洪水的特性，如洪峰流量 Q_m，一次洪水总量 W_T，一日或三日洪水量 W_1、W_3 等，并把它们作为随机变量来进行频率分析。所谓的选样问题，是指根据工程设计的要求确定选用哪些洪水的数字特征作为分析研究的对象，以及如何在连续的洪水时程中选取这些数字特征。

洪峰流量的选样，应满足频率分析关于独立随机取样的要求，采用年最大值法选样，即每年选取一个最大值，n 年资料可选出 n 个年最大值。这些年最大洪峰数值之间是独立而没有相关关系的；另外，要求洪水的形成条件是同一类型的，如同为暴雨洪水或同为融雪洪水，不能把年内不同季节、不同类型的最大洪峰数值混在一起作为一个洪水系列进行频率计算，也不能把溃坝所形成的洪水加入系列之中。

3. 历史洪水的调查和考证

洪峰流量频率计算成果的可靠性是与所用资料的代表性密切相关的，而资料的代表性又主要受到资料系列长短的制约。目前我国河流的实测流量资料和雨量资料一般都不长，即使通过插补展延后的资料长度（n）也仅约 40～60 年。根据这样短的系列来推算百年以上一遇的稀遇洪水，可能存在较大的抽样误差。如果在实测系列之外，调查到 N（$N>n$）年内 a 次最大的洪水，那么将这些洪水加入频率计算，就相当于在原来的几年洪水信息基础上，还增加了 N 年期间的部分洪水信息。因此，历史洪水调查是提高洪水频率计算精度的有效途径之一。

在我国多数河流沿岸，多伴有历史悠久的居民点和世代在那里定居的人民的亲身经历及祖辈流传下来的传说，这是取得历史洪水资料的一个重要来源。在进行访问时，对于洪水发生的年份和日期，最好请老居民联系他们生活中及社会上重要事件发生的年月进行回忆，对最高洪水位则联系建筑物的具体部位，以求得比较确切的成果。在同一地点附近，应力求从不同人和不同实物得出同次洪水的几个洪痕高程，以便相互检验印证。对于近期大洪水，有时还可以调查到洪水位的涨落概况。在历史上出现一次异常洪水时，当地居民常留下有关最高洪水位及洪水发生日期的碑记、刻字或痕迹，这类碑记和刻字目前在中国很多河流两岸仍可发现。例如，长江干流上游曾发现多处标志着 1153 年、1227 年、1560 年、1788 年、1796 年、1860 年、1870 年等最高洪水位的刻字和碑记；在黄河支流沁河上，也曾发现关于 1482 年最高洪水位的墨写字迹。

中国拥有悠久的文化历史，过去大多数省、府、县在历代都编有地方志，其中有专门记录历史上水旱灾情况，有些记载甚至可以追溯到距今两千多年前。此外，在一些古代的档案中也可以查到关于各地水情的奏报，这些资料可为估计历史洪水的罕见程度提供参考。

通常把有洪水资料观测资料的年份（包括插补延长年份）称为“实测期”，把实测期之前到调查取得历史洪水较远年份的这一段时期层位“调查期”，把所有历史文献可以考证到的最远时期称为“文献考证期”。在实际工程中也可能没有文献考证期。图 5-9 为一具有代表性的调查考证情况。

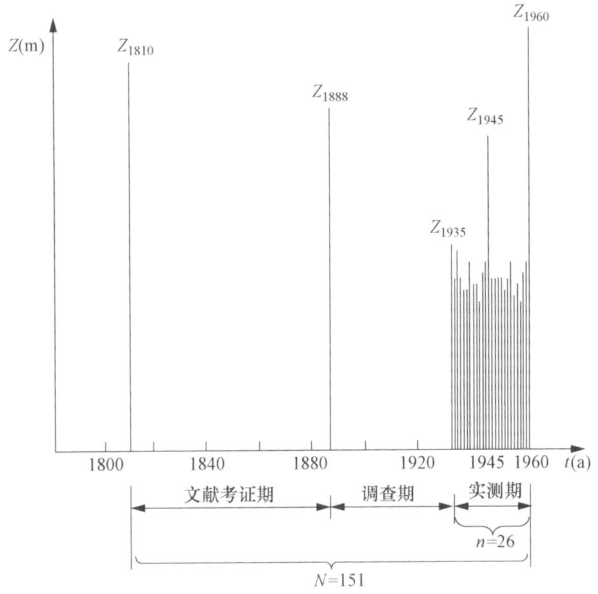

图 5-9 某河历史洪水调查考证情况

4. 特大洪水资料的分析处理

所谓特大洪水是指历史上曾经发生过的（调查考证得到）或近期观测到的，比其他一般洪水大得多的稀遇洪水。所谓特大洪水资料的处理，是指根据流域内外历史洪水和实测洪水的调查考证资料，对这些特大洪水发生的重现期做出正确估计，这对系列较短、统计参数在地区不甚协调的资料尤为重要。工程设计的实践证明，如能充分地应用特大洪水，尤其是历史特大洪水所提供的宝贵信息，就会使设计洪水的计算质量明显提高。

华北某测站在 1955 年工程规划时，依据当时 20 年连续洪峰流量资料，求得 $Q_{0.1\%}=7500\mathrm{m^3/s}$；其后，1956 年发生洪峰流量达到 $13100\mathrm{m^3/s}$ 的洪水，将其放入样本即 n=21a，计算得 $Q_{0.1\%}=25900\mathrm{m^3/s}$；再将调查到更早资料 1794 年、1853 年、1917 年、1939 年历史洪水放入样本，得 $Q_{0.1\%}=22600\mathrm{m^3/s}$；若再加入 1963 年资料，得 $Q_{0.1\%}=23300\mathrm{m^3/s}$；与前者仅差 4%。考虑历史洪水以后，把样本增加至调查期的长度，相当于延展了系列，成果更加稳定。

新中国成立以来的无数正反经验充分表明，争取获取较为久远和可靠的历史洪水资料，对于延长洪水资料系列并提高频率分析成果的准确性具有重要作用。

5.4.5 设计洪峰流量的推求

1. 连序系列和不连序样本系列

洪水系列样本的组成一般分为两种情况：① 系列中没有特大洪水值，即没有通过历史洪水调查考证或连续实测系列中没有提取特大值单独处理，系列中各项数值直接按从大到小次序统一排位，各项之间没有空位，这样的样本系列称为连序系列；② 系列中有特大洪水值，特大洪水与其他洪水值之间有空位，整个样本的排序是不连序的，这样的样本系列称为不连序系列（见图 5-10）。不管连序样本还是不连序样本，都可以统一描述如下：设特大值的重现期为 N，实测系列年数为 n，在 N 年内共有 a 个特大值，其中有 l 个来自实测连序系列，其他来自调查考证。若 $a=0$ 则 $l=a=0$，$N=n$，说明没有特大洪水，不连序样本件就变成连序样本。

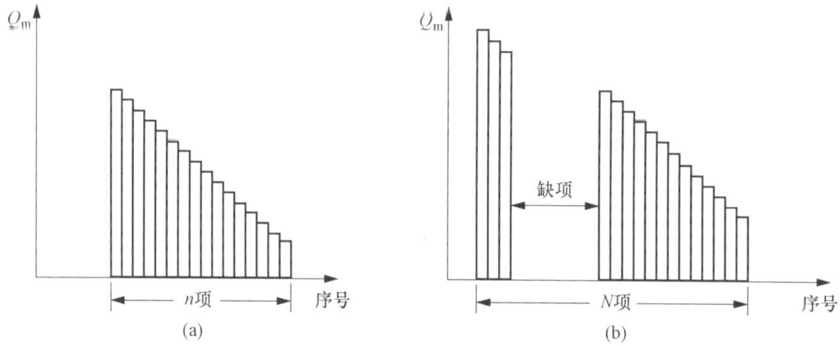

图 5-10 连序系列与不连序系列示意图
（a）连序系列；（b）不连序系列

2. 经验频率计算

（1）不连序 N 年系列中前 a 项特大洪水的经验频率，按数学期望公式计算有

$$P_M = \frac{M}{N+1} \tag{5-5}$$

式中：P_M 为不连序 N 年系列第 M 项的经验频率；M 为特大洪水由大到小排位的顺序号，M=1，2，…，a；N 为调查考证的年数（包括实测期）。通常称为首项特大洪水的重现期，用式（5-6）计算

$$N = T_2 - T_1 + 1 \tag{5-6}$$

式中：T_1 为调查或考证到的最远年份；T_2 实测连序系列最近的年份。

（2）实测 n 年系列普通洪水经验频率的计算有下列两种方法。

方法一：独立样本法

把实测系列和特大值系列看作从总体中独立抽出的几个随机连序样本（如实测期样本、调查及考证期样本），故各项洪水可在各个系列中分别进行排位，其中实测系列的各项经验频率也按数学期望公式计算，可得

$$P_m = \frac{m}{n+1} \tag{5-7}$$

式中：P_m为连序n年系列中第m项的经验频率；m由大到小配位的顺序号$m=1, 2,\cdots, n$。

而调查考证期N年中前a项特大值的经验频率则按式（5-5）计算。

如果实测期内有需要做特大洪水处理的洪水项为l个，则把此l个洪水加入历史洪水行列，在N年中统一排位。但它们在n年实测系列中的原有位置空着，使系列中其他洪水的序号保持不变，此时，式（5-7）中由大到小排位的顺序号m则为$m = l+1, l+2,\cdots, n$。

方法二：统一样本法

将实测洪水与历史大洪水一起组成一个不连序系列，认为它们共同参与组成一个历史调查期为N年的样本，各项可在N年中统一排序。

设在调查考证期N年内共有特大洪水值a个，其中有l个发生在n年实测系列之内，其余($a-l$)个由调查考证所得，在实测系列之外。在N年系列中特大洪水的序号为M=1, 2, …, a，其各项的经验频率按式（5-5）计算，实测系列中其余的（$n-l$）项，是在总体内小于末位特大值的条件下抽样的，故属条件抽样，其各项的经验频率可由以下条件概率公式计算

$$P_m = \frac{a}{N+1} + \left(1 - \frac{a}{N+1}\right)\frac{m-l}{n-l+1} \tag{5-8}$$

式中：a为N年中连续顺位的特大洪水的个数或末位特大洪水的序号；N为调查考证特大洪水首项的重现期，用式（5-5）计算；n为实测系列（包括插补）的洪水项数；l为实测洪水系列中抽出作特大值处理的洪水个数；m为实测洪水的序号，$m = l+1, l+2,\cdots, n$；P_m为实测系列第m项的经验频率。

在我国，上述两种方法目前都在使用，这两种方法计算的经验频率成果往往也是接近的。一般来说，方法一独立样本法比较简单，适用于实测系列的代表性较高，而历史洪水排位可能有错漏的情况。当调查考证期N年之中为首的几项历史洪水确系连序而无错漏，为避免历史洪水的经验频率与实测系列的经验频率有重叠的现象，则可采用方法二。

【例5.2】 我国北方某河流调查到1888年（光绪十四年）的特大洪水位Z_{1888}，因为很多七八十岁的老人小时候都经历过这次大洪水，其中还有人听他们的祖父听说过1810（嘉庆十五年）特大洪水水面的位置，嘉庆的这次大洪水水位Z_{1810}文献上也有记载。1935～1960年之间共26年的连续实测系列中，1945年与1960年分别测到特大洪水位，排位第三项的高水位为1935年的Z_{1935}。以上洪水按水位高低排序为$Z_{1960}>Z_{1810}>Z_{1888}>Z_{1945}$

（图 5-9）。从当时调研的 1960 年与 1945 年考虑，Z_{1935} 作为普通洪水，试用独立样本法分析确定以上五个洪水位的经验频率。

【解】 第一项重现期按式（5-6）计算：

$$N = T_2 - T_1 + 1 = 1960 - 1810 + 1 = 151\,(\mathrm{a})$$

特大洪水的经验频率按式计算：

第一项：$$P_{1960} = \frac{M}{N+1} = \frac{1}{151+1} = 0.66\%$$

第二项：$$P_{1810} = \frac{M}{N+1} = \frac{2}{151+1} = 1.32\%$$

第三项：$$P_{1888} = \frac{M}{N+1} = \frac{3}{151+1} = 1.97\%$$

第四项：$$P_{1945} = \frac{M}{N+1} = \frac{4}{151+1} = 2.63\%$$

实测洪水的第一项、第二项分别为 Z_{1960}、Z_{1945}，其作为特大洪水处理，它在实测 n 年系列中的排位 $m-1$、$m-2$ 便成为空位，Z_{1935} 在该系列中排位 $m-3$，当 $n=26$ 时，其经验频率按式（5-7）计算。

实测洪水第三项：$$P_{1935} = \frac{m}{n+1} = \frac{3}{26+1} = 11.11\%$$

3. 设计洪峰流量的计算

（1）洪水频率曲线线型。对于洪水变量，国际上关于频率曲线线性的选用差别很大，美国主要以皮尔逊Ⅲ型为主，英国以广义极值分布（GEV）为主。在我国，20 世纪 60 年代以来，通过对我国洪水极值资料的验证，认为皮尔逊Ⅲ型能较好地拟合我国大多数河流的洪水系列。此后，我国洪水频率分析一直采用皮尔逊Ⅲ型曲线（4.5 节）。

在洪水频率曲线参数估计方法中，我国统一规定采用适线法（主要是经验适线法）。采用经验适线法时，首先要初算统计参数，然后在绘有经验频率点据的概率格纸上绘出理论频率曲线，用目估法检查曲线与经验频率点据的配合情况。若配合不好，应适当调整参数值，直到曲线与经验点据配合较好为止。这时的统计参数就是频率计算所采用的参数。设计洪峰流量（或水位）的计算过程也是如此，只不过洪峰系列常常是不连序系列，适线方法与技巧还要特别注意。

（2）不连序系列统计参数的计算。由于加入了历史洪水和实测洪水的特大值，洪峰系列就属于不连序系列，其统计参数的计算与连序系列的计算公式有所不同。如果在迄今的 N 年中已查明有 a 个特大洪水，其中有 l 个发生在 n 年实测系列之中，假定（$n-l$）年系列（一般洪水）的均值和均方差与扣除特大洪水后的（$N-a$）年系列的相等，即 $\bar{X}_{n-l} = \bar{X}_{N-a}$，$s_{n-l} = s_{N-a}$，可推导出统计参数的计算公式如下

$$\overline{X}_N = \frac{1}{N}\left(\sum_{j=1}^{a} X_{Nj} + \frac{N-a}{n-l}\sum_{i=l+1}^{n} X_i\right) \tag{5-9}$$

$$C_{vN} = \frac{1}{\overline{X}_N}\sqrt{\frac{1}{N-1}\left[\sum_{j=1}^{a}(X_{Nj}-\overline{X}_N)^2 + \frac{N-a}{n-l}\sum_{i=l+1}^{n}(X_i-\overline{X}_N)^2\right]} \tag{5-10}$$

或

$$C_{vN} = \sqrt{\frac{1}{N-1}\left[\sum_{j=1}^{a}(K_{Nj}-1)^2 + \frac{N-a}{n-l}\sum_{i=l+1}^{n}(K_i-1)^2\right]} \tag{5-11}$$

式中：X_{Nj}、K_{Nj} 为特大洪水值及变率（模比系数）；X_i、K_i 为实测洪水值及其变率；$\overline{X}_N$、C_{vN} 为 N 年不连序系列的均值和变差系数。

偏态系数用公式计算抽样误差相当大，故一般不直接计算，而是参考地区规律初步选定一个 C_{sN}/C_{vN} 的比值。适线过程中修改参数时，一般因均值的抽样误差很小，不必调整。我国对洪水极值的研究表明，对于 $C_{vN} \leqslant 0.05$ 的地区，$C_{sN}/C_{vN}=3\sim4$；在 $1.0 \geqslant C_{vN} > 0.05$ 的地区，$C_{sN}/C_{vN}=2.5\sim3.5$；在 $C_{vN}>1.0$ 的地区，$C_{sN}/C_{vN}=2\sim3$。对于干旱与半干旱地区的中小河流，C_{sN}/C_{vN} 的值可能比上述数值还要大些，对于湿润地区和大江大河，则宜选用小值。

（3）设计洪水频率计算的适线。在线型和经验点据确定以后，适线过程就是试凑统计参数，通过使目估时的理论频率曲线与经验点据呈最佳拟合状态，此时的统计参数即为所求，相应频率下的设计值便可从曲线上求取出来。适线的原则一般包括：① 尽量照顾点群的整体趋势，使曲线与经验点据最佳拟合，使曲线通过点群中心，即曲线各段上下两侧的点数或总离差约略相等。② 由于洪水样本中各个数值的可靠性存在差异，则相应的频率的精度就存在差异，适线时要使曲线尽量靠近精度较高的点据。③ 着重考虑曲线中、上部分较大洪水的点据，对下部较小洪水的点据可适当放宽要求。而历史特大洪水，特别是为首的数个，一般精度较差，不宜使曲线机械地通过这些点，而使曲线脱离大多数的点群。④ 适线时应注意统计参数在地区上的变化规律，使之与地区上的变化相协调，否则要分析检查原因。

（4）成果合理性分析。洪水具有地区性的特点，因此洪水频率计算参数及各设计值在上下游站及邻近地区之间应呈现一定的地理分布规律。所谓成果的合理性分析，就是利用这些参数之间的相互关系和地理分布规律，对各单站单一项目的频率计算成果进行对比分析，以期发现错误和减少因系列过短带来的误差。

1）从上下游及干支流洪水关系上进行分析：同一条河流的上、下游之间，即同一条河流的干支流之间，洪峰及其统计参数一般存在较密切的关系。当上下游气候、地形条件相似时，洪峰流量的均值应该由上游向下游递增，变差系数值也由上游向下游减小。当上下游气候、地形条件不一致时，上下游间的变化就比较复杂，需结合具体河流特点加以分析。

2）从邻近河流洪水统计参数及设计值的地区分布进行分析：在暴雨形成条件比较一致的地区，洪峰流量的均值与流域面积有密切关系，一般可用 $\bar{Q}_m = KF^n$ 表示。式中 K 为地区参数，由地区实测洪水资料综合求得；n 为指数，小流域约为 0.80～0.85，中型流域约为 0.67，大型流域约为 0.5。这种关系也可用于上下游参数的对比分析上。

3）洪水变差系数 C_v 在地区上也具有一定的变化规律。小流域比大流域的 C_v 值大，长条形羽状流域比扇状流域的 C_v 值小，而山区比平原地区的 C_v 值大。

4）将稀遇洪水的设计值与国内河流大洪水记录进行比较：若千年、万年一遇的洪水，小于国内相应流域面积的大洪水记录的下限很多，或超过其上限很多，应对计算成果做深入检查并分析其原因。表 5-8 列出了国内不同流域面积实测大洪水记录，以供参考。

表 5-8　　国内不同流域面积的最大洪峰流量记录

流域面积范围（km^2）	水系	河名	站名	流域面积（km^2）	最大流量（m^3/s）	年份
100～200	黄河	母花沟	贵平	148	2400	1972
200～300	淮河	澧河	孤石滩	275	6950	1896
300～400	敖江	北港	埭头	343	4400	1925
400～500	珠江	左江	那那板	494	4800	1940
500～600	黄河	亳清河	垣曲	555	4420	1958
600～700	长江	浠水	英山	658	4470	1896
700～800	淮河	汝河	板桥	762	6430	1972
800～900	汉江	湍河	青山	820	8000	1919
900～1000	淮河	灌河	鲇鱼山	963	6500	1931
1000～2000	飞云江	飞云河	堂口	1930	15400	1922
2000～3000	淮河	史河	梅山	2100	10750	1822
3000～4000	汉江	白河	鸭河口	3832	10000	1919
4000～5000	沂沭河	新沭河	大官庄	4350	16500	1730
5000～6000	汉江	南河	谷城	5781	15800	1853
6000～7000	辽河	太子河	参窝	6175	16900	1960
7000～8000	珠江	东江	龙川	7699	10200	1964
8000～9000	黄河	窟野河	温家川	8645	18200	1946
9000～10000	赣江	修水	柘林	9340	12100	1955

续表

流域面积范围（km^2）	水系	河名	站名	流域面积（km^2）	最大流量（m^3/s）	年份
10000～20000	长江	澧水	三江口	14810	29000	1935
20000～30000	海河	滹沱河	黄壁庄	23400	25000	1794
30000～40000	钱塘江	富春江	芦茨埠	31300	29000	1595
40000～50000	汉江	汉江	安康	41400	36000	1867

【例 5.3】 已知某坝址断面有 19 年的洪峰流量实测资料，见表 5–9。经洪水调查得知 1922 年曾发生过一场特大洪水，据考证，它是 1922 年以来最大的一次，$Q=2700m^3/s$，1963 年的洪水为第二个特大洪水。试用经验适线法推求洪峰流量频率曲线。

说明：为了与文中参数一致起见，本题求解过程中用 X 代表洪峰流量 Q。

表 5–9　　某坝址 19 年洪峰流量表

年份	1954	1955	1956	1957	1958	1959	1960	1961	1962	1963
Q（m^3/s）	1400	568	1490	800	400	474	956	1320	1770	2320
年份	1964	1965	1966	1967	1968	1969	1970	1971	1972	
Q（m^3/s）	818	1020	464	488	334	774	610	1000	216	

【解】（1）计算经验频率。

特大洪水首项的重现期：

$$N=T_2-T_1+1=1972-1922+1=51(a)$$

实测资料年数：n=19a。

特大洪水的经验频率按式（5–5）计算，结果列于表 5–10 的第Ⅴ列；实测系列 19 年的资料具有一定的代表性，采用式（5–7）计算其经验频率，结果列在表 5–10 的第Ⅵ列。

表 5–10　　某站洪峰流量经验频率计算表

	X_i	$X_i-\bar{X}_N$	$(X_i-\bar{X}_N)^2$	P（%）	
Ⅰ	Ⅱ	Ⅲ	Ⅳ	Ⅴ	Ⅵ
1	2700	1806	3261636	1.92	
2	2320	1426	2033476	3.85	
Σ	5020		5295112		
2	1770	876	767376		10
3	1490	596	355216		15
4	1400	506	256036		20

续表

	X_i	$X_i-\overline{X}_N$	$(X_i-\overline{X}_N)^2$	P（%）	
Ⅰ	Ⅱ	Ⅲ	Ⅳ	Ⅴ	Ⅵ
5	1320	426	181476		25
6	1020	126	15876		30
7	1000	106	11236		35
8	956	62	3844		40
9	818	−76	5776		45
10	800	−94	8836		50
11	774	−120	14400		55
12	610	−284	80656		60
13	568	−326	106276		65
14	488	−406	164836		70
15	474	−420	176400		75
16	464	−430	184900		80
17	400	−494	244036		85
18	334	−560	313600		90
19	216	−678	459684		95
Σ	14902		3350460		

（2）计算统计参数的初值。

通过表 5−10 的累加，求得 $\sum_{j=1}^{2}X_{Nj}=5020\text{m}^3/\text{s}$，$\sum_{i=2}^{19}X_i=14902\text{m}^3/\text{s}$。

$$\sum_{j=1}^{2}(X_{Nj}-\overline{X}_N)^2=5295112,\ \sum_{i=2}^{19}(X_i-\overline{X}_N)^2=3350460$$

分别代入不连序系列统计参数公式及式，求得 $\overline{X}_N$ 和 C_{vN}。

$$\overline{X}_N=\frac{1}{N}\left(\sum_{j=1}^{a}X_{Nj}+\frac{N-a}{n-l}\sum_{i=l+1}^{n}X_i\right)=\frac{1}{51}\times\left(5020+\frac{51-2}{19-1}\times14902\right)=894(\text{m}^3/\text{s})$$

$$C_{vN}=\frac{1}{\overline{X}_N}\sqrt{\frac{1}{N-1}\left[\sum_{j=1}^{a}(X_{Nj}-\overline{X}_N)^2+\frac{N-a}{n-l}\sum_{i=l+1}^{n}(X_i-\overline{X}_N)^2\right]}$$

$$=\frac{1}{894}\times\sqrt{\frac{1}{51-1}\times\left(5295112+\frac{51-2}{19-1}\times3350460\right)}=0.60$$

选用 $C_{sN}/C_{vN}=3$，求得 $C_{sN}=3\times0.60=1.80$。

（3）经验适线。

据参数初值 $\bar{X}_N=894\text{m}^3/\text{s}$，$C_{sN}=1.80$，$C_{vN}=0.60$ 计算理论频率曲线的坐标并绘成曲线，如图 5-11 中的虚线所示，其上、中部与经验频率点据拟合不佳。现根据 $\bar{X}_N$ 和 C_{vN} 误差范围选用：$\bar{X}_N=920\text{m}^3/\text{s}$，$C_{sN}=1.80$，$C_{vN}=0.65$，求得另一理论频率曲线的坐标值（见表 5-11），绘在图 5-11 上，如黑实线所示，其与经验频率点据拟合较好，故采用它作为设计频率曲线。

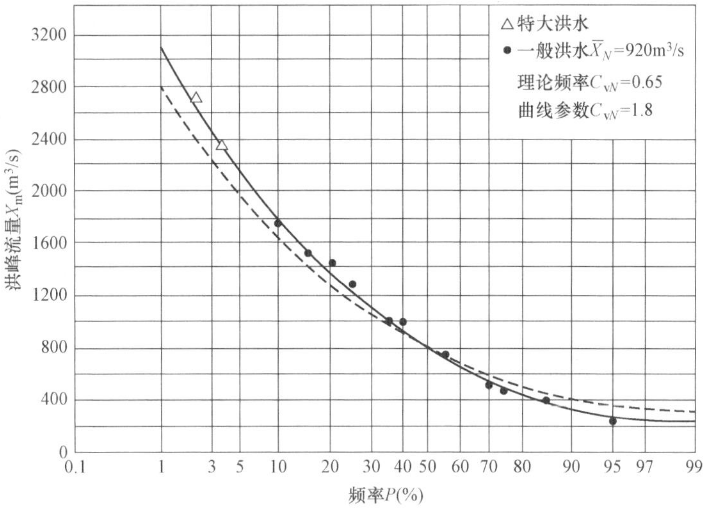

图 5-11 某坝址经验适线法洪峰流量频率曲线

表 5-11　　某坝址洪峰流量理论频率计算表

计算项目 \ P（%）	0.1	1	5	10	25	50	75	90	95	99	99.9
Φ_P	5.64	3.50	1.98	1.32	0. 42	−0.28	−0.72	−0.94	−1.02	−1.09	−1.11
$K_P=1+C_{vN}\Phi_P$	4.666	3.2755	2.287	1.858	1.273	0.818	0.532	0.389	0.337	0.292	0.278
$X_P=K_P\bar{X}_N$	4292	3010	2104	1709	1171	753	489	358	310	269	256

复 习 思 考 题

5.1 年径流变化有哪些特性？

5.2 试论述径流资料审查的内容？

5.3 径流系列的延展时，选择合理的参证站需要注意哪些问题？

5.4 年径流量系列的插补延长有哪几种方法？

5.5 缺乏实测径流资料时设计年径流量的推算方法有哪两种？

5.6　什么是水文比拟法？参证流域（参证站）需要满足哪些条件？

5.7　表示径流年内分配的方式有哪几种？各表示什么内容？

5.8　已知设计年径流量 $Q_P = 12\text{m}^3/\text{s}$，代表枯水年的年径流量年内分配见表 5-12。试确定设计年径流量的年内分配。

表 5-12　　代表枯水年径流年内分配

月份	1	2	3	4	5	6	7	8	9	10	11	12	年平均
月平均径流量（m³/s）	5.3	5.0	5.4	8.4	12.8	19.7	23.4	17.8	13.5	7.9	6.2	5.1	10.9

5.9　对于不同的工程需求，代表年选择需要满足的条件分别是什么？

5.10　某站设计频率为 95%的枯水年日流量实测数据经整理后见表 5-13。试求保证率为 90%的日流量值和等于或大于该流量在全年出现的天数。

表 5-13　　某站 $P=95\%$ 枯水年日流量数据表

流量分组（m³/s）	1200～1100	1100～1000	1000～900	900～800	800～700
历时（d）	2	3	9	14	21
流量分组（m³/s）	700～600	600～500	500～400	400～300	300～200
历时（d）	19	28	93	117	59

5.11　什么是洪水？洪水三要素包含哪些方面？

5.12　试简述设计洪水的概念及其内容。

5.13　试简述调查考证洪水特大值的意义及特大值的处理。

5.14　某河流水文站按年最大值法选样，得 1961—2000 年连续实测最大流量，其流量总和 $\sum_{i=1}^{40} Q_i = 9700\text{m}^3/\text{s}$，其中 1962 年特大洪峰流量 $Q_{1962} = 1160\text{m}^3/\text{s}$。又经过文献考证与调查得历时特大洪峰流量有：1867 年为 $Q_{1867} = 1400\text{m}^3/\text{s}$，1903 年为 $Q_{1903} = 2100\text{m}^3/\text{s}$，1927 年为 $Q_{1927} = 1100\text{m}^3/\text{s}$。求解：（1）各特大洪峰流量的经验频率；（2）试用独立样本法求连续实测资料中次大洪峰流量的经验频率；（3）此系列的平均值。

第 6 章

降水资料的收集与整理

教学目标

了解降水的观测方法、降水的特征及降水量的表示；掌握流域平均降水量的计算方法，了解我国年降水量的分布；理解自记雨量计资料的整理要求及过程；重点理解并掌握暴雨强度公式的推求。

课程思政

降水量在很大程度上决定着流域的径流过程，因此成为水文工作中至关重要的一个关键参数。特别是在洪水灾害发生时，实时准确监测降水量至关重要。它对于防汛决策、错峰调洪、群众转移等防汛调度起着关键作用。在洪峰过境时，一线水文工作者不畏生命危险，坚持在暴雨洪水中进行降水量测报工作，迅速将雨水信息传达到各级防汛指挥部门。这种奉献精神展现了工程人员在面对极端天气条件时的坚韧和责任心，是我们每一位工程人员应当具备的品质。他们的努力和付出，不仅为防汛工作提供了有力支持，也为保障人民的生命安全和财产安全贡献了重要力量。他们的工作不仅仅是技术层面的，更是对社会责任的承担和对职业信仰的践行，值得我们敬佩和学习。

6.1 降　　水

降水简介

自海洋、河湖、水库、潮湿土壤及植物叶面等蒸发出来的水汽进入大气后，由于分子本身的扩散和气流的传输作用分散于大气中。空气中的水汽含量有一定的限度，如果空气中的水汽量达到饱和或过饱和，多余的水汽就要发生凝结。假设近地面有一团湿热未饱和的空气在某种外力作用下上升，上升高度越高，周围的气压越低，因此，在上升的过程中这团空气的体积就要膨胀，在与外界没有发生热量交换的情况下，即在绝热的条件下，体积膨胀的结果必然导致气团温度下降，这种现象称为动力冷却。当气团继续上升到一定高度，温度降到其露点温度时，这团空气就达到饱和状态，再上升就会过饱和而发生凝结形成云滴。云滴在上升的过程中不断凝聚，相互碰撞，合并增大。一旦云滴不能被上升的气流所顶托时，在重力作用下降落到地面形成降水。因此，水汽、上升运动和冷却凝结是形成降水的三个因素。

一般来说，降水主要是指降雨和降雪，其他形式的降水还有露、霜、雹、霰等。降水是水文循环的重要环节，也是人类用水的基本来源。我国大部分地区属季风区，夏季从太平洋和印度洋带来的暖湿的气团，使降雨成为主要的降水形式，北方地区在冬季则以降雪为主。在城市及厂矿的雨水排除系统和防洪工程设计中都需要收集降水资料，据以推算设计流量和设计洪水，并探索降水量在地区和时间上的分布规律。

6.1.1 降水量观测

1. 器测法

降水量用降落在不透水平面上的雨水（或融化后的雪水）的深度来表示，单位为毫米（mm）。

器测法是观测降水量最常用的方法。观测仪器通常有雨量器和自记雨量计两种。使用雨量器（见图 6–1）观测雨量一般采用定时分段观测，即把以前 24h 分为若干个时段，以北京标准时间 8 时作为日分界点。用雨量器收集到的降水量在室内用特制的量杯量定。自记雨量计能自动连续地记录下降雨过程，其种类有翻斗式和虹吸式。虹吸式自记雨量计的内部结构如图 6–2 所示。它主要由承雨器、浮子室、自记钟和虹吸管等组成。虹吸式雨量计的原理是由承雨器和漏斗将降水引入浮子室，浮子室实际上是个储水筒，筒内装有一个浮子。浮子上固定有直杆并与自记笔相连，从自记雨量计记录纸上，可以确定出降雨的起讫时间、雨量大小、降雨强度等的变化过程。浮子室上装有一个虹吸管，虹吸管的作用是当水位在储水筒中达到一定深度时，根据虹吸原理能够自动排出储水筒。虹吸管是一个弯管，当水位高于管的上端部位时，水开始从管中自动流出，至筒中的水排完为止才会停下来。虹吸式雨量计对雨量的测量和记录是通过与浮子相连的一支自记笔，将浮子室中水位的变化描绘在记录纸上。当水位变化时，记录笔会随着水位的高低变化画出一个曲线，是推求降雨强度和确定暴雨公式的重要资料（详见 6.3 节）。使用时，应和雨量器同时进行观测，以便核对。因为自记雨量计有时会出现较大的误差，特别是在暴雨强度很大的情况下。

降雪量一般用融化后的雪水的深度表示。雪量较大的地区，降雪时将承雨器或漏斗取下，直接用雨量筒承雪，以免雪满溢出。

常用降水量观测仪器适用范围见表 6–1。

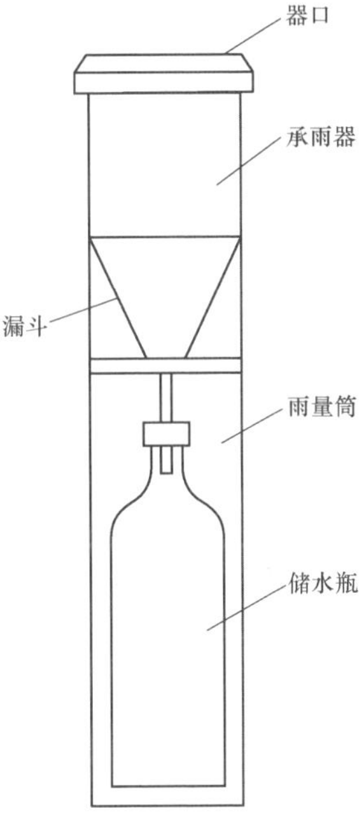

图 6-1　雨量器示意图

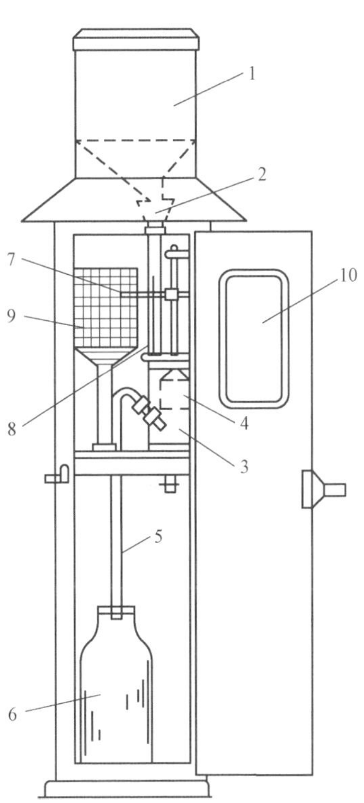

图 6-2　虹吸式自记雨量计结构示意图

1—承雨器；2—小漏斗；3—浮子室；4—浮子；
5—虹吸管；6—储水器；7—记录笔；8—笔档；
9—自记钟；10—观测窗

表 6-1　　常用降水量观测仪器及适用范围

名称		适用范围
雨量器		适用于驻守观测的雨量站
虹吸式自记雨量计		适用于驻守观测液态降水量
翻斗式自记雨量计	日记型	适用于驻守观测液态降水量
	长期自记型	用于驻守和无人驻守的雨量站观测液态降水量，特别适用于边远偏僻地区无人驻守的雨量站观测液态降水量

2. 雷达探测

气象雷达是利用云、雨、雪等对无线电波的反射来发现目标的。在水文领域使用的雷达，其有效探测范围一般在 40～200km。雷达的回波可在雷达显示器上显示出来，不同形状的回波反映出不同性质的天气系统、云和降水等。根据雷达探测到的降水回波位置、移动方向、移动速度和变化趋势等资料，即可预报出探测范围内的降水强度以及开始和终止时刻。

近年来多普勒雷达技术的发展大大提高了降水测量的精度，目前雷达遥测技术基本可以达到 5min 的时间分辨率和 1～10000km^2 的空间分辨率。

3. 气象卫星云图

气象卫星按其运行轨道分为极轨卫星和地球静止卫星两类。地球静止卫星发回的高分辨率数字云图资料目前主要有两种：一种是可见光云图，另一种是红外云图。可见光云图的亮度反映云的反照率。反照率强的云，云图上的亮度就大，颜色较白；反照率弱的云，亮度弱，色调灰暗。红外云图能反映云顶的温度和高度，云层的温度越高，其高度就越低，发出的红外辐射越强。

用卫星资料估计降水的方法很多，目前在水文方面应用的是利用地球静止卫星短时间间隔云图图像资料，再借助模型进行估算。这种方法可引入人机交互系统，自动进行数据采集、云图识别、降雨量计算、雨区移动预测等工作。

6.1.2 降水特征

降水常用几个基本要素来表示，如降水量、降水历时、降水强度、降水面积和暴雨中心等，其中前三者称为降水三要素。

1. 降水量

降水量指一定时段内降落在某一面积上、未经蒸发和渗漏损失所形成的水层深度，以毫米（mm）计。降落在某一点上的水量称为点雨量，如雨量站的观测值；降落在某一面积上的水量即面降水量，又称为平均降水量，如区域或流域降水量。根据时段的长短不同，有时段降水量、日降水量、次降水量、月降水量、年降水量以及多年平均降水量之分。日降水量一般指一日内（北京时间早 8 时至次日早 8 时）的降水量，一场降水的降水量是指该次降水过程的降水总量。依据气象标准，降水量一般分为 7 个等级，见表 6-2。24h 降水量达到和超过 50mm，或 12h 降水量达到和超过 30mm 的降水称为暴雨，暴雨又分为暴雨、大暴雨和特大暴雨 3 个等级。

表 6-2　　降水量等级表

等级	微雨	小雨	中雨	大雨	暴雨	大暴雨	特大暴雨
12h 雨量（mm）	<0.1	0.1～4.9	5～14.9	15～29.9	30～69.9	70～139.9	≥140
24h 雨量（mm）	<0.1	0.1～9.9	10～24.9	25～49.9	50～99.9	100～249.9	≥250

2. 降水历时

一次降水过程中从某一时刻到另一时刻经历的降水时间称为降水历时，以分钟、小时或天计。

3. 降水强度

单位时间的降水量称为降水强度或雨率、雨强，以每分钟、每小时或每天多少毫米（mm/min、mm/h 或 mm/d）计，用 i 表示。降水强度有时段平均降水强度和瞬时降水强

度。在Δt降水历时内降水量为ΔP时，平均降水强度$\bar{i}$可以用下式计算

$$\bar{i}=\frac{\Delta P}{\Delta t} \tag{6-1}$$

瞬时降水强度i则可按下式计算

$$i=\lim_{\Delta t\to 0}\frac{\Delta P}{\Delta t}=\frac{\mathrm{d}P}{\mathrm{d}t} \tag{6-2}$$

工程上，暴雨强度常用单位时间内单位面积上的降雨体积q表示，q与i之间的换算关系是，将每分钟的降雨深度换算成10000m^{2}面积上每秒的降雨体积，即

$$q=\frac{10000\times 1000i}{1000\times 60}=167i \tag{6-3}$$

式中：q为暴雨强度，$\mathrm{L\cdot s^{-1}\cdot hm^{-2}}$；$i$为降水强度，mm/min。

4. 降水面积

降水笼罩范围的水平投影面积称为降水面积，以平方千米（km^2）计。一次降水笼罩的面积可小于流域面积，也可大于流域面积。

5. 暴雨中心

暴雨较集中的较小的局部地区，称为暴雨中心。一般在一次降水过程中，暴雨中心会移动。

6.1.3　降水量的表示方法

1. 降水量过程线

以一定时段（时、日、月、年）为单位所表示的降水量随时间的变化过程，可用曲线或直方图表示（见图6-3），它是分析流域、径流形成与洪水的基本资料，但此图只包含有降水量、降水时间，而不涉及降水面积的因素。

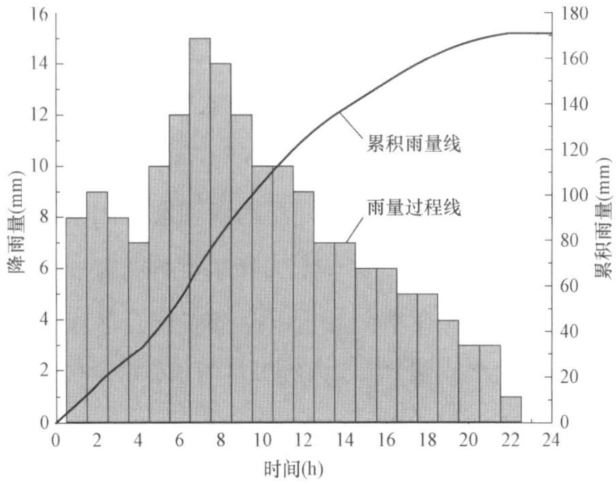

图6-3　雨量过程线和雨量累积曲线

2. 降水量累积曲线

此曲线以时间为横坐标，纵坐标代表自降水来时到各个时刻降水量的累计值，如图 6-3 中实线所示。自记雨量计记录纸上的曲线（见图 6-4），即降水量累积曲线。曲线上每个时段的平均坡度即为对应时段的平均降水强度，即式（6-1）。如果所取时段很短，即 $\Delta t \to 0$，则该微小时段内的平均降水强度即可近似等于瞬时降水强度，即式（6-2）。如果同一流域不同雨量站在同一次降水的累积曲线绘在一起，可以用于分析降水的空间分布与时间上的变化特征。

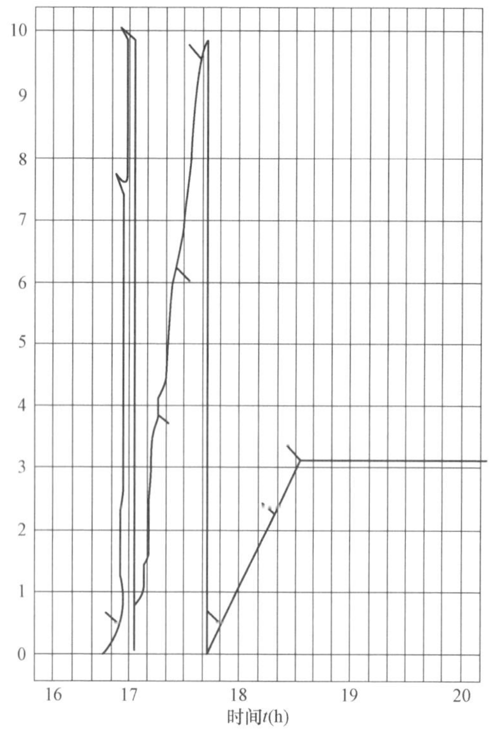

图 6-4 自记雨量计记录

3. 等雨量线

等雨量线是指在同一时间段某流域内降水量相等点的连线。等雨量线的作图方法与地形图上等高线的作法类似。等雨量线综合反映了一定时段内降水量在空间上的分布变化规律。从图上可以查出各地的降水量以及降水的面积，但无法表示降水强度的变化过程与降水历时。

6.2 降 水 分 布

降水分布
微课

6.2.1 流域平均降水量

无论是使用雨量器还是自记雨量计所观测的降水量，都称为点雨量，它只能表示某点或某一小范围内的降水情况。一次降雨在其笼罩范围内各地点的大小都不一样，表明了降水量分布的不均匀性，这是由于复杂的气候因素和地理因素在各方面相互影响所致。表 6-3 为青岛市 2023 年某场降水分布，其中最大降水量站点为平度市灰埠，达 138.5mm，可见一次降水分布是极不均匀的。在水文分析时需要收集全区域或全流域的降水量情况，这就需要计算出全区域的平均降水量。平均降水量的计算方法目前常用的有算术平均法、加权平均法、等雨量线法及距离平方倒数法等。

表 6-3　青岛市某场降水量分布　(mm)

地区	降水量	地区	降水量
莱西市	56.9	平度市	49.4
西海岸	42.1	即墨区	39.5
胶州市	35.1	崂山区	34.9
城阳区	33.8	市区	28.2

1. 算术平均法

设 $P_1, P_2,..., P_n$ 为同一时期内 n 个雨量站的实测降水量（mm），则流域平均降水量 P_F（mm）为

$$P_F = \frac{1}{n}(P_1 + P_2 + ... + P_n) = \frac{1}{n}\sum_{i=1}^{n} P_i \quad (6-4)$$

此法计算简单，但精度较差，适用于流域面积不大、地形起伏较小、雨量站稠密且较为均匀的流域。

2. 加权平均法

加权平均法又称泰森（Thiessen）多边形法或垂直平分法。其原理是将流域内及其附近的雨量站用直线连接，构成若干个三角形，而后对各连线作垂直平分线，连接垂线的交点，得若干个多边形，流域边界处的多边形以流域边界为界（见图 6-5）。各个多边形内各有一个雨量站，以每个多边形内雨量站的雨量代表该多边形面积上的降雨量，最后按面积加权推求流域平均降雨量。计算公式如下：

$$P_F = \frac{P_1 f_1 + P_2 f_2 + \cdots + P_n f_n}{\sum_{n}^{n} f_i} = \frac{\sum_{1}^{n} P_i f_i}{F} = \sum_{1}^{n} P_i \frac{f_i}{F} \quad (6-5)$$

式中：f_i 为第 i 个雨量站所在多边形的面积，km^2；其余符号意义同前。$\frac{f_i}{F}$ 表示各雨量站所控制的面积占整个流域面积的百分比，通常称为该站之权重，实测雨量 P_i 与权重 $\frac{f_i}{F}$ 的乘积称为权雨量，流域平均降雨量则是各站权雨量之和。图 6-5 是加权平均法的示意图，图中阴影面积为雨量站 1 所控制的面积。

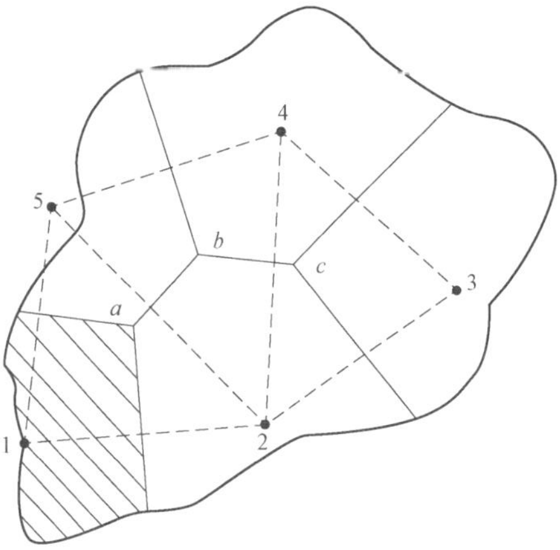

图 6-5　加权平均法示意图

泰森多边形法比较简单，精度也较好，但该法将各雨量站权重视为定值而不适应降雨空间分布复杂多变的特点。此外，不论雨量站

之间的距离有多远，中间是否有地形阻碍，该法一律假定雨量在站与站之间呈线性变化也不一定符合实际情况。

【例 6.1】 如图 6–5 所示的流域及雨量站分布中，各雨量站所控制的面积与该雨量站降雨量见表 6–4，试用泰森多边形法推求流域平均降水量。

表 6–4　某场降水各测站日降水量与所控制面积

雨量站	1	2	3	4	5
控制面积（km^2）	5.06	8.34	8.02	8.11	7.23
降水量（mm）	41.7	42.7	38.2	40.2	39.7

【解】 流域总面积

$$F=\sum_{1}^{n} f_i = 36.76\text{km}^2$$

流域平均降水量

$$P_F=\sum_{1}^{n} P_i \frac{f_i}{F} = 40.44\text{mm}$$

3. 等雨量线法

首先将某场雨的各站实测降水量标注在流域地形图上，用绘制等高线的方法绘制出等雨量线，如图 6–6 所示。再确定出各相邻等雨量线之间的面积 f_i，利用下式计算出该时段的流域平均降雨量。

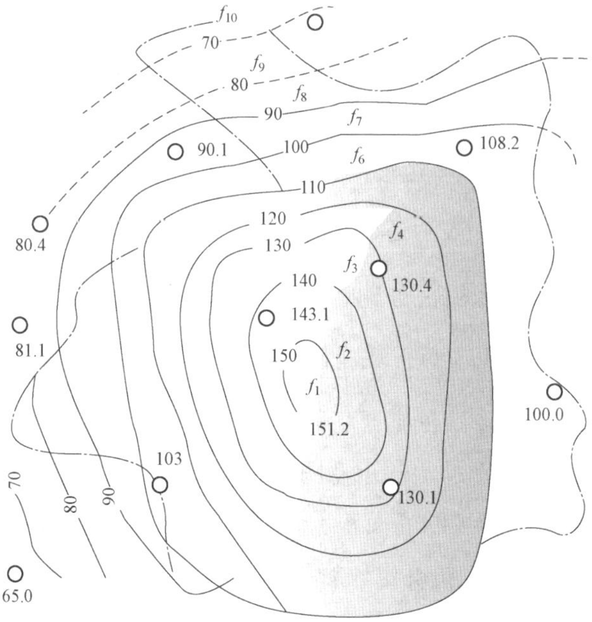

图 6–6　等雨量线示意图（单位：mm）

$$P_F=\frac{\sum_{1}^{n}\frac{P_i+P_{i+1}}{2}f_i}{\sum_{1}^{n}f_i}=\frac{\sum_{1}^{n}\frac{P_i+P_{i+1}}{2}f_i}{F} \tag{6-6}$$

式中：P_F 为流域平均降水量，mm；F 为流域面积，km^2；f_i 为相邻等雨量线之间的面积，km^2；P_i、P_{i+1} 为面积 f_i 两侧等雨量线之雨量值，一般采用相邻两条等雨量线的平均值，mm。

等雨量线法适用于面积较大、地形变化显著且有足够数量雨量站的地区。该方法考虑了降水在空间上的分布情况，理论较充分，计算精度较高，并有利于分析流域产流、汇流过程，因此被认为是计算区域平均降水量最完善的方法。缺点是对雨量站数量和代表性要求较高，每计算一个平均降雨量值必须绘制相应的等雨量线图，并计算相邻等雨量线的面积及其权重，工作量很大，在实际应用上受到一定限制。但一般在分析大面积的特殊暴雨洪水时要求使用等雨量线。

4.* 距离平方倒数法

距离平方倒数法将计算区域划分成许多长宽分别为 Δx 和 Δy 的矩形网格（见图 6-7），网格格点处的雨量用其周围邻近雨量站按其距离平方的倒数插值求得

$$x_j=\frac{\sum_{i=1}^{m}(p_i/d_i^2)}{\sum_{i=1}^{m}(1/d_i^2)} \tag{6-7}$$

式中：x_j 为第 j 个格点的雨量，mm；p_i 为第 j 个格点周围邻近的第 i 个雨量站的雨量，mm；d_i 为第 j 个格点到其周围邻近的第 i 个雨量站的距离，m；m 为第 j 个点周围邻近的雨量站数目。

由于格点的数目足够多，而且分布均匀，因此，在使用式求得每个格点的雨量后，就可按算术平均法计算流域的平均雨量

$$P_F=\frac{1}{n}\sum_{j=1}^{n}x_j=\frac{1}{n}\sum_{j=1}^{n}\left[\sum_{i=1}^{m}(p_i/d_i^2)/\sum_{i=1}^{m}(1/d_i^2)\right] \tag{6-8}$$

式中：n 为区域内格点的数目，其余符号意义同前述。

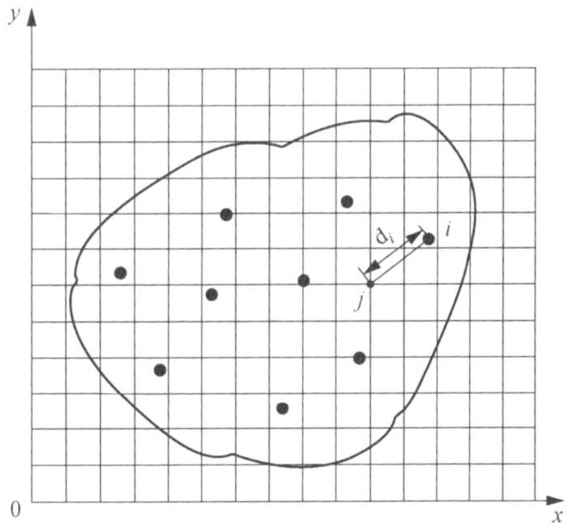

图 6-7　网格及雨量站位置

距离平方倒数法改进了站与站之间的雨量呈线性变化的假设，虽计算过程复杂，但便于计算机处理数据。若雨量不与距离的平方成反

比关系，也容易改成其他幂次，这也是该法的一大特点。另外，因该法插补出每个网格格点的雨量，也为分布式流域水文模型的分布式降雨输入提供了可能性。

实践证明，对于长历时的降雨，上述方法都能得到相近的结果，随着降雨历时的减小，各法计算结果的差异就会越发显现出来。

6.2.2 我国年降水量的分布

1. 降水量地理分布

我国多年平均降水量 648mm，低于全球陆面平均降水量 800mm，也小于亚洲陆面平均降水量 740mm。全国大部分地区受东南和西南季风的影响，形成东南多雨西北干旱的特点。按年降水量的多少，全国大致可分为十分湿润带、湿润带、半湿润带、半干旱带、干旱带等 5 个带。

（1）十分湿润带。年降水量超过 1600mm，年降水日数在 160d 以上。包括广东、海南、福建、台湾、浙江大部、广西东部、云南西南部、西藏东南部、江西和湖南山区、四川西部山区。

（2）湿润带。年降水量 800～1600mm，年降水日数平均 120～160d。包括：秦岭—淮河以南的长江中下游地区、云南、贵州、四川和广西大部分地区。

（3）半湿润带。年降水量 400～800mm，年降水日数平均 80～120d。包括：华北平原、东北、山西、陕西大部、甘肃、青海东南部、新疆北部、四川西北部和西藏东部。

（4）半干旱带。年降水量 200～400mm，年降水日数平均 6080d。包括：东北西部、内蒙古、宁夏、甘肃大部、新疆西部。

（5）干旱带。年降水量少于 200mm，年降水日数低于 60d。包括：内蒙古、宁夏、甘肃沙漠区、青海柴达木盆地、新疆塔里木盆地和准格尔盆地、藏北羌塘地区。

2. 降水量年内分配

我国大部分地区降水在季节上分布不均匀，主要集中在春夏季。长江以南地区的雨季较长，通常在 3 月到 6 月或 4 月到 7 月之间，雨量约占全年的 50%～60%。华北和东北地区的雨季则为 6 月到 9 月，雨量约占全年的 70%～80%，其中华北的雨季最短，主要集中在 7 月到 8 月。西南地区的降水受西南季风的影响，雨季和旱季分明，一般在 5 月到 10 月为雨季，11 月到次年 4 月为旱季。四川、云南和青藏高原东部的降水在 6～9 月之间占全年的 70%～80%，而冬季不到 5%。新疆西部受西风气流控制，降水量不大，但四季分配较均匀。台湾东北部受东北季风影响，冬季降水约占全年的 30%，也是我国降水分布较均匀的地区之一。总体而言，我国大部分地区夏季降水量占全年总降水量的 40% 以上，例如，北京夏季降水量占全年的 75%，拉萨则占 80%（见图 6–8）。

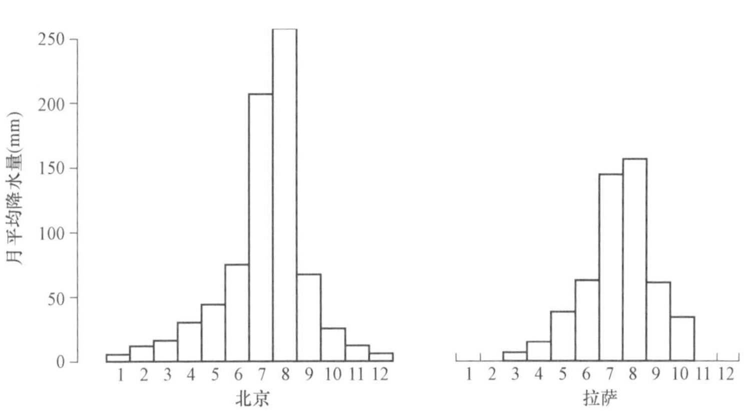

图 6-8　北京与拉萨逐月平均降水量分布图

6.3　点雨量资料的整理

6.3.1　雨强 - 历时关系

雨水排除系统所要排除的雨水，绝大部分是在较短时间内降落的，属暴雨性质，其形成的地表径流量比较大。根据气象部门有关规定：凡日降水量达到和超过 50mm 的降水称为暴雨。暴雨又分为暴雨、大暴雨和特大暴雨三个等级（见表 6-2）。整理点雨量资料的主要工作内容是：首先在自记雨量计记录纸上（见图 6-4），筛出每场暴雨进行分析，绘制出它们的暴雨强度-降雨历时关系曲线；在此基础上，整理出暴雨强度（i）-降雨历时（t）-重现期（T）关系表。

暴雨强度与暴雨历时的关系曲线的规律表现为平均暴雨强度（i）随降雨历时（t）的增加而递减，这是推求短历时暴雨强度公式的基础。例如表 6-5 为某雨量站用自记雨量计记录到的一次暴雨经过整理后得到的 i–t 关系计算表。其中降雨强度一列数据为截至某时刻的降雨量与自降雨开始的时间的比值。将该表所列数据分别在普通坐标和对数坐标中绘制出暴雨强度（i）-降雨历时（t）关系曲线（见图 6-9）。

表 6-5　某雨量站 i–t 关系计算表

所选时段		降雨历时 t（min）	雨量（mm）	暴雨强度 i（mm/min）
起	讫			
12:37	12:42	5	7.0	1.40
12:37	12:47	10	9.8	0.98
12:37	12:52	15	12.1	0.81
12:37	12:57	20	13.7	0.68
12:37	13:07	30	16.0	0.53
12:37	13:22	45	19.1	0.42
12:37	13:37	60	20.4	0.34

续表

所选时段		降雨历时 t（min）	雨量（mm）	暴雨强度 i（mm/min）
起	讫			
12:37	14:07	90	22.4	0.25
12:37	14:37	120	23.1	0.19

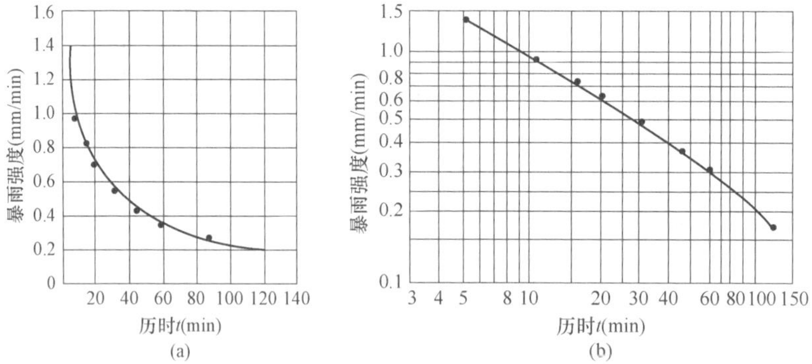

图 6-9　暴雨强度—降雨历时关系曲线

（a）普通坐标；（b）对数坐标

6.3.2　雨强-历时-重现期关系

为了推求暴雨强度公式，需要整理雨量站暴雨强度（i）-降雨历时（t）-重现期资料，具体步骤如下：

（1）根据雨量站自记雨量计的记录，选出每场暴雨。

（2）整理出每场暴雨的暴雨强度 i 降雨历时 t 关系计算表。一般按降雨历时 5、10、15、20、30、45、60、90、120min 进行摘录与统计，集水面积较小时，一般可不计算 90min、120min 的暴雨强度，一次降雨中途其降水强度低于 0.1mm/min（包括降雨停歇）的时间超过 120min 时，应分为两场雨统计。

（3）在历年整理出的各场暴雨 i-t 计算表基础上，整理出 i-t-T 关系表。

根据《室外排水设计标准》（GB 50014—2021），对于具有 10 年以上自记雨量记录的地区，可以采用年多个样法选样，计算历时宜采用 5、10、15、20、30、45、60、90、120min 共 9 个历时进行摘录与统计。对于具有 20 年以上自记雨量记录的地区，暴雨样本选样方法可采用年最大值法，降雨历时采用 5、10、15、20、30、45、60、90、120、150、180min 共 11 个历时进行摘录与统计。

1）年多个样法。首先按不同降雨历时 t，将历年对应的 i 值不论年序地从大到小排列，各历时的 i 值个数 $s=(3\sim4)n$（n 为资料年数，每年取 3～4 个暴雨强度 i 值），利用数学期望公式（式）计算对应的频率，并绘制不同历时的频率曲线，进而求取重现期 T 为 0.25，0.33，0.5，1，2，3，5，10 对应频率的暴雨强度 i 值，计入表中（见

表 6–6）。

表 6–6　　　　年多个样法 i–t–T 关系表

T（a）	t（min）								
	5	10	15	20	30	45	60	90	120
	i（mm/min）								
0.25	1.581	1.109	0.886	0.800	0.648	0.500	0.438	0.373	0.245
0.33	1.869	1.428	1.086	0.935	0.763	0.609	0.526	0.438	0.302
0.5	2.155	1.656	1.315	1.074	0.859	0.700	0.650	0.526	0.341
1	2.442	1.856	1.485	1.307	1.074	0.864	0.786	0.652	0.442
2	2.921	2.065	1.761	1.556	1.303	1.045	0.920	0.715	0.546
3	3.128	2.390	1.913	1.735	1.455	1.167	1.008	0.818	0.546
5	3.421	2.591	2.065	1.848	1.578	1.284	1.085	0.894	0.600
10	4.000	2.765	2.335	2.000	1.719	1.438	1.245	1.000	0.688
$\sum i$	21.518	15.860	12.846	11.255	9.399	7.607	6.658	5.416	3.710
$\bar{i}$	2.690	1.983	1.606	1.407	1.175	0.951	0.832	0.677	0.464

2）年最大值法。将不同历时 t 的暴雨强度每年取一个最大值，将其所组成的系列进行频率分析，并求取重现期 T 分别为 2，3，5，10，20，30，50，100 对应频率的暴雨强度 i 值，计入表中（见表 6–7）。

表 6–7　　　　年最大值法 i–t–T 关系表

T（a）	t（min）										
	5	10	15	20	30	45	60	90	120	150	180
	i（mm/min）										
2	2.005	1.664	1.458	1.284	1.061	0.84	0.704	0.538	0.437	0.387	0.326
3	2.205	1.858	1.641	1.472	1.212	0.971	0.815	0.625	0.509	0.401	0.38
5	2.411	2.061	1.832	1.67	1.372	1.111	0.934	0.717	0.587	0.521	0.437
10	2.651	2.296	2.056	1.903	1.561	1.278	1.075	0.827	0.68	0.643	0.506
20	2.863	2.506	2.256	2.113	1.731	1.428	1.204	0.928	0.764	0.673	0.569
30	2.978	2.621	2.366	2.228	1.825	1.512	1.275	0.983	0.811	0.746	0.603
50	3.118	2.759	2.499	2.367	1.938	1.613	1.361	1.05	0.868	0.782	0.645
100	3.297	2.938	2.671	2.549	2.086	1.745	1.474	1.139	0.942	0.846	0.701
$\sum i$	21.528	18.703	16.779	15.586	12.786	10.498	8.842	6.807	5.598	4.999	4.167
$\bar{i}$	2.691	2.338	2.097	1.948	1.598	1.312	1.105	0.851	0.699	0.625	0.521

在没有自记雨量计资料或自记雨量资料少于 10 年的地区，可参照采用附近气象条件相似的地区的暴雨强度公式。

6.4 暴雨强度公式的推求

暴雨强度公式是计算单位时间降雨量的工具、城市排水规划及城市建设的重要依据和基础资料。在设计城市排水系统时，必须以此为依据计算排水流量。同时，客观准确的城市暴雨强度公式，还是城市雨水排除系统和城市防洪、公路、铁路等建设中不可缺少的基本条件。

6.4.1 暴雨强度公式

选择合适的暴雨强度公式数学形式是一个关键问题。由于不同地区气候差异和降雨情况的显著变化，确定降雨分布规律需要基于大量的统计分析。通过整理表 6-6 中的数据，并以重现期 T 为参数，可以在常规坐标纸上绘制出不同降雨历时与暴雨强度之间的关系曲线（见图 6-10）。这种曲线基本上属于幂函数类型。许多学者对降雨强度公式的形式都做了大量研究，各国也制定了适应本国情况的基本公式形式。总体而言，这些公式可以概括为以下两种类型。

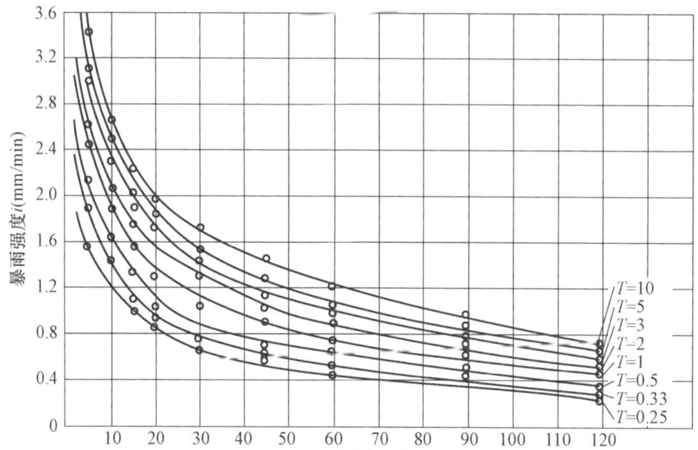

图 6-10 普通坐标中暴雨强度-降雨历时-重现期关系曲线

（1）当 i 与 t 点绘制在双对数坐标纸上不是直线关系时，则采用

$$i=\frac{A}{(t+b)^n} \tag{6-9}$$

式中：n、b、A 均为暴雨的地方特性参数，其中，t 为暴雨衰减指数；b 为时间参数；A 为雨力或时雨率，mm/min 或 mm/h。

（2）当 i 与 t 点绘制在双对数坐标纸上呈直线关系时（见图 6-11），则采用

$$i = \frac{A}{t^n} \tag{6-10}$$

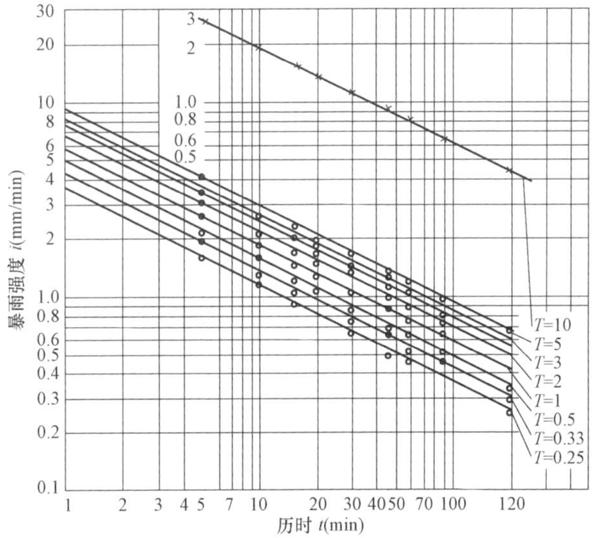

图 6-11　双对数坐标中暴雨强度–降雨历时–重现期关系曲线

式（6–10）为式（6–9）中 b=0 的特殊情况。A 与重现期 T 的关系常用式（6–11）表达：

$$A = A_1 + B\lg T = A_1(1 + C\lg T) \tag{6-11}$$

式（6–9）～式（6–11）能够较全面地反映我国大多数地区的暴雨强度变化规律，在 2014 版《室外排水设计规范》中被推荐为雨水量计算的标准公式。

6.4.2　公式 $i = \frac{A}{t^n}$ 中参数的推求

对式（6–10）两边取对数，可得

$$\lg i = \lg A - n\lg t \tag{6-12}$$

显然，这种情况下暴雨强度 i 与历时 t 在双对数坐标纸上呈直线关系，n 为该直线的斜率。式（6–11）在单对数坐标纸上（A 为纵坐标，普通分格；T 为横坐标，对数分格）也是一条直线，B 为斜率，$B = A_1C$。根据上述两式呈直线的特点，常用图解法或最小二乘法求公式中的参数。

1. 图解法

将从历年自记雨量计记录中整理求得的 $i-t-T$ 资料（见表 6–6、表 6–7），以重现期 T 为参数，将 $i-t$ 关系点绘在双对数坐标纸上，如图 6–11 所示，得到 8 个不同重现期 T 下的 8 条直线。如前所述，n 为地方性参数，故所有直线的斜率应彼此相等。为了保证不同重现期 T 的直线斜率相等，可将历时 t 相同的各组 i 求平均值（表 6–6、表 6–7 的最下方一行），这一值并不具备重现期的意义，把这组点据绘制在图 6–4 的上方，并绘制出与它拟合最好的直线。这样，在绘制其他 8 条直线时，可用这条直线做参考，使各直线都与它平行，即保证了各直线都具有相同的斜率 n。

（1）斜率 n 值的确定。经过上面的分析可知，n 为双对数坐标下的斜率，因此有

$$n=\left|\frac{\lg i_2-\lg i_1}{\lg t_2-\lg t_1}\right| \tag{6-13}$$

式中：i_1,i_2 分别为直线上两点的纵坐标；t_1,t_2 为这两点的横坐标；n 亦可以通过直接量取几何长度的方式确定，据图 6-11 可得 $n=0.52$。

（2）A_1，B 的确定。由式（6-12）可知，当 t=1min 时，$\lg i=\lg A$，即 $i=A$，亦即直线与纵坐标相交处的截距为 A 值，8 个不同重现期可以得到对应的 8 个 A 值，因此，可以得到对应的 $T-A$ 关系（见表 6-8）。

表 6-8　　$T-A$ 关 系 表

重现期 T（a）	10	5	3	2	1	0.5	0.33	0.25
雨力 A（mm/min）	9.05	8.01	7.35	6.52	5.75	4.91	4.1	3.62

把这些 $T-A$ 关系点绘在图 6-12 所示的半对数坐标纸上，它们有排列成直线的趋势，仍按照作回归线的方法，可得一条配合较好的直线，即式（6-11）。

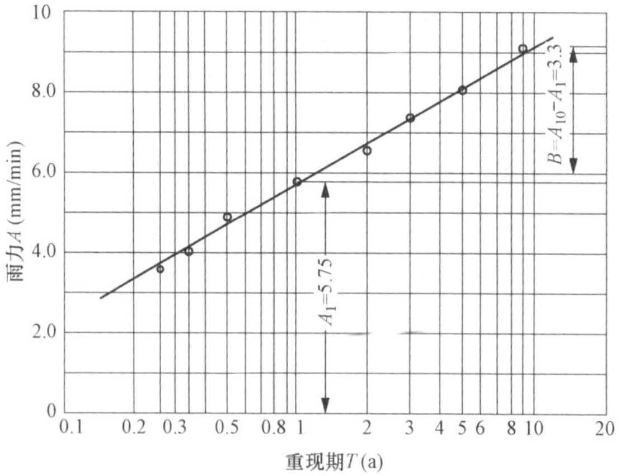

图 6-12　参数 A_1 与 B 的图解

当 T=1 时，$A=A_1$，为该直线的截距，图中 A_1=5.75。当 T=10 时，$A_{10}=A_1+B$，即斜率 $B=A_{10}-A_1=9.05-5.75=3.3$，因而，$C=\frac{B}{A_1}=\frac{3.3}{5.75}=0.57$。

因此可得，$A=5.75\times(1+0.57\lg T)$。所以，由图解法求得暴雨强度公式为

$$i=\frac{5.75\times(1+0.57\lg T)}{t^{0.52}} \tag{6-14}$$

2.* 最小二乘法

用图解法求解暴雨强度公式中的参数，完全由目估定线，当点据比较散乱时，目估定线可能会产生较大的误差，此时，便可以用最小二乘法求各参数的值。

将每一重现期的暴雨强度 i 与降雨历时 t 看作一组观测系列，每组有 m 对（i，t）值。根据最小二乘法原理，若所求得的参数为最佳值时，则可使观测值 i 与其匹配直线之间的误差平方和 M 最小，即

$$\sum[\lg i-(\lg A-n\lg t)]^2 \to \min \tag{6-15}$$

为使其最小，可设

$$\sum[\lg i-(\lg A-n\lg t)]^2 = M \tag{6-16}$$

令 $\partial M/\partial n=0$，得

$$\sum(\lg i\cdot\lg t)-\sum(\lg A\cdot\lg t)+n\sum\lg^2 t=0 \tag{6-17}$$

而对于某一重现期 T 而言，$\lg A$ 为常数，故式（6−17）也可以写成

$$\sum(\lg i\cdot\lg t)-\lg A\sum\lg t+n\sum\lg^2 t=0 \tag{6-18}$$

再令 $\partial M/\partial(\lg A)=0$，得

$$\sum\lg i-\sum\lg A+n\sum\lg t=0 \tag{6-19}$$

同理

$$\sum\lg i-m_1\sum\lg A+n\sum\lg t=0 \tag{6-20}$$

式中：m_1 为降雨历时的总项数。

联立式（6−18）和式（6−20），可得 n 与 $\lg A$ 的表达式，即

$$n=\frac{\sum\lg i\cdot\sum\lg t-m_1\sum(\lg i\cdot\lg t)}{m_1\sum\lg^2 t-\left(\sum\lg t\right)^2} \tag{6-21}$$

式（6−21）所求得的 n 只是某一重现期 T 的暴雨衰减指数 n_T，对应于多个重现期，可得多个略有差异的 n_T 值（同图解法中直线簇的斜率会有微小差别），由于 n 是地方性参数应该为唯一值，故应取其平均值作为计算值，即

$$\bar{n}=\frac{\sum n_T}{m_2} \tag{6-22}$$

因此得

$$\lg A=\frac{1}{m_1}(\sum\lg i+\bar{n}\sum\lg t) \tag{6-23}$$

最后，为了求得参数 A_1 与 B 值，也可对式 $A=A_1+C\lg T$ 运用最小二乘法原理得

$$A_1=\frac{\sum\lg^2 T\cdot\sum A-\sum\lg T\cdot\sum A\lg T}{m_2\sum\lg^2 T-\left(\sum\lg T\right)^2} \tag{6-24}$$

$$B=\frac{\sum A-m_2 A_1}{\sum\lg T} \tag{6-25}$$

式中：m_2 为重现期的总项数。

【例 6.2】 仍以表 6−6 数据为例，运用最小二乘法，求暴雨强度公式。

【解】（1）求暴雨衰减指数。

现以表 6−6 中 $T=5a$ 时的 $i-t$ 对应值为例，此时降雨历时的总项数 $m_1=9$，依据式（6−21）计算，数据整理见表 6−9。

$$n=\frac{\sum\lg i\cdot\sum\lg t-m_1\sum(\lg i\cdot\lg t)}{m_1\sum\lg^2 t-\left(\sum\lg t\right)^2}=\frac{1.6\times13.117-9\times1.482}{9\times20.780-(13.117)^2}=0.511$$

对表 6−6 中其他不同重现期的 n 值，用同样的方法依次求得为：0.543，0.552，0.548，0.511，0.510，0.514，0.511，0.508，从而用式（6−22）求得 $\bar{n}=0.525$。

表 6−9　　n、A 值计算表

序号	t（min）	lgt	（lgt）^{2}	i（mm/min）	lgi	lg$i$·lg$t$
1	5	0.699	0.489	3.421	0.534	0.373
2	10	1.000	1.000	2.591	0.413	0.413
3	15	1.176	1.383	2.065	0.315	0.370
4	20	1.301	1.693	1.848	0.267	0.347
5	30	1.477	2.182	1.578	0.198	0.292
6	45	1.653	2.733	1.284	0.109	0.180
7	60	1.778	3.162	1.085	0.035	0.062
8	90	1.954	3.818	0.894	−0.049	−0.096
9	120	2.079	4.322	0.600	−0.222	−0.462
总计	−	13.117	20.780	−	1.600	1.482

（2）求不同重现期的雨力 A。

仍以表 6−6 中 T=5a 的对应值为例，应用式（6−23），代入 $\bar{n}$ 和表 6−9 中相应数值得

$$\lg A=\frac{1}{m_1}(\sum\lg i+\bar{n}\sum\lg t)=\frac{1}{9}(1.60+0.525\times13.117)=0.943$$

$$A=8.77$$

同样，可求得其他重现期的 A 值，列于表 6−10。

表 6−10　　T−A 关系表

重现期 T（a）	0.25	0.33	0.50	1	2	3	5	10
雨力 A（mm/min）	3.69	4.44	5.19	6.30	7.34	8.07	8.77	9.81

（3）求解参数 A，B，C 值。

计算过程列于表 6−11，然后分别代入式（6−24）、式（6−25）以及 $C=B/A_1$，其计算结果为 $A_1=6.19, B=3.736, C=0.60$，由此得

$$A=6.19\times(1+0.6\lg T)$$

表 6-11　　　　A、B 值 计 算 用 表

序号	重现期 T（a）	$\lg T$	$\lg^2 T$	雨力 A（mm/min）	$A\lg T$
1	0.25	−0.6012	0.3625	3.69	−2.2214
2	0.33	−0.4815	0.2318	4.44	−2.1401
3	0.5	−0.3010	0.0906	5.19	−1.5622
4	1	0.0000	0.0000	6.30	0.0000
5	2	0.3010	0.0906	7.34	2.2093
6	3	0.4771	0.2276	8.07	3.8494
7	5	0.6990	0.4889	8.77	6.1302
8	10	1.0000	1.0000	9.81	9.8100
总计		1.0925	2.4920	53.61	16.0753

（4）求得暴雨强度公式。

总结以上计算，利用最小二乘法得出该地区的暴雨公式为

$$i=\frac{6.19\times(1+0.6\lg T)}{t^{0.525}} \tag{6-26}$$

上式与图解法得出的式（6−14）比较，相差甚微。图解法因其简便容易理解，成果也足够精确，在实际中常被采用。

6.4.3* 公式 $i=\frac{A}{(t+b)^n}$ 中参数的推求

当 i 与 t 点绘在双对数坐标纸上呈一条曲线时，可用试摆法使之形成直线。试摆法就是对某一重现期的曲线，保持其纵坐标 $\lg i$ 不变，而在各个历时 t 上试加相同的 b 值，使横坐标 $\lg t$ 变成 $\lg(t+b)$，若各点连线变成一条直线时，则试加值就是所求 b 值，因此，对于各不同重现期 T，都有各自适合的 b 值。

对式（6−9）两端取对数，得

$$\lg i=\lg A-n\lg(t+b) \tag{6-27}$$

当 $t+b=1$ 时，$\lg i=\lg A$，纵坐标上的截距 i 值就是 A，同时

$$n=\frac{\lg A-\lg i}{\lg(t+b)} \tag{6-28}$$

由此式即可求得参数 n。将初步求得的 A、b、n，求出 n 的第一次平均值，再调整 b 和 A，求出 b 的平均值和 n 的第二次平均值，最后求得 A、B 和 C。

6.4.4 利用等值线图推求暴雨强度公式

在缺乏自记雨量计资料的情况下，常采用参数等值线图法推求暴雨强度公式。水文所分析了我国 8 个城市的较长期的暴雨实测资料，认为全国各地区可以采用式（6−10）作为统一形式，即

$$i = \frac{A}{t^n}$$

在各地刊印的水文手册中，一般都有暴雨公式参数 A 及 n 的等值线图，只要知道工程所在的地点，就可在等值线图上查得 A 及 n 的值，代入上式便可求得暴雨强度 i。

对于式（6-9）所代表的在双对数坐标纸上 $i \sim t$ 呈曲线形式的情况，在小流域暴雨计算时，根据对大量长期自记雨量计的分析结果说明，暴雨衰减指数 n 与降雨历时长短有关系，且大多数地区的 n 值通常在降雨历时 $t = 1\text{h}$ 前后发生变化，于是将 n 值分属长、短两个历时来赋值，即将 $i \sim t$ 关系曲线转变为两段直线，转折点 $t_0 = 1\text{h}$（见图 6-13）。这样的暴雨公式就有两个斜率，短历时（$t < 1\text{h}$）直线的斜率 n_1 与长历时（$t > 1\text{h}$）直线的斜率 n_2，且一般 $n_2 > n_1$。计算时所需的 n_1 和 n_2 的数值可查阅各地方编制的等值线图。

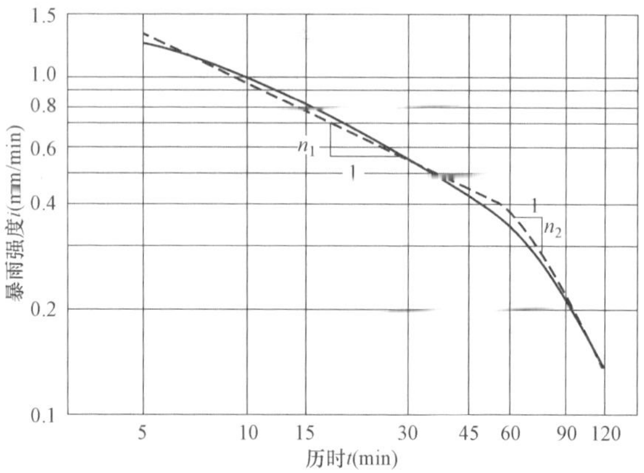

图 6-13　暴雨强度-历时关系曲线

暴雨雨力 A 的获取，一是查阅当地绘制的 A 等值线图；二是利用与 A 设计频率相同的多年最大平均 24h 设计暴雨量 $P_{24,P}$ 采用式（6-29）计算

$$A = \frac{P_{24,P}}{24^{1-n}} \tag{6-29}$$

现对式（6-29）推导如下：

设 24h 的暴雨强度为 i，则有

$$P_{24,P} = i \cdot t = \frac{A}{t^n} \cdot t = At^{1-n} = A \cdot 24^{1-n} \tag{6-30}$$

此式变形即得式（6-29）。

设水文样本资料由年最大 24h 暴雨量组成，该样本的均值记作 $\overline{P}_{24}$（根据当地多年平均最大 24h 暴雨量等值线图可查阅此值，如图 6-14 所示），其模比系数记作 $K_P = \frac{P_{24,P}}{\overline{P}_{24}}$，则

$$P_{24,P} = K_P \overline{P}_{24} \tag{6-31}$$

若已知设计频率 P、样本的变差系数 C_v（根据当地多年平均最大 24h 暴雨量变差系数等值线图可查阅此值，如图 6-15 所示）及 C_s 与 C_v 的经验倍比关系，便可查阅附录 3 得到 K_P 值，或查阅附录 2 得到 Φ_P 进而利用 $K_P = 1 + C_v \Phi_P$ 计算得到 K_P 值，进而利用式（6-31）求出该设计频率 P 下最大 24h 设计暴雨量 $P_{24,P}$。这样，根据式（6-29）与式（6-31）便可计算暴雨雨力 A 值，需要注意的是因历时 t 为 24h，故据此计算得到的暴雨雨力 A 值单位为毫米/每小时（mm/h）。

【例 6.3】 已知图 6-14 中甲站暴雨衰减指数 $n = 0.75$，且 $C_s = 3.5C_v$。求其重现期为 10 年的暴雨雨力 A 值。

【解】 由图 6-14 及图 6-15 查得甲站 $\overline{P}_{24} = 61.9\text{mm}$，$C_{v,24} = 0.30$，从附录 3 可查得 $K_P = 1.4$。

由式（6-29）与式（6-31），得

$$A = \frac{K_P \cdot \overline{P}_{24}}{24^{1-n}} = \frac{1.4 \times 61.9}{24^{1-0.75}} = 39.2\text{mm / h}$$

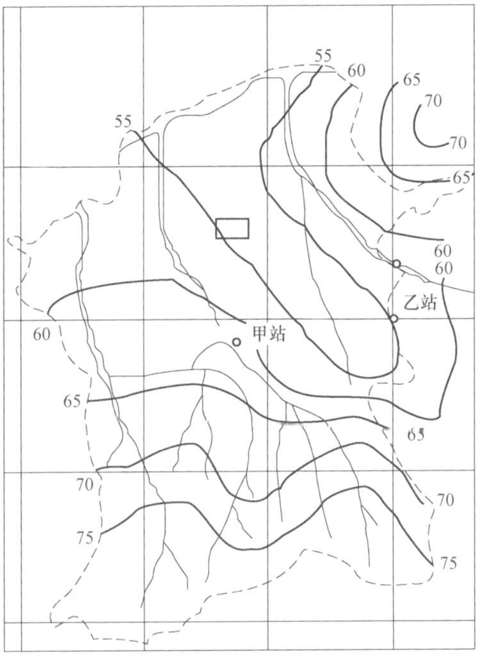

图 6-14 多年平均最大 24h 暴雨量等值线图（mm）

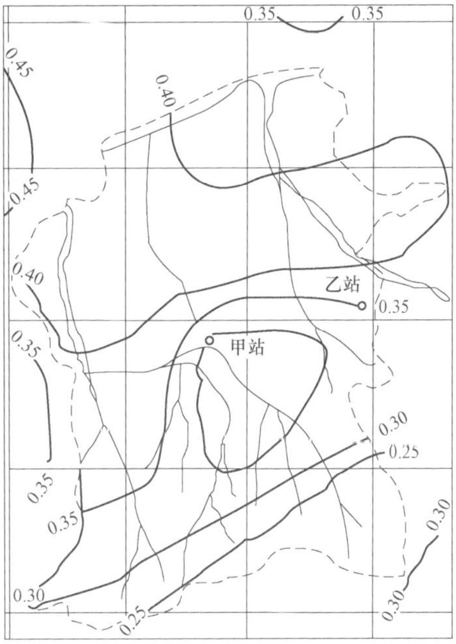

图 6-15 多年平均最大 24h 暴雨量变差系数 C_v 等值线图

6.5* 最大可能降水（PMP）简介

可能最大降水（PMP）是指在现代气候和地理条件下，设计地区（或流域）可能出现的最大降水量。具体而言，在现代气候和地理条件下，对于设计地区一定历时的降水，从物理成因的角度来看，应当存在一个上限或者说极值。目前尚无法确切地确定这个上限，但随着科学技术的不断发展以及水文气象数据的完善和积累，人们有望得到更接近于这个上限的近似值。通过水文气象方法得到的这种近似上限降水，包括降水总量以及其时空分布，即被称为可能最大降水。

降水在物理成因上存在一个上限，无法无限地增大，这与目前现行的频率计算方法存在不同。频率计算采用的线性模型其上端是无限的。另外，由于气候在历史上不断变迁，地理地形与降水关系密切，估算最大可能降水的目的是在某一指定地区进行工程设计。因此，需要强调这是在现代气候条件下，在某一特定地区（或流域）的最大可能降水。降水的历时不同，其成因也可能不同。例如，短历时的暴雨往往是雷阵雨，而长历时的暴雨往往是气旋雨，因此需要明确指出是某一历时范围内的最大可能降水。

一般来说，现行推算可能最大降水的水文气象法就是将实测暴雨（典型暴雨）或暴雨模式加以放大（极大化）的方法。

典型暴雨是指那些能够充分反映设计流域特大暴雨特征并对工程构成最大威胁的暴雨。典型暴雨可分为当地暴雨、移置暴雨和组合暴雨三类。如果设计流域的暴雨数据充分，可以从中选取一个在时空分布上具有严重影响的特大暴雨作为典型暴雨。但如果缺乏这种具有特定时空分布的大暴雨数据，则可以考虑将邻近流域实测到的特大暴雨数据移植过来，并进行必要的校正，以作为设计流域的典型暴雨。在没有能够引起严重后果的时空分布的大暴雨资料的情况下，也可以根据天气学原理，合理地组合两场或两场以上的暴雨，以此作为典型暴雨。

暴雨模式是指能够合理反映设计流域特大暴雨主要特征的理论模式。该模式通过适度概化暴雨天气系统的三维空间结构，使得影响降水的主要物理参数能够用一个暴雨物理方程式来表达。目前存在的理论模型可以概括为两类：上滑模式（气流沿斜面作上滑运动，适用于地形雨与气旋雨）和对流模式（气流作垂直上升运动，适用于对流雨和台风雨）。

极大化是指对影响降水的主要因素进行放大处理。降水必须具备大气中的水汽和大气动力两个条件。在推算可能最大降水的水文气象法上，水汽条件（也称水汽因子）常用可降水表示；动力条件（也称动力因子）主要用水平风速或垂直上升速度表示。所谓可降水（也称水当量）是指大地上垂直空气柱中的全部水汽，在气柱底面上全部凝结后所相当的水层深度。目前存在的放大方法可以分为两大类：一种方法是结合物理成因分析方法和统计方法，通过研究水汽和动力因子的近似物理上限或最大值，并进行可能的组合来进行放大。这类方法是半理论半经验的，广泛应用于实践。另一种方法是采用动力气象等理论，按照能量转换（平衡）原理来进行放大，目前使用较少。

推算可能最大降水的目的是求出可能最大洪水（简称 PMF），用于校核水库防洪安全。原水电部于 1975 年曾召开水库防汛安全会议，提出“关于复核水库防洪安全的几点规定”，其中指出：“大、中型水库和重要的小型水库（指下游有重要城镇、密集居民点、铁路干线或其他具有重要政治经济意义设施的小水库），应以可能最大暴雨和洪水作为保坝标准进行复核”。在电力行业标准《水电枢纽工程等级划分及设计安全标准》（DL 5180—2003）以及住房和城乡建设部颁发的《防洪标准》（GB 50201—2014）等有关章节中均规定：土坝、堆石坝及其泄水建筑物一旦失事将对下游造成特别重大的灾害时，一级建筑物的校核防洪标准应采用可能最大洪水（PMF）或重现期为 10000 年的洪水。从水库取水的给水工程也需要考虑最大可能降水，对最大可能降水的基本概念应有所了解。1987 年，我国第一张《可能最大暴雨等值线图》经审定已供各地试用，从此，我国对特大暴雨洪水的分析估算进入了一个新阶段。

复习思考题

6.1　降水量观测仪器主要有哪几种？虹吸式自记雨量计的测量原理是什么？

6.2　降水可以用哪几个基本要素来表示？其中降水三要素指的是哪三个？

6.3　根据雨量站测得点雨量计算面平均雨量的方法有哪几种？

6.4　简述泰森多边形法的计算方法。

6.5　点雨量资料整理包括哪些具体内容？

6.6　图解法推求 $i=\frac{A}{t^n}$ 参数过程中，暴雨衰减指数有哪两种计算方法？

6.7　某地有 10 年以上的自记雨量记录，采用年多个样法，经过计算整理后的数据见表 6-12，试用图解法推求暴雨强度公式 $i=\frac{A_1+B\lg T}{t^n}$。

表 6-12　　某地年多个样法 *i–t–*T 关系表

T（a）	t（min）						
	5	10	15	20	30	45	60
	i（mm/min）						
0.25	0.318	0.218	0.189	0.169	0.141	0.117	0.103
0.33	0.432	0.308	0.258	0.230	0.191	0.155	0.143
0.5	0.557	0.446	0.366	0.325	0.266	0.227	0.198
1	0.813	0.652	0.544	0.470	0.395	0.330	0.288
2	1.180	0.863	0.712	0.631	0.520	0.435	0.382
3	1.350	0.973	0.810	0.715	0.596	0.496	0.434

续表

T（a）	t（min）						
	5	10	15	20	30	45	60
	i（mm/min）						
5	1.530	1.120	0.931	0.820	0.682	0.575	0.497
10	1.830	1.340	1.110	0.980	0.818	0.680	0.596
$\sum i$	8	5.920	4.920	4.340	3.609	3.015	2.641
$\bar{i}$	1	0.74	0.615	0.542	0.452	0.376	0.330

6.8　根据图 6-14 及图 6-15，试求乙站之重现期为 100 年的暴雨雨力 A 与暴雨强度 i。已知暴雨衰减指数 $n=0.75$，$b=0$，且 $C_s=3.5C_v$。

第 7 章

小流域暴雨洪峰流量的计算

教学目标

了解小流域暴雨洪水计算的特点；理解暴雨损失及分类，熟悉下渗的物理过程，掌握下渗曲线与下渗量累积曲线，并理解设计净雨量的推求；明确流域汇流过程，掌握等流时线原理及流域出口流量过程线的计算。

暴雨的致灾性简介

课程思政

洪水因其巨大的灾害性，因而在年径流分析中应当引起足够的重视。2021 年 7 月 20 日，河南多地发生了有气象记录以来的降雨量历时极值；2023 年 7 月 27 日起，河北省大部出现了长历时、高强度的暴雨过程。这些暴雨所导致的洪涝灾害，牵动着全国人民的心，给当地造成了巨大的经济损失。但是，虽然经历如此的灾难，但是有祖国在就有我们，作为中华儿女无不感受到祖国的强大、国人的勇气及非凡的人民精神。同时，这些自然灾害也给我们上了一堂生动的自然课，让我们深刻认识到自然灾害的威力和人类面对自然灾害的脆弱性，提醒我们要倍加珍惜现有的生态环境和资源，保护好大自然，共同应对气候变化和自然灾害。

小流域暴雨洪水计算简介

7.1 概　　述

小流域面积的范围，一般在 300km^2 以下。在地形平坦的情况下，允许面积扩大至 500km^2；而在地形复杂的情况下，有时限制在 10km^2 以内。在城市建设中，排水构筑物主要包括市政排水系统、工厂和矿区的排（泄）洪渠道，以及铁路和公路上的桥梁和涵洞等，其所排泄的雨水是在短时间内降落的，形成的径流量较大，属于暴雨性质，都涉及要求计算一定排水面积上暴雨洪峰流量问题，也就是以小流域暴雨所产生的洪水作为设计标准，水文学上常常作为一个专门的问题进行研究。小流域暴雨洪峰流量的计算在水文学应用中具有重要意义，也体现了水文学知识的综合运用。

小流域设计洪水计算方法与大中流域有所不同，具体有以下特点：① 由于小流域面积较小，暴雨分布在一定时段内是相对均匀的，先后强度也是一致的；② 小流域面积小，自然地理条件趋于单一，流域内各部分的地貌情况相对接近；③ 地面上的降水，经植物截留、填洼并达到土壤持水量后入渗率是接近稳定的；④ 地表汇流、形成洪峰的历时较短，小流域上的小型水利工程对洪水的调节能力一般较小，工程规模主要受洪峰流量控制，因而对设计洪峰流量的要求高于对设计洪水过程的要求；⑤ 因小流域上修建的工程数量通常很多，而水文站很少，往往缺乏实测流量资料，故实际计算时概化程度较高；⑥ 小流域上小型工程数量较多，分布面广，计算方法应力求简便，使广大基层水文工作者易于掌握和应用。

新中国成立以来，由于各项建设事业蓬勃发展的需要，推算小流域暴雨洪峰流量的方法得到了不断的完善，并取得了许多可喜的成果。目前我国各地区对计算小流域暴雨洪水的公式有推理公式法、经验公式法、综合单位线法及水文模型等方法。本章主要介绍推理公式法和经验公式法。

（1）推理公式法。推理公式法也称半理论半经验公式，着重推求设计洪峰流量，也兼顾时段洪量及洪水过程线的推求。它以暴雨形成洪水的成因分析为基础，考虑影响洪峰流量的主要因素，建立理论模式，并利用实测资料求得公式中的参数。其计算成果具有较好的精度，是国内外使用最广泛的一种方法。

（2）经验公式法。经验公式法只推求设计洪峰流量，它是建立在某地区和邻近地区的实测洪水和调查洪水资料的基础之上，探求地区暴雨洪水经验性的规律，在使用时有一定的局限性。

推导计算公式时，考虑到形成洪峰流量的因素很多，各因素间的关系也很错综复杂，因而必须从小流域暴雨洪峰流量形成的主要矛盾和计算时应考虑的主要因素出发，重点分析以下三个方面的问题：① 暴雨强度；② 暴雨损失；③ 流域汇流。暴雨强度问题已经在第 6 章做了详细的论述，本章主要讨论暴雨损失及流域汇流问题，以及在这两个问题基础上推求暴雨洪峰流量的计算方法。

7.2 设计净雨量的推求

设计净雨量的推求微课

7.2.1 下渗

降雨过程中由于植物截留、蒸散发、填洼和下渗而损失的水量称作降雨损失。降雨量扣除损失量即得净雨量，也就是地表径流量。雨水从地面渗入土壤中的现象称作下渗，一次降雨的损失主要表现为下渗损失。下渗水量的多少直接影响着径流量的大小，同时也决定着地表径流量和地下径流量的比例。下渗是将地表水与地下水、土壤水联系起来的纽带，是径流形成过程、水循环过程的重要环节。

1. 下渗的物理过程

下渗不仅直接决定了地表径流的大小，同时也影响土壤水分的增长，以及表层径流和地下径流的形成。因此，分析下渗的物理过程和规律，对认识径流形成的物理机制具有重要意义。

当降雨持续不断地落在干燥土层表面时雨水将渗入土壤，渗入土中的水分在分子力、毛管力和重力的作用下发生运动，这是一个寻求各种作用力的综合平衡过程。按水分所受的力和运动特征，下渗可分为三个阶段：

（1）渗润阶段。下渗的水分主要受分子力的作用，被土壤颗粒吸收。若土壤十分干燥，这一阶段十分明显。由于受到分子力的作用，土壤颗粒表面形成吸湿水，进而形成一层连续的水膜，这部分水称作薄膜水，薄膜水达到最大时土壤含水率称作最大分子持水量。当土壤含水量达到最大分子持水量时分子力不再起作用，这一阶段结束。

（2）渗漏阶段。当土壤含水率开始大于最大分子持水量时，水分开始在毛管力的作用下充填土壤中的细小孔隙。随着下渗的继续，土壤含水率继续增大，重力开始起作用。此时下渗水分主要在毛管力、重力作用下沿土壤孔隙向下作不稳定流动，并逐步充填土壤孔隙直至饱和，此时毛管力消失，此阶段基本结束。

（3）渗透阶段。当土壤孔隙充满水达到饱和时，水分在重力作用下呈稳定流动。

前两个阶段属于非饱和水流运动，而渗透则属于饱和水流的稳定运动。在实际下渗过程中，这两个阶段并无明显分界，各阶段是相互交错进行的。有时为了应用方便，也将渗透与渗漏阶段统称为渗漏。

2. 下渗率和下渗能力

单位时间内渗入单位面积土壤中的水量称为下渗率或下渗强度，记为 f，以毫米/分钟（mm/min）或毫米/小时（mm/h）计。在一定下垫面条件下，有充分供水时的下渗率则称为下渗能力。通常用下渗率或下渗能力随时间的变化过程来定量描述土壤下渗规律，如图 7-1 所示，下渗能力随时间的变化过程线简称下渗曲线，该曲线上 f_0 为初始下渗率。下渗最初阶段，下渗的水分被土壤颗粒吸收以及充填土壤孔隙，下渗率很大。随时间的增长，下渗水量越来越多，土壤含水量也逐渐增大，下渗率逐渐递减。当土壤孔隙充满水，下渗趋于稳定，此时的下渗率称为稳渗率，记为 f_c。这样，下渗曲线分为不稳定下渗（渗漏阶段）和稳定下渗（渗透阶段）两个阶段，这种变化规律和下渗的物理机制是一致的。图 7-1 中的实线表示在充分供水的条件下两种不同粒径土壤的下渗曲线（即下渗率过程线，也叫下渗容量曲线），从图中可以看出土壤下渗率由大到小的变化过程。在充分供水的试验条件下，初始的下渗率 f_0 和土质有关，也与土壤的干湿状况有关。对于干燥土壤，f_0 一般可以达到（80）mm/h 以上。稳渗率 f_c 只与土质有关，与降雨开始时的土壤含水量无关，如黄黏土的 f_c=1.0～1.3mm/h，而细砂则可达到 7～8mm/h。

上述的下渗规律可以用数学公式来描述，如霍顿（Horton）公式

$$f = f_c + (f_0 - f_c)e^{\beta t} \tag{7-1}$$

式中：f 为 t 时刻的下渗能力，mm/min 或 mm/h；f_0 与 f_c 分别是初始下渗率与稳渗率，mm/min 或 mm/h；β 为递减系数。

下渗量累积曲线纵坐标为自降雨时刻开始至某时刻 t 为止这一时段内的下渗总量（mm），它随时间递增，如图 7-1 中虚线所示。下渗累积曲线与下渗曲线之间是积分和微分的关系，累积曲线上任一点处切线的斜率即为该时刻的下渗率。

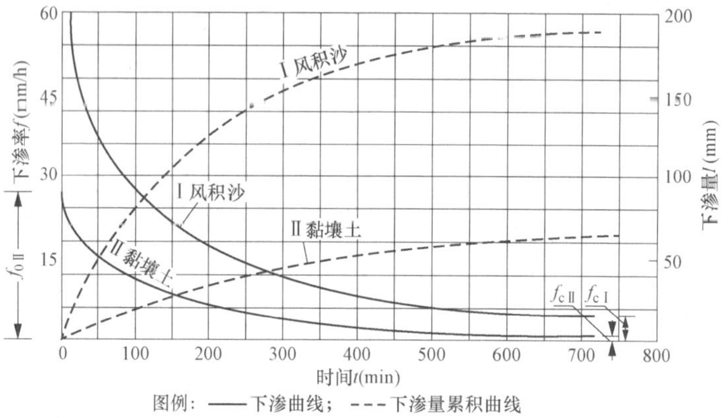

图 7-1　土壤的下渗曲线与下渗量累积曲线

7.2.2　设计净雨量的推求

由前述 2.3 节可知，暴雨降落地面后，由于植物截留、填洼、蒸散发和下渗等因素损失了一部分雨量，而未损失的部分即为净雨量。设计净雨量是由设计暴雨推求得来，通常将该过程称为产流计算。推求设计净雨量的方法有径流系数法、相关法、水量平衡法和分阶段扣除损失法。不同流域可根据所具有的资料和条件采用相应的计算方法。这里只对常用的分阶段扣除损失法加以介绍。

分阶段扣除损失法也称初损后损法，是下渗曲线法的一种简化方法。它把实际的下渗过程简化为初期损失和后期损失两个阶段，如图 7-2 所示。产生地表径流以前的总损失水量称为初损量，记为 I_0，包括蒸发、填洼、植物截流及产流前下渗的水量；后损量是流域产流以后下渗的水量，后损阶段的下渗率为平均下渗率 $\bar{f}$，后损历时以 t_c 表示，二者乘积即为后损量。暴雨扣除损失后的流域净雨总量与流域出口断面的地表径流总量是相

等的，于是一次暴雨经过扣除损失后的设计净雨量以净雨深 R（mm）表示，按水量平衡方程可用下式计算

$$R=P-I_0-\overline{f}t_c \tag{7-2}$$

式中：P 为一次暴雨的总降雨量，mm；I_0 为初损量，mm；$\overline{f}$ 为后损的平均下渗率，mm/h；t_c 为净雨历时或产流历时，h（或 min）。

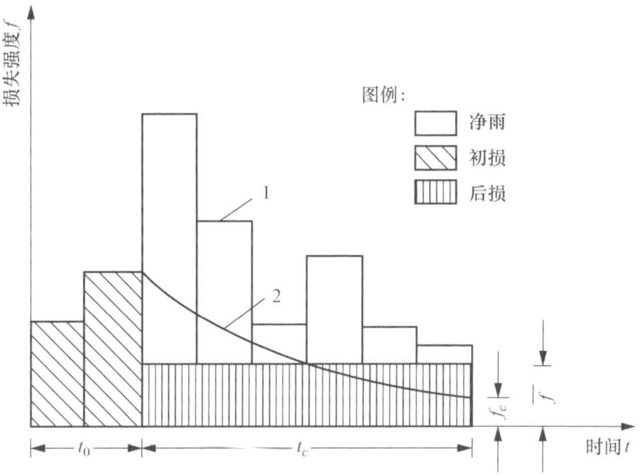

图 7-2　一次降雨过程初期损失、后期损失示意图

1—降雨过程；2—损失过程；t_0—初损历时；t_c—净雨历时或产流历时

【例 7.1】 某流域 50 年一遇设计暴雨，24h 暴雨量为 490mm，径流系数 $\alpha=0.83$，已知，后阶段平均下渗率 $\overline{f}=1$mm/h，后损历时 17h。试求，净雨总量 R 及初损量 I_0。

【解】 据式 $\alpha=\dfrac{R}{P}$，净雨量即径流量可表示为

$$R=\alpha P=406.7\text{mm}$$

根据式（7-2），初损量为

$$I_0=P-R-ft_c=490-406.7-1\times17=66.3(\text{mm})$$

7.3　流　域　汇　流

7.3.1　暴雨洪水形成过程

暴雨洪水的形成过程与 2.6 节径流的形成过程是一样的，现用图 7-3（c）流域上一点 C 记录到的雨强变化过程（见图 7-3（a））说明如下：在这次降雨过程中，当降雨强度扣除截留等损失后，其强度小于当时当地的土壤下渗率时，全部降雨都消耗于损失，此时尚未产生地表径流，这种情况一直延续到 t_3' 以后。当降雨强度逐渐增加，土壤由于雨水不断下渗，其下渗率逐渐降低，到 t_3' 时，降雨强度恰等于当时当地的下渗率。从强度方面

看，地面应该开始产生径流。但由于此时尚未满足土壤的总吸水量，因此实际产生径流的时刻不是 t_3' 而是稍后的 t_3 时刻。此后，在广大流域面积上普遍开始产生径流，其水量不断增加，逐渐汇入河网，同时，主河槽不断汇集各地的径流及沿途补充的降雨，并且水量由于沿途下渗与蒸发不断损失，最后流经出口断面，形成图 7−3（b）中的地面（洪水）径流过程。

在这次降雨趋于停止时，降雨强度逐渐减小到稳渗率的程度，地表径流逐渐消失，此即净雨终止的时刻 t_2。但河网汇流过程并未停止，它包括雨水由坡面汇入河网，直到全部流经出口断面时为止的整个过程，它的延续时间最长，比净雨历时和坡面汇流历时都要长得多，一直到 t_4 时刻为止，由这次暴雨产生的洪水过程才算终止。由 t_2 到 t_4 这段时间称为流域最大汇流时间，以 τ 表示，即流域最远点 A 的净雨流到出口断面 B 所经历的时间 [见图 7−3（b）（c）]。

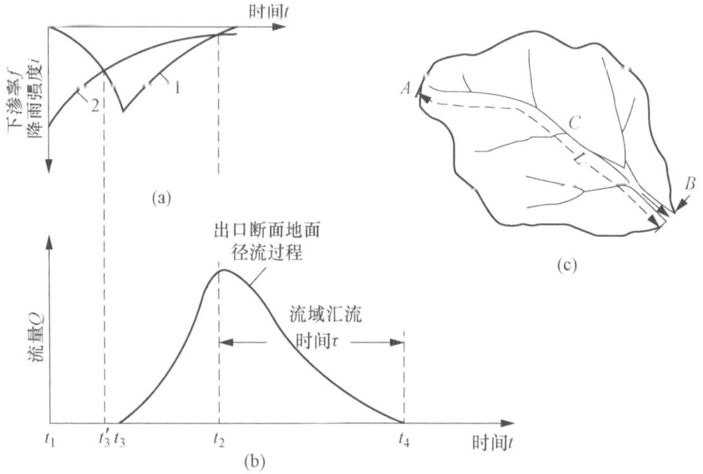

图 7−3 流域径流形成过程示意图

上述从净雨过程演变为出口断面的洪水流量过程，属于水力学中复杂的明渠不稳定流计算范畴。目前在水文分析计算中，这一过程通常经过适当的简化，采用近似方法进行求解。常用的方法包括等流时线法、单位线法、瞬时单位线法和地貌单位线法等。下面将介绍的暴雨洪峰流量的推理公式是基于等流时线原理对流域汇流进行处理的，具体说明如下。

7.3.2 等流时线原理

地表径流的汇集包括坡面汇流和河网汇流两个过程，一般是将两个过程合成流域汇流一个过程处理。流域各点的净雨到达出口断面所经历的时间，称为汇流时间；流域上最远点的净雨到达出口断面的时间称为流域汇流时间。

设流域在单位时间 Δt 内有均匀净雨量 R(mm), 它向出口断面汇集的情况概化为(见图 7–4): 最靠近出口断面处面积 f_1 上的净降雨总量 f_1R 最先于 Δt 时刻末流到，其次是稍远面积 f_2 上的 f_2R 于 $2\Delta t$ 时刻末流到，然后依次上溯到距离出口断面最远、汇流时间最长、靠近流域末端面积 f_4 上的水量 f_4R 最后于 $4\Delta t$ 时刻末流到。

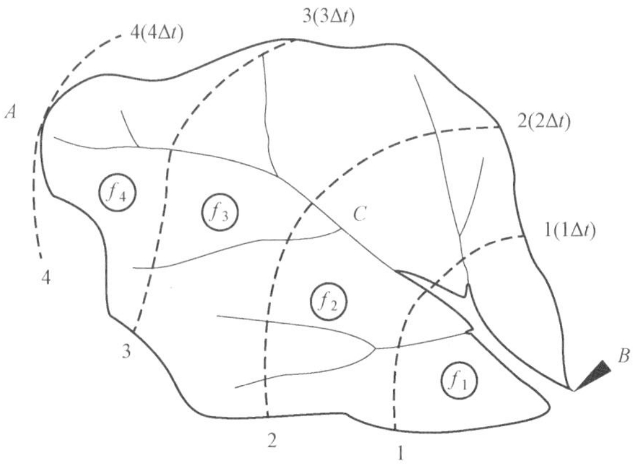

图 7–4　流域等流时线示意图

设想划分这些面积的界线具有这样的特性，即落在线上的净降雨通过坡地和河槽流到出口断面所需的汇流时间都相等，并称之为等流时线。由等流时线与流域分水线所构成的面积称作等流时面积，亦称共时径流面积，以 f_i 表示，如图 7–4 所示。各等流时线到出流断面的汇流时间依次为 Δt、$2\Delta t$、$3\Delta t$ ，而该流域的最大汇流时间为 $\tau = 4\Delta t$ 。

因此，只要知道各时段顺序出流的共时径流面积与其对应的净雨量，就能计算出不同时刻出口断面处的径流量组成。

等流时线的概念假设汇流时间仅与流域内各点到出口断面的距离有关，忽略了产流和汇流因素的时变性，因此等流时线在计算中被视为固定不变的。然而，由于降雨和汇流等自然因素的复杂性，实际上，流域上的等流时线位置并非固定不变。随着汇流速度的变化，等流时线的位置必然会发生变动。因此，计算中假设位置不变的等流时线，实际上只是相当于流域平均汇流速度时的等值线。

流域平均汇流速度可按 $v = \dfrac{L}{\tau}$ 计算，式中 L 为主河槽长度，可从流域地形图上量得；τ 为流域最大汇流时间，均如图 7–3 所示，$\tau = t_4 - t_2$。t_4 是最后一股地面水流到出口断面的时刻；而净雨终止时刻 t_2 对径流而言则是最后一股地面水在坡地上开始向出口断面流出的时刻。如全流域面积上同时均匀净雨，则流域最远处产生的净雨应该是最后流出出口断面的那一股水。

7.3.3 不同净雨历时情况下的径流过程

对流域内某一等流时面积 f 而言，Δt 时段内的均匀净雨深为 R，在该面积上所能形成的地表径流量可按照下式计算：

$$q = K \cdot \frac{R}{\Delta t} \cdot f \tag{7-3}$$

式中，K 为单位转换系数，一般流量 Q 以“m^3/s”计，R 以“mm”计，f 以“km^2”计，Δt 以“h”计，此时 K=0.278；若 Δt 以“min”计，则 K=16.7。

图 7-4 所示的流域上，根据净雨历时 t_c 与流域汇流时间 τ 的大小，不同情况下的汇流过程分析如下。

1. 净雨历时小于流域汇流时间（$t_c < \tau = 4\Delta t$）

设一次均匀降雨的历时 $t_c = 2\Delta t$(h)，每个 Δt 时段内净雨深分别为 R_1 与 R_2(mm)，则流域出口地表径流过程分析见表 7-1。每一时段末流经出口断面的流量为各个面积上所产生的流量之和。

若全流域自始至终均匀降雨，即 $R_1 = R_2$，它在流域出口断面 B 形成的地表径流，基于前面所述等流时线原理可绘制成图 7-5（a）所示的地表径流过程线。此时洪峰流量 Q_m 将可能出现在第二、第三或第四时段末，这取决于 f_1、f_2、f_3、f_4 之间的大小关系。无论出现在哪一时刻，此时的洪峰流量只是由部分面积上的全部净雨（R_1与R_2）汇集而成，这种情况称为部分汇流。

表 7-1 $t_c < \tau$ 时出口断面径流过程

净雨过程	流域出口断面径流出现的时序	横坐标 t	纵坐标 Q	产生径流的部位及其流量值			
				f_1	f_2	f_3	f_4
	第一时段开始	0	0	0			
R_1	第一时段末	Δt	Q_1	$K\frac{R_1 f_1}{\Delta t}$	0		
R_2	第二时段末	$2\Delta t$	Q_2	$K\frac{R_2 f_1}{\Delta t}$	$K\frac{R_1 f_2}{\Delta t}$	0	
0	第三时段末	$3\Delta t$	Q_3	0	$K\frac{R_2 f_2}{\Delta t}$	$K\frac{R_1 f_3}{\Delta t}$	0
	第四时段末	$4\Delta t$	Q_4		0	$K\frac{R_2 f_3}{\Delta t}$	$K\frac{R_1 f_4}{\Delta t}$
	第五时段末	$5\Delta t$	Q_5			0	$K\frac{R_2 f_4}{\Delta t}$
	第六时段末	$6\Delta t$	Q_6				0

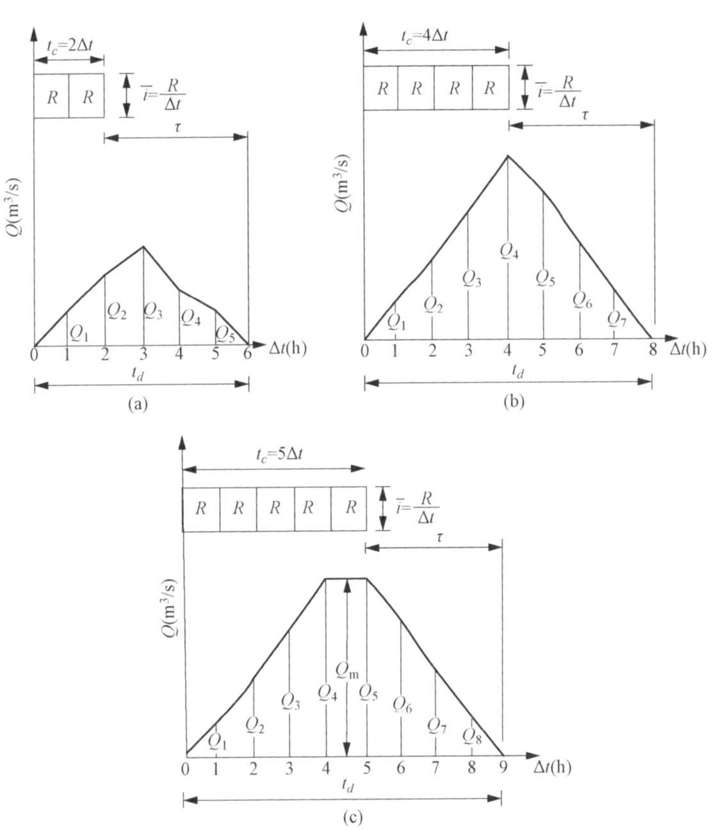

图 7-5　不同净雨历时情况下的径流过程

2. 净雨历时等于流域汇流时间（ $t_c=\tau=4\Delta t$ ）

图 7-4 所示的流域上有一次非均匀降雨，如把净雨历时分为四个相等的时段，即 $t_c=4\Delta t=\tau$，每个 Δt 时段净雨量依次为 R_1、R_2、R_3 和 R_4，则流域出口地表径流过程分析见表 7-2。

表 7-2　$t_c=\tau$ 时出口断面径流过程

净雨过程	流域出口断面径流出现的时序	横坐标 t	纵坐标 Q	产生径流的部位及其流量值			
				f_1	f_2	f_3	f_4
	第一时段开始	0	0	0			
R_1	第一时段末	Δt	Q_1	$K\frac{R_1f_1}{\Delta t}$	0		
R_2	第二时段末	$2\Delta t$	Q_2	$K\frac{R_2f_1}{\Delta t}$	$K\frac{R_1f_2}{\Delta t}$	0	
R_3	第三时段末	$3\Delta t$	Q_3	$K\frac{R_3f_1}{\Delta t}$	$K\frac{R_2f_2}{\Delta t}$	$K\frac{R_1f_3}{\Delta t}$	0
R_4	第四时段末	$4\Delta t$	Q_4	$K\frac{R_4f_1}{\Delta t}$	$K\frac{R_3f_2}{\Delta t}$	$K\frac{R_2f_3}{\Delta t}$	$K\frac{R_1f_4}{\Delta t}$
0	第五时段末	$5\Delta t$	Q_5	0	$K\frac{R_4f_2}{\Delta t}$	$K\frac{R_3f_3}{\Delta t}$	$K\frac{R_2f_4}{\Delta t}$

续表

净雨过程	流域出口断面径流出现的时序	横坐标 t	纵坐标 Q	产生径流的部位及其流量值			
				f_1	f_2	f_3	f_4
	第六时段末	$6\Delta t$	Q_6		0	$K\frac{R_4 f_3}{\Delta t}$	$K\frac{R_3 f_4}{\Delta t}$
	第七时段末	$7\Delta t$	Q_7			0	$K\frac{R_4 f_4}{\Delta t}$
	第八时段末	$8\Delta t$	Q_8				0

若全流域自始至终均匀降雨，即 $R_1 = R_2 = R_3 = R_4$，又有 $F = f_1 + f_2 + f_3 + f_4$，结合上表 7-2，绘制出口断面 B 处流量过程线如图 7-5（b）所示。可见洪峰流量将出现于第四时段末，由全部流域面积 F 上的全部净雨汇集而成，为全面汇流产生的洪峰流量 Q_m，即有

$$Q_m = Q_4 = K \cdot \left(\frac{R_4 f_1}{\Delta t} + \frac{R_3 f_2}{\Delta t} + \frac{R_2 f_3}{\Delta t} + \frac{R_1 f_4}{\Delta t} \right) = K \cdot \frac{R}{\Delta t} \cdot F = K\bar{i}F \tag{7-4}$$

3. 净雨历时大于流域汇流时间（$t_c > \tau = 4\Delta t$）

图 7-4 所示流域上有一次历时为 $t_c = 5\Delta t$ 的净雨，每个 Δt 时段净雨量依次为 R_1、R_2、R_3、R_4 和 R_5，则其流域出口断面径流量分析见表 7-3。

表 7-3　$t_c > \tau$ 时出口断面径流过程

净雨过程	流域出口断面径流出现的时序	横坐标 t	纵坐标 Q	产生径流的部位及其流量值			
				f_1	f_2	f_3	f_4
	第一时段开始	0	0	0			
R_1	第一时段末	Δt	Q_1	$K\frac{R_1 f_1}{\Delta t}$	0		
R_2	第二时段末	$2\Delta t$	Q_2	$K\frac{R_2 f_1}{\Delta t}$	$K\frac{R_1 f_2}{\Delta t}$	0	
R_3	第三时段末	$3\Delta t$	Q_3	$K\frac{R_3 f_1}{\Delta t}$	$K\frac{R_2 f_2}{\Delta t}$	$K\frac{R_1 f_3}{\Delta t}$	0
R_4	第四时段末	$4\Delta t$	Q_4	$K\frac{R_4 f_1}{\Delta t}$	$K\frac{R_3 f_2}{\Delta t}$	$K\frac{R_2 f_3}{\Delta t}$	$K\frac{R_1 f_4}{\Delta t}$
R_5	第五时段末	$5\Delta t$	Q_5	$K\frac{R_5 f_1}{\Delta t}$	$K\frac{R_4 f_2}{\Delta t}$	$K\frac{R_3 f_3}{\Delta t}$	$K\frac{R_2 f_4}{\Delta t}$
0	第六时段末	$6\Delta t$	Q_6	0	$K\frac{R_5 f_2}{\Delta t}$	$K\frac{R_4 f_3}{\Delta t}$	$K\frac{R_3 f_4}{\Delta t}$
	第七时段末	$7\Delta t$	Q_7		0	$K\frac{R_5 f_3}{\Delta t}$	$K\frac{R_4 f_4}{\Delta t}$
	第八时段末	$8\Delta t$	Q_8			0	$K\frac{R_5 f_4}{\Delta t}$
	第九时段末						0

如果该净雨为均匀净雨，即 $R_1 = R_2 = R_3 = R_4 = R_5$。根据表 7-3 绘制的径流量过程线

如图 7-5（c）所示，其与 $t_c=4\Delta t=\tau$ 情况下洪峰流量相同，只是它多延续了 $t_c-\tau=\Delta t$ 的时刻，因而使过程线呈梯形。此时，洪峰流量由全部面积上的部分净雨（ R_1～R_4 或 R_2～R_5 ）构成。

根据以上不同历时得到的径流过程线，通常与地表径流实测过程线存在一定的不一致，这是因为使用等流时线原理计算汇流过程的假设所致。该假设的主要内容是：采用不随时间和地点变化的平均汇流速度来替代实际汇流速度，而实际情况中汇流速度是时时变化的。此外，它也没有考虑坡地漫流与河槽调蓄等问题。因此，苏联 A•B•奥几叶夫斯基建议用实测径流过程线对按等流时线原理推得的过程线进行一次综合的误差改正，以达到提高计算精度的目的。

4. 暴雨洪峰流量公式

根据以上不同净雨历时推得的地表径流过程，在均匀净雨的情况下可以得到如下两个重要的结论。

第一，当 $t_c<\tau$ 时，洪峰流量由部分流域面积上的全部净雨汇集而成，属于部分汇流产生洪峰流量，其值为

$$Q_m=K\frac{R}{\Delta t}f_m=K\bar{i}f_m \tag{7-5}$$

式中：f_m 为最大共时径流面积，km²。因此，在部分汇流的情况下，最大洪峰流量的大小与出现时间都与流域形状有密切关系。

第二，当 $t_c\geqslant\tau$ 时，洪峰流量为全部流域面积上的净雨（ $t_c=\tau$ 时为全部净雨，$t_c>\tau$ 时为部分净雨）汇集而成，属于全面汇流产生洪峰流量，洪峰流量值为

$$Q_m=K\frac{R}{\Delta t}F=K\bar{i}F \tag{7-6}$$

式中：F 为流域总面积，km²。

此外，无论哪一种情况总的地表径流历时 t_d，都等于净雨历时与流域汇流时间之和，即

$$t_d=t_c+\tau \tag{7-7}$$

7.4　暴雨洪峰流量推理公式

推理公式是以线性汇流为基础，从等流时线汇流原理出发，假定产流强度（净雨强度）在时间、空间上分布均匀的情况下，经过流域汇流时间 τ 之后，流域出口断面的流量将达到稳定的最大流量。用推理公式求小流域设计洪峰流量是全世界各地区广泛采用的一种方法，发展至今已经有一百多年的历史。由于对暴雨、产流及汇流的处理方式不同，

形成的推理公式也不尽相同，但一般不外乎是净雨强度与汇流面积的乘积，这一点已通过理论推导和实验证明。

如图 7−3（c）所示，净雨沿着 L 从 A 汇流到 B 的时间为 τ(h)，当净雨历时 $t_c=\tau$ 时，按等流时线原理，洪峰流量可由式（7−6）算出。平均净雨强度 $\bar{i}$ 按 τ 时段内最大的平均暴雨强度考虑，用洪峰径流系数扣除损失，则 $\bar{i}=\psi i_\tau$。式中 i_τ 为历时 τ 的暴雨平均强度，引入暴雨公式（6−10），且 K=0.278，则式（7−6）可写为

$$Q_{\mathrm{m}}=0.278\psi\frac{A}{\tau^n}F \tag{7-8}$$

式中：A 为设计暴雨雨力，mm/min；τ 为流域汇流时间，h；n 为暴雨衰减指数；ψ 为洪峰径流系数；F 为流域面积，km^2。

式（7−8）为中国水利水电科学研究院（以下简称水科院）水文研究所在 1958 年所提出的推理公式（简称水文所公式），是我国水利部门多年以来广泛使用的推理公式之一。式中包括了三个主要的因素：①暴雨因素，如雨力 A、暴雨衰减指数 n；②产流因素，如径流系数 ψ；③汇流因素，如流域汇流时间 τ。这些因素反映了流域的气候条件和下垫面条件。适用的流域范围：在多雨地区，视地形条件一般为 500km^2 以下；在干旱地区，为 200km^2 以下，但不能应用于岩溶、泥石流及各种人为措施影响严重的地区。

7.4.1 流域汇流时间 τ 值的计算

汇流时间 τ 不仅与流域最远流程的汇流长度 L 有关，而且与沿程的水力条件（如流量大小、流域比降等）有关，情况极为复杂。水科院水文研究所采用平均汇流速度 V 来概括描述径流在坡面和河道内的流动，此公式被广泛认可，即

$$\tau=0.278\frac{L}{V} \tag{7-9}$$

式中：τ 为流域汇流时间，h；V 为流域平均汇流速度，m/s；L 为流域长度，km。

式（7−9）是将坡面汇流历时和河槽汇流历时作了简略的概括，在各种流域汇流条件下（包括河槽断面形态、河槽和坡面糙率等），V 多采用下列近似的半经验公式

$$V=mS^\sigma Q_{\mathrm{m}}^\lambda \tag{7-10}$$

式中：m 为反映流域坡面特性、河网形态等因素的汇流参数；S 为沿最远流程的河道平均比降；Q_{m} 为待定的洪峰流量，m^3/s；λ、σ 为反映水力特性的经验指数。

λ 和 σ 与出口断面形状有关，如为抛物线型断面，则 $\sigma=1/3$，$\lambda=1/3$；如为矩形断面，则 $\sigma=1/3$，$\lambda=2/5$。对于一般山区性河道，都把出口断面近似地概化为三角形，采用 $\sigma=1/3$，$\lambda=1/4$，连同式（7−10）一起代入式（7−9）得

$$\tau=\frac{0.278L}{mS^{1/3}Q_{\mathrm{m}}^{1/4}} \tag{7-11}$$

再将式（7−11）代入式（7−8）联立求解 Q_{m} 得

$$Q_{\mathrm{m}}=\left[(0.278)^{1-n}\psi AF\left(\frac{mS^{1/3}}{L}\right)^{n}\right]^{\frac{4}{4-n}} \tag{7-12}$$

7.4.2　洪峰流量径流系数 ψ 的确定

由于影响因素复杂和地区不同，直接求洪峰流量径流系数不容易得到满意结果，目前都采用间接的方法，即采用设计暴雨量扣除平均损失强度（平均下渗强度）的方法求得，即 $\psi\times i_P=i_P-\overline{f}$，$\overline{f}$ 为平均下渗强度，是指产流期间内损失强度的平均值。

水科院水文研究所把设计暴雨强度过程概化为图 7−6 所示两种形式，并认为当瞬时暴雨强度 $i=\overline{f}$ 时，是产生与不产生净雨的分界点，由此可决定最大产流时间 t_{c}。

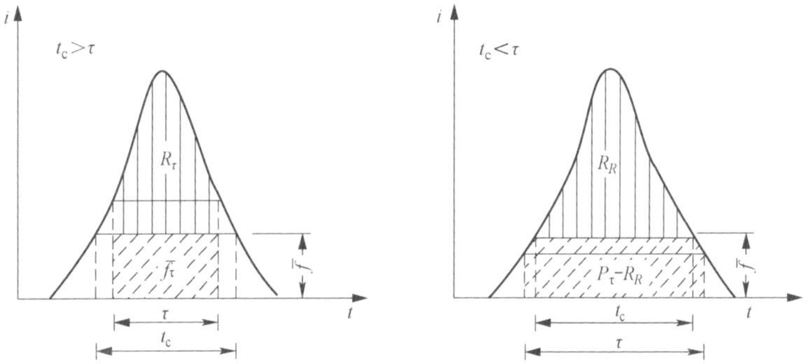

图 7−6　设计暴雨过程及最大产流历时 t_{c} 示意图

当 $t_{\mathrm{c}}\geqslant\tau$ 时，即全面汇流的情况，出口断面的洪峰流量是由相当于流域汇流时间 τ 内的最大净雨量 R_τ 在全流域面积上形成的，洪峰径流系数 $\psi=R_\tau/P_\tau$，P_τ 为 τ 时段的总降雨量。

当 $t_{\mathrm{c}}<\tau$ 时，即部分汇流的情况，出口断面的洪峰流量是由相当于产流历时 t_{c} 内的最大净雨量 R_R 在部分流域面积上形成的，洪峰径流系数 $\psi=R_R/P_\tau$。

历时为 t 的暴雨平均强度为

$$\overline{i_t}=A/t^n=At^{-n} \tag{7-13}$$

则时段 t 内的总降雨量为

$$P_t=\overline{i_t}t=At^{1-n} \tag{7-14}$$

而历时为 t 的瞬时暴雨强度，可对式（7−14）微分求得

$$i=\frac{\mathrm{d}P_t}{\mathrm{d}t}=(1-n)\mathrm{A}t^{-n}=(1-n)\overline{i_t} \tag{7-15}$$

参见图 7−6，当 $i=\overline{f}$ 时，$t=t_c$（产流历时），于是式（7−15）变为

$$\overline{f}=(1-n)At^{-n} \tag{7-16}$$

或

$$\overline{f}=(1-n)\overline{i}_{t_c} \tag{7-17}$$

将式（7–16）移项后得

$$t_c=\left[(1-n)\frac{A}{\overline{f}}\right]^{\frac{1}{n}} \tag{7-18}$$

（1）当$t_c \geqslant \tau$时，属于全流域面积汇流的情况，此时τ时段的总降雨量$P_\tau = A\tau^{1-n}$，而损失量为$\overline{f}\tau$，于是τ时段内的总净雨量$R_\tau = P_\tau - \overline{f}\tau$，则

$$\psi=\frac{R_\tau}{P_\tau}=\frac{P_\tau-\overline{f}\tau}{P_\tau}=1-\frac{\overline{f}\tau}{A\tau^{1-n}}=1-\frac{\overline{f}}{A}\tau^n \tag{7-19}$$

（2）当$t_c < \tau$时，属于部分流域面积汇流的情况，此时τ时段的总降雨量P_τ，而损失量则为$P_\tau - R_R$，其中R_R是本次降雨$t=t_c$时所产生的总净雨量。即

$$R_R=P_{t_c}-\overline{f}t_c=\overline{i}_{t_c}t_c-\overline{f}t_c=(\overline{i}_{t_c}-\overline{f})t_c \tag{7-20}$$

将式（7–17）代入式（7–20）得

$$R_R=[\overline{i}_{t_c}-(1-n)i_{t_c}]t_c=n\overline{i}_{t_c}\cdot t_c \tag{7-21}$$

将式（7–13）代入，此时，$t=t_c$，$\overline{i}_t=\overline{f}_{t_c}$

$$R_R=nAt_c^{-n}t_c=nAt_c^{1-n} \tag{7-22}$$

于是

$$\psi=\frac{R_R}{P_\tau}=\frac{nAt_c^{1-n}}{A\tau^{1-n}}=n\left(\frac{t_c}{\tau}\right)^{1-n} \tag{7-23}$$

代表地面平均入渗能力的$\overline{f}$与土壤透水性能、地貌、植被等条件有关，还与暴雨量大小、历时和时程分配有关，为简化计算，各地水文手册规定了地区性的$\overline{f}$值可供查用。

由以上分析可知，求解Q_m时需确定τ和ψ，而ψ还是τ的函数，为此要联立求解。

当$\tau < t_c$时

$$\left.\begin{aligned}\psi&=1-\frac{\overline{f}}{A}\tau^n\\ \tau&=\tau_0\psi^{-\frac{1}{4-n}}\end{aligned}\right\} \tag{7-24}$$

当$\tau > t_c$时

$$\left.\begin{aligned}\psi&=n\left(\frac{t_c}{\tau}\right)^{1-n}\\ \tau&=\tau_0\psi^{-\frac{1}{4-n}}\end{aligned}\right\} \tag{7-25}$$

设若干个τ，用式求得对应的ψ与Q_m，点绘出$\tau-Q_m$的曲线，再设若干个Q_m值，求得若干对应的τ值，在同张图上点绘出$Q_m-\tau$的曲线，两曲线的交点即为所求的Q_m及τ

值，这是图解法。

7.4.3　汇流参数 *m* 的计算

汇流参数 m 是流域汇流中反映水力因素的指标，与坡面的植被、土地利用情况、河槽断面形状及糙率等因素有关。可以通过实测暴雨洪水资料利用下式求得

$$m=\frac{0.278L}{S^{1/3}Q_m^{1/4}\tau} \tag{7-26}$$

对于无资料地区或在设计条件下需要外延移用，要对 m 值进行地区综合。各省区水文部门在编制“暴雨径流查算表”时，选用了能反映流域大小和地形条件的流域特征因素 θ 与 m 建立了相关关系，对 m 值进行了地区综合。流域特征因素 θ 一般可由下式之一计算

$$\theta=\frac{L}{S^{1/3}F^{1/4}} \tag{7-27}$$

或

$$\theta=\frac{L}{S^{1/3}} \tag{7-28}$$

原水利部暴雨洪水分析办公室汇总分析了全国 50 年一遇以上大洪水的汇流参数 m 值，并与流域建立综合关系，按下垫面条件分别定线，得出流域面积小于 $500km^2$ 时 50 年一遇以上洪水的 $m-\theta$ 图。

在此，仅对推导过程作简单介绍，详细可参阅文献。

7.5*　地区性经验公式及水文手册的应用

根据小流域实测洪水资料找出与洪峰流量有关的主要因素，建立起洪峰流量与这些因素之间的相关关系，表征这些关系的数学方程式就是地区性经验公式。这类公式计算简单，使用方便，但地域性较强，所以这类公式类型甚多，本书只介绍其一般形式，各省（区）及各地区水文手册中都有这些公式及使用方法，计算时可结合当地手册进行。

7.5.1　以流域面积 *F* 为参数的地区性经验公式

以流域面积 F 为参数的地区经验公式适用于汇水面积在 $10km^2$ 以内，可供估算使用，这也是目前各省（区）用得最普遍的经验公式，即

$$Q_m=KF^n \tag{7-29}$$

式中：Q_m 为设计洪峰流量，m^3/s；F 为流域面积，km^2；K 为径流模数，$m^3\cdot s^{-1}\cdot km^{-2}$，随频率而不同；$n$ 为面积指数，具体见表 7-4。

表 7-4　　　　K、n 值表

地区	K值					n值
	频率					
	50%	20%	10%	6.7%	4%	
华北	8.1	13.0	16.5	18.0	19.0	0.75
东北	8.0	11.5	13.5	14.6	15.8	0.85
华南沿海	11.0	15.0	18.0	19.5	22.0	0.75
西南	9.0	12.0	14.0	14.5	16.0	0.75
华中	10.0	14.0	17.0	18.0	19.6	0.75
黄土高原	5.5	6.0	7.5	7.7	8.5	0.80

K、n 值随地区和频率而变化，可在各省区的水文手册中查到。例如，江西省把全省分为 8 个区，各区按照不同的频率给出相应的 n 值和 K 值，表 7-5 为该省第Ⅷ区的情况。

表 7-5　　　　江西省第Ⅷ区经验公式 $Q_m = KF^n$ 参数表

频率 P		0.2%	0.5%	1%	2%	5%	10%	20%	选用水文站流域面积范围（km²）
Ⅷ（修水区）	K	27.5	23.3	19.4	15.7	11.6	8.6	5.2	6.72～5303
	n	0.75	0.75	0.76	0.76	0.78	0.79	0.83	

另某地将其所属地区划分为山地与川原沟壑两区，n 与 K 值均随频率而不同，具体变化见表 7-6。

表 7-6　　　　某地参数 K 与 n 值表

区域	项目	频率					使用范围/km²
		0.5%	1.0%	2.0%	5.0%	10.0%	
山地	K	28.6	22.0	17.0	10.7	6.58	3～2000
	n	0.601	0.621	0.635	0.672	0.707	
山原沟壑	K	70.1	49.9	32.5	13.5	3.20	5～200
	n	0.244	0.258	0.281	0.344	0.506	

7.5.2　包含降雨参数的地区性经验公式

很多地区由于资料条件的限制，有长系列资料的小流域测站较少，不宜于确定上述形式的经验公式，转而在公式中引入降雨参数，按地形、地貌等自然地理因素分区。在使用公式时采用一定频率的设计雨量，就可得到相应频率的设计洪水。如适用于流域面积 100km² 以内的水利水电科学研究院经验公式为

$$Q_m = KAF^{2/3} \tag{7-30}$$

式中：A 为暴雨雨力，mm/h，可从水文手册 A 等值线图中查得，或按式（6-29）计算；K

为洪峰流量参数，按地理分区给出，见表 7-7。

表 7-7　洪峰流量参数 *K* 值表

汇水区	项目			
	S（‰）	*ψ*	*V*（m/s）	*K*
石山区	>15	0.80	2.2～2.0	0.60～0.55
丘陵区	>5	0.75	2.0～1.5	0.50～0.40
黄土丘陵区	>5	0.70	2.0～1.5	0.47～0.37
草原坡水区	>1	0.65	1.5～1.0	0.40～0.30

7.5.3　水文手册的应用

各地区的水文手册通常包括自然地理及气候条件、降水量、径流量、蒸发量、暴雨、洪水、泥沙、水化学和冰情等项目的特征值或分布情况，可用于在短缺资料的情况下进行水文计算时的参考。然而，由于手册提供的数值较为粗略，且对小河流的径流资料缺乏详细信息，因此对于重要的给水排水工程，仍需进行详尽的实地勘察和计算工作。

水文资料的收集不仅可通过水文手册，还可以查阅各省（区）自行发布的逐年水文资料汇编。如果需要获取当年尚未整理和发布的水文资料，可以直接向各地的水利部门或水文站进行查询。通常在水文部门发布的“水文年鉴”中，只包含蒸发和降水这两项基础气象资料。如果需要更详细的气象资料，建议向当地的气象台站咨询并收集。

复习思考题

7.1　小流域设计洪水计算方法与大中流域有所不同，具体有哪些特点？

7.2　简述下渗的物理过程。

7.3　什么是下渗率？什么是下渗能力？

7.4　什么是初始下渗率、稳渗率？其影响因素是什么？

7.5　设计净雨量的推求过程中什么是初损后损法？其表达式及其中各参数的物理意义是什么？

7.6　试结合图 7-3 论述流域径流形成过程。

7.7　什么是汇流时间？什么是流域汇流时间？

7.8　什么是等流时线？流域上的等流时线位置是固定不变的吗？什么是共时径流面积？

7.9　根据等流时线法推求的径流过程线，与地表径流实测过程线存在一定的不一致，其原因是什么？

7.10　如图 7-7 所示的流域，已知 $f_1=4\text{km}^2$，$f_2=6.5\text{km}^2$，$f_3=8.6\text{km}^2$，$f_4=8.2\text{km}^2$，$f_5=7.1\text{km}^2$；流域汇流时间 $\tau=5\text{h}$；净雨历时 $t_c=4\text{h}$；净雨深依次为：$R_1=30\text{mm}$，$R_2=20\text{mm}$，$R_3=R_4=10\text{mm}$，$R_5=25\text{mm}$。试求流域出口断面B的最大流量及流量过程线。

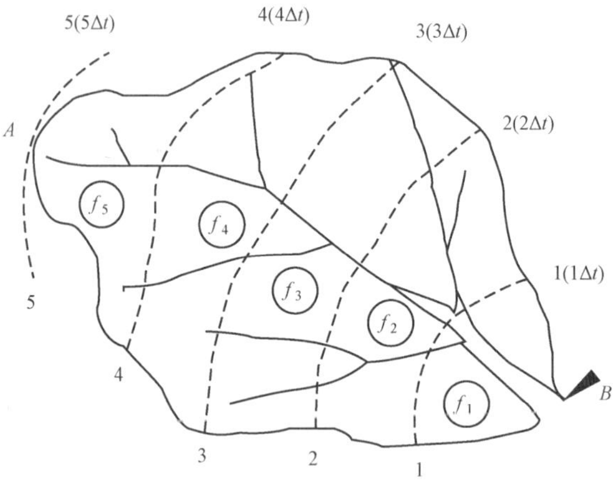

图 7-7　流域等流时线示意图

第 8 章

地下水的储存与特征

教学目标

理解岩石的空隙性、水在岩石空隙中的存在形式，掌握岩石的水理性质；理解含水层和隔水层的概念，重点掌握构成含水层的基本条件；掌握上层滞水、潜水和承压水的埋藏特点，理解承压水的形成条件；了解地下水的物理性质，掌握地下水的化学成分特征，理解地下水化学成分演变的过程。

课程思政

地下水作为饮用水的重要水源，其化学成分的变化会导致地下水的污染，进而危及人类生命健康。工业、农业、城市化等人类活动的不当排放造成的地下水污染是当今环境领域面临的严峻挑战之一，给人类的生存环境带来了巨大威胁。20 世纪 80 年代在孟加拉三角洲的一口水井中第一次发现了砷后，经印度流行病学家证实距三角洲 500km 的印度比哈尔邦地区已经受到了砷污染，这一地区的癌症死亡率和皮肤损伤率都很高，这两种损伤均与砷的慢性吸入有关。地下水污染具有一定的隐蔽性，而且一般污染很难治理，我们要充分树立“绿水青山就是金山银山”的绿色可持续发展理念，从自我做起，保护我们的地下水资源。

地球上的水以气态、液态及固态三种形式存在于大气圈、水圈和岩石圈中。大气圈中的水降落到地面称为大气降水；地表上的江、河、湖、海中的水称之为地表水；地下水指的是埋藏在地表以下岩石孔隙、裂隙、溶隙中的水。三者之间遵循一定的规律相互转化，并形成统一的动态平衡系统。在我国干旱、半干旱的华北、西北地区，地下水往往成为主要的甚至是唯一的供水水源。据统计，2020 年全国地下水供水量为 $892.5\times10^8 m^3/s$，占全国供水总量的 15.4%，其中，我国北方地区地下水供水量占比超过 40%，而华北平原高达 50%。我国 70%的城乡居民生活用水来自地下水，95%以上的农村人口饮用地下水，40%的耕地使用地下水进行灌溉。因此，地下水是生活、工业和农业用水的重要供水水源。

由于赋存空间和介质的差异性，地下水与地表水在性质上与动力学条件上存在显著差别。地壳中的岩石是地下水储存、运动的重要介质，而构成地壳三大类型——岩浆岩、沉积岩、变质岩，不同程度地存在有一定的空隙，这就为地下水的形成、储存与运移提供了必要的空间条件。因此，研究地下水储存空间的分布及其特征就成为研究地下水运动及特征的重要基础。

8.1 地下水的储存与岩石的水理性质

地下水的储存与岩石的水理性质微课

8.1.1 岩石的空隙特征和地下水储存

1. 岩石的空隙性

地壳浅表几千米范围内，岩石或多或少存在形状各异的空隙，甚至十分致密坚硬的花岗岩的裂隙率也达 1.9%。这为地下水赋存提供了必要前提。

岩石空隙是地下水的储存空间和运移通道，空隙的特征（多少、大小、形状、连通程度等）决定着地下水的分布和运动。

由于空隙的成因是构成空隙性差异的主要原因，因此将岩石空隙作为地下水储存场所和运动通道时，按照成因可把空隙分为三类，即松散岩石中的孔隙、坚硬岩石中的裂隙和可溶岩石中的溶隙。现分类介绍如下。

图 8-1　岩石中孔隙示意图

（1）孔隙。松散岩石由大小不等的颗粒组成，颗粒及颗粒集合体之间的空隙，称为孔隙，如图 8-1 所示。

岩石中孔隙体积的多少是影响其储容地下水能力大小的重要影响因素。孔隙体积的多少可用孔隙度表示。孔隙度是指单位体积岩石（包括孔隙在内）中孔隙所占比例。

用 n 表示岩石孔隙度，V 表示包括孔隙在内的岩石体积，V_n 表示岩石中孔隙体积，则

$$n = \frac{V_n}{V} \times 100\% \tag{8-1}$$

岩石的孔隙度取决于颗粒排列形式、颗粒均匀性、颗粒形状以及颗粒的胶结程度。以一些相同大小的圆球为例，当以立方体形式排列时，孔隙度为 47.62%；而以四面体形式排列时，孔隙度显著减少至 25.95%。实际上，自然界不存在理想圆球颗粒，排列方式也介于两者之间，一般较均匀的松散岩石孔隙度大多在 30%～35%。颗粒的均匀性常常是影响孔隙的主要因素，颗粒大小越不均一，其孔隙度就越小，这是由于大的孔隙被小的颗粒所填充的结果。颗粒形状越不规则，棱角越明显，则排列不紧密，孔隙度就越大。当松散岩石被泥质等其他物质胶结时，其孔隙度大大降低。因此，孔隙度的大小是一个复杂而多层次的影响因素的综合结果。

（2）裂隙。固结的坚硬岩石在地壳运动及其他内外地质应力作用下岩石破裂变形而产生的空隙称为裂隙。裂隙的基本特征与其成因密切相关，分为成岩裂隙、构造裂隙和风化裂隙。

岩石的裂隙一般在开挖面或露头面呈缝状，其长度、宽度、数量、分布及连通性等空间上差异很大，与孔隙相比，裂隙具有明显的不均匀性。

一般用裂隙率（K_T）表示裂隙岩石的空隙性，如果 V_L 表示裂隙体积，V 表示岩石总体积，则裂隙率表示为

$$K_T = \frac{V_L}{V} \times 100\% \tag{8-2}$$

裂隙率的测定多在岩石露头面或坑道中进行。若露头面积为 F，并逐一测量该面上的裂隙长度 L 与平均宽度 b，亦可以通过下式计算裂隙率（面裂隙率）

$$K_T = \frac{\sum L \cdot b}{F} \times 100\% \tag{8-3}$$

常见几种岩石的裂隙率见表 8-1。

表 8-1　　常见几种岩石裂隙率的经验值

岩石名称	裂隙率（%）	岩石名称	裂隙率（%）
各种砂岩	3.2～15.2	正长岩	0.5～2.8
石英岩	0.008～3.4	辉长岩	0.6～2.0
各种片岩	0.5～1.0	玢岩	0.4～6.7
片麻岩	0～2.4	玄武岩	0.6～1.3
花岗岩	0.02～1.9	玄武岩流	4.4～5.6

表 8-1 所列各值是指岩石的平均值，对局部岩石来说裂隙发育可能有很大差别，即使是同一种岩石，有些部位的裂隙率可能达到百分之几十，有些部位可能小于百分之一。只有当裂隙相互穿插、相互切割、相互连通时，才在某一范围内形成彼此连通的裂隙网络，裂隙的连通性远较孔隙差。因此，储存在基岩裂隙中的地下水相互联系较差，分布和流动往往是不均匀的。

（3）溶隙。可溶岩（石灰岩、白云岩、石膏）中的各种裂隙，被水流溶蚀扩大成为各种形态的溶隙，甚至形成巨大溶洞，这种现象又称为岩溶或喀斯特。岩溶形成必须具备透水的可溶岩和具有溶蚀能力的水流两个条件。此类岩石的空隙性在数量上用岩溶率 K_K 来表示，如果此类空隙体积记作 V_K，可溶岩石总体积为 V，则 K_K 表示为

$$K_K = \frac{V_K}{V} \times 100\% \tag{8-4}$$

溶隙与裂隙相比在形状、大小等方面显得更加千变万化，细小的溶蚀裂隙常和体

积达数百，乃至数十万立方米的巨大地下水库或暗河纵横交错在一起，它们有的互相穿插、连通性好；有的互相隔离，各自孤立，溶隙的另一个特点是岩溶率的变化范围很大，由小于百分之一到百分之几十，而且在同一地点的不同深度上亦有极大变化，因此岩溶率在空间上极不均匀。相应地，赋存于可溶岩石中的地下水分布与流动极不均匀。

2. 水在岩石空隙中的存在形式

地壳岩石中的水，总体上可以分为岩石“骨架”中的水及岩石空隙中的水两大类，详细分类如图 8-2 所示。

- 地壳岩石中的水
  - 岩石“骨架”中的水（矿物结合水）
    - 沸石水
    - 结晶水
    - 结构水
  - 岩石空隙中的水
    - 结合水（空隙表面结合水）
      - 强结合水
      - 弱结合水
    - 液态水
      - 重力水
      - 毛细水
    - 固态水
    - 气态水

图 8-2　地壳岩石中的水分类

对于供水而言，岩石空隙中的水才是供水水文地质研究的重点内容。

（1）气态水。气态水呈水蒸气状态储存和运动于未饱和的岩石空隙中，它可以是地表大气中的水汽进入的，也可是岩石空隙中其他水分蒸发而形成的。岩石空隙中的气态水和大气中的水汽一样，且相互联系紧密，可随空气流动而流动，即便是空气不流动时，气态水本身亦可以发生迁移，周围温度降低而达到露点时，水汽开始凝结成液态水而补给地下水。气态水本身不能直接开采利用，亦不能被植物吸收。

（2）结合水。松散岩石颗粒表面或坚硬岩石空隙壁面常带有电荷，水分子又是偶极体，在静电引力或分子力的作用下，空隙中水被颗粒表面吸附，形成不受重力支配的水膜。按照库仑定律，距离固态越近，所受的引力越大，水分子自身的重力影响相对越小；反之引力越弱，水分子受自身重力影响越显著。故把固相表面的引力大于水分子自身重力的那部分水，称为结合水，又称为束缚水。

结合水水分子排列紧密、密度大（见图 8-3），属于非牛顿流体，性质介于固相与液相之间，具有抗剪性（距离固相表面越近，抗剪强度越大），无法在自身重力作用下运移，随着施加外力增大，发生运移的结合水厚度也越大。

结合水膜由内向外，随着所受引力的减弱，其物理性质发生变化，在内层形成强结合水，称为吸着水（亦称吸湿水）；外层则是弱结合水，称薄膜水。

吸着水在颗粒表面吸附得很牢固，使它不同于一般的液态水而接近于固态水，不受

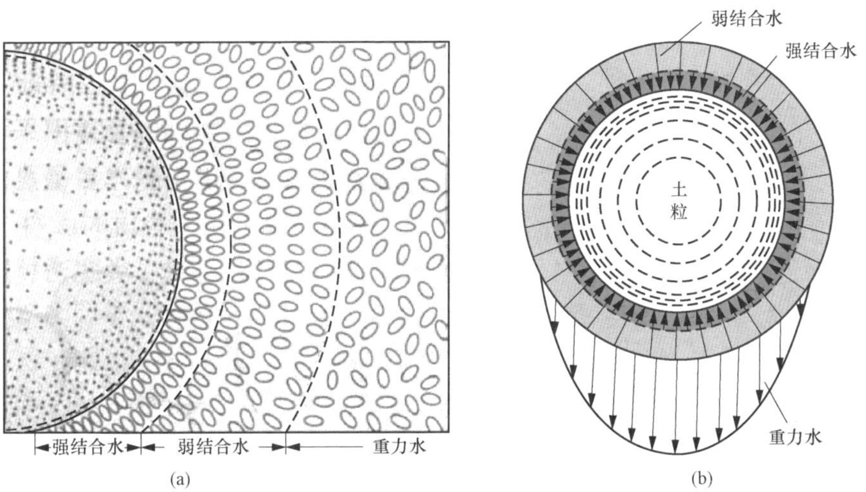

图 8-3　结合水与重力水示意图

重力支配，只有变为水汽时才能移动；冰点降至-78℃以下；不能溶解盐类、无导电性、不能传递静水压力；具有极大的黏滞性和弹性；密度很大；水量很小，不能取出亦不能为植物所利用。

薄膜水紧紧包围在吸着水层的外面，薄膜水与液态水相似，两个质点的薄膜水可以相互移动，由薄膜厚的地方向薄处转移（见图 8-4），但其移动速度十分缓慢；薄膜水不能传递静水压力，薄膜水密度虽然和普通水差不多，但黏滞性仍然较大；有较低的溶解盐的能力；薄膜水外层可被植物利用。

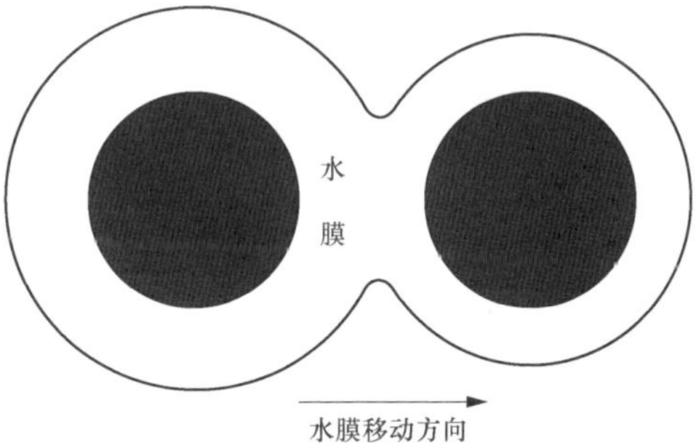

图 8-4　岩石颗粒间薄膜水移动示意图

结合水含量主要取决于岩石颗粒的表面积大小，岩石颗粒越细，其颗粒表面总面积越大，结合水含量也越多；粗颗粒则相反。例如，在颗粒细小的黏土中所含吸着水与薄膜水分别为 18%和 45%，而砂中其含量分别还不到 0.5%和 2%，因此，对具有裂隙和溶隙的岩石来说，吸着水和薄膜水含量更小。

（3）毛细水。毛细水储存于岩石的毛细管孔隙和细小裂隙中，基本上不受颗粒静电引力场作用。这种水同时受表面张力和重力作用，当两力作用达到平衡时便以一定高度停留在毛细管孔隙或小裂隙中。毛细水又称作毛管水，可以传递静水压力。

当岩石中存在细小空隙时，通过毛细作用，在地下水面（见 8.3.2 节）以上形成毛细水带，称作支持毛细水［见图 8-5（a）］。岩石结构不同，空隙大小分布不一，毛细水的上升高度也不同，空隙越细小，毛管力越大毛细水的上升高度也就越大。毛细水的最大上升高度，理论上可由式（8-5）计算

$$H = \frac{75}{d} \tag{8-5}$$

式中：H 为毛细水上升高度，mm；d 为岩石颗粒平均直径，mm。可见，粗颗粒岩石的毛细水上升高度小，细颗粒岩石毛细水上升高度大，见表 8-2。

表 8-2　　岩石的最大毛细上升高度

岩石种类	粗砂	中砂	细砂	粉砂	黏性土
最大毛细上升高度（cm）	2～5	12～35	35～70	70～150	>200～400

当岩石中粗粒细粒交互成层且地下水水位下降时，细粒层中的毛细水并不随之下降，而在上细下粗的界面以上保持一定高度的毛细水带，称为悬挂毛细水［见图 8-5（b）］。即使在粗粒层中，当地下水位下降时在颗粒接触处仍然会保留少量毛细水，称为孔角毛细水（见图 8-6）。

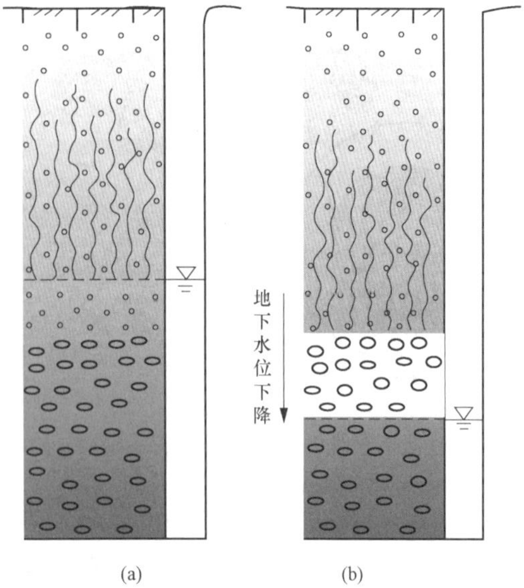

图 8-5　支持毛细水和悬挂毛细水

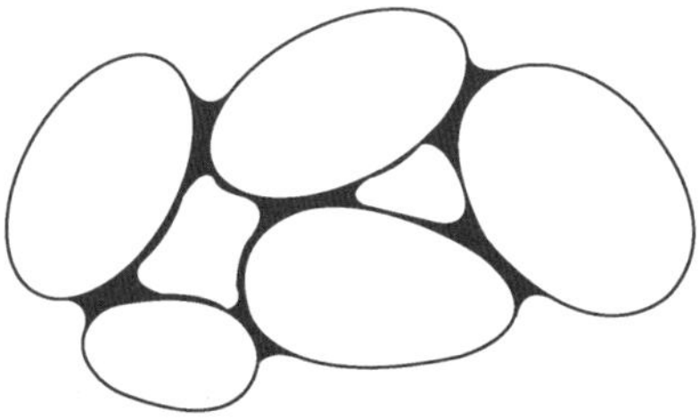
图 8-6　孔角毛细水

（4）重力水。当薄膜水厚度不断增大时，颗粒表面电场的引力逐渐减弱，当引力不能支持水的重力作用时，液态水在重力作用下就会向下运动，这部分水称为重力水。只有重

力水才能从井中汲取出或以泉水形式流出，因此地下水主要是指重力水。重力水只受重力作用的影响，可以传递静水压力，有冲刷、侵蚀作用，具有溶蚀岩石的能力，因此重力水也是供水研究的主要对象。

（5）固态水。当岩石的温度低于水的冰点时，储存于岩石空隙中的水便冻结成冰，这种水称为固态水。大多数情况下，固态水是一种暂时现象，我国东北地区和青藏高原寒冷地带岩层中空隙水常常形成季节性冻土和多年冻土层，以固态水的形式赋存在冻土层中。

除上述各种储存于岩石空隙中的水之外，还有存在于岩石矿物中的水，这种水本身就是矿物的成分，如沸石水、结晶水、结构水，这些水统称为矿物水，即岩石“骨架”中的水。

8.1.2　岩石的水理性质

岩石的水理性质是指在岩石空隙影响下，岩石在水作用过程中所表现出的容纳、保持、给出、透过水的能力，用于衡量不同岩石中地下水储存和运移性能。

1. 容水性

岩石的容水性是指岩石能容纳一定水量的性能，在数量上用容水度（W_n）来表示，其等于岩石中所能容纳的水的体积（V_n）与岩石总体积（V）之比，即

$$W_n = \frac{V_n}{V} \times 100\% \tag{8-6}$$

容水度的大小取决于岩石空隙的多少和水的饱和度，一般来说容水度在空隙完全饱和水时在数值上与孔隙度（裂隙率、岩溶率）相当，但实践中通常会遇到容水度小于或大于空隙度的情况。比如，若空隙中有气体无法排除时，或者有些具有膨胀性的岩土充水后要膨胀，此时容水度可能会小于或大于空隙度。

2. 持水性

地下水位下降时，岩石依靠分子引力和毛细力在其空隙中能保持一定水量的性能。持水性用持水度（W_m）来衡量，是指地下水位下降时滞留于非饱和带中水的体积（V_r）与岩石总体积（V）之比，即

$$W_m = \frac{V_r}{V} \times 100\% \tag{8-7}$$

根据保持水的形式不同，分为毛细持水度和分子持水度。

（1）毛细持水度是毛细管孔隙被水充满时，岩石所保持的水量与岩石体积之比；分子持水度是岩石所能保持的最大结合水量与岩石体积之比。

（2）结合水是因岩石颗粒表面的吸引力而保持的，故颗粒的比表面积（单位质量颗粒所具有的表面积）越大，结合水量便越大。可见分子持水度受岩石颗粒大小的影响，岩石颗粒越细小，分子持水度就越大，其关系见表 8-3。具有裂隙或溶隙的基岩，由于其空隙的比表面积很小，所以分子持水度也极小。

表 8-3　分子持水度与颗粒直径关系

颗粒直径（mm）	<0.005	0.005～0.05	0.05～0.1	0.1～0.25	0.25～0.5	0.5～1
分子持水度（%）	44.85	10.18	4.75	2.73	1.60	1.57

3. 给水性

岩石饱水后能够在重力作用下自由排出一定水量的性能，称为岩石的给水性。在数量上用给水度（μ）来表示，定义为饱水岩石在重力作用下自由排出水的体积（V_g）与岩石总体积（V）的比值，表述为

$$\mu = \frac{V_g}{V} \times 100\% \qquad (8-8)$$

另外，给水度的最大值 $\mu_{最大}$ 也就等于岩石的容水度减去持水度，即

$$\mu_{最大} = W_n - W_m \qquad (8-9)$$

松散岩石的给水度与其粒径大小有明显的关系，颗粒越粗，给水度越大，有些粗颗粒岩石的给水度甚至与容水度相接近，这就表明粗颗粒孔隙中的水大都以重力水的形式存在，可以取出来利用。

给水度是描述岩石给水能力的一个重要水文地质参数，几种常见的松散岩石的给水度见表 8-4。

表 8-4　常见松散岩石的给水度（μ）

岩石名称	给水度（%）	岩石名称	给水度（%）
黏土	2～3.5	粉细砂	7～10
亚黏土	3～4.5	细砂	8～11
亚砂土	3.5～6	中细砂	8.5～12
黄土	2.5～5	中砂	9～13
黄土状亚黏土	2～5	中粗砂	10～15
黄土状亚砂土	3～6	粗砂	11～15
粉砂	6～8	砂卵砾石	13～20

4. 透水性

岩石允许水流（或其他流体，如石油和天然气）透过的能力称为透水性（或渗透性）。无论是开发利用地下水，还是防治地下水的危害（如矿坑涌水、水库渗漏），岩石的透水

性都具有重要意义。

岩石透水性的强弱首先取决于岩石空隙的大小，其次是孔隙的多少、形状及其连通性等。水流在细小的空隙中运动时，岩石空隙表面对水流会产生很大阻力，此外，空隙越小，空隙的容积大部分都被结合水所占据，因此透水性也就越弱，甚至完全可以不透水。相反，当水在大的空隙中流动时，所受到的阻力将大大减小，水流很容易通过，岩石就表现出较强的透水性。例如黏土的孔隙率可达 50%，但它具有的微细孔隙都被结合水所充滞，稍大的孔隙亦被毛细管水所占据，因此水在黏土中运动时受到的阻力极大，一般情况下都认为黏土是不透水的隔水层。砾石、砂的孔隙率虽一般只有 30%左右，但由于其孔隙大，通常都是良好的透水层。松散岩石的透水性亦与颗粒的分选程度有关，颗粒越大、分选性越好、透水性就越强；反之，透水性就差。

衡量岩石透水性的指标是渗透系数 K，是含水层最重要的水文地质参数之一，将在第 9 章专门论述。

8.2　构成含水层的基本条件

8.2.1　概述

地表以下一定深度，岩石的空隙被重力水充满，形成地下水面。地表到地下水面部分称为包气带，或称非饱和带。地下水面以下，称为饱水带（或饱和带）。包气带进一步根据水-岩作用力分为土壤水带、中间过渡带及毛细水带，包气带中主要储存结合水（吸湿水和薄膜水）和毛细水。当然，在包气带中局部隔水层之上也可能集聚具有自由表面的重力水，这种水称为上层滞水。饱水带则可进一步分为潜水带和承压水带，主要储存重力水（包括潜水和承压水）。图 8-7 为典型水文地质条件下地下水垂向层次结构的基本模式。

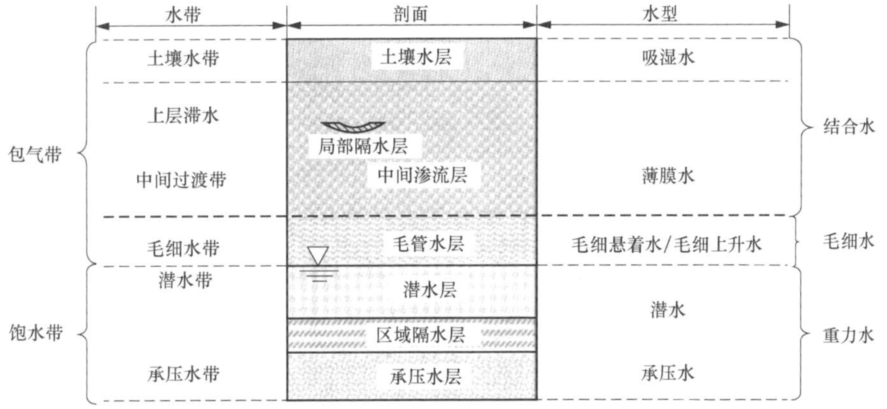

图 8-7　地下水垂向结构基本模式示意图

8.2.2 含水层的构成条件

饱水带岩层按其透过和给出水的能力，可划分为含水层和隔水层（见图 8-8）。含水层是指能够透过并给出相当数量水的岩层。隔水层则是不能透过并给出水，或透过和给出水的数量微不足道的岩层，如，松散沉积物中的砂砾层、裂隙发育的砂岩及岩溶发育的碳酸盐岩等，是常见的含水层；而裂隙不发育的岩浆岩、致密页岩等则是典型的隔水层。在该定义中，并没有给出区分含水层与隔水层的定量指标，而是采用了“相当数量”这一模糊说法，这是因为含水层与隔水层都具有相对性，取决于应用的场合及涉及的时间尺度。

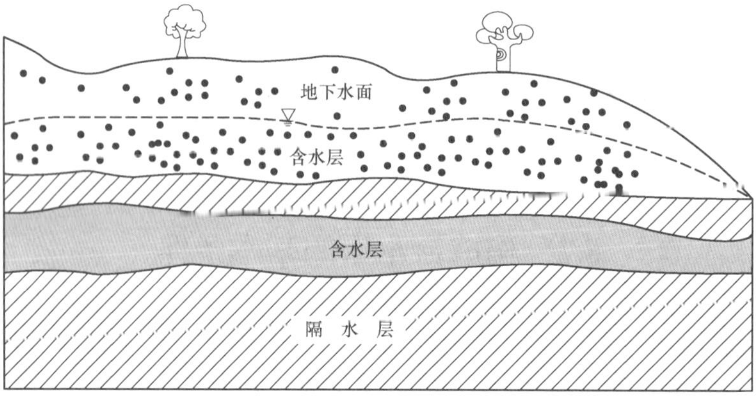

图 8-8 含水层与隔水层示意图

含水层和隔水层的划分是相对的，并不存在截然的界限或绝对的定量标志。从某种意义上讲，自然界中并不存在绝对隔水层，即使裂隙极不发育的致密结晶岩，只要时间尺度足够长也会发生渗流；而且，含水层和隔水层是相比较而存在的。隔水层在某些情况下可视为弱透水层甚至是透水层，如果相邻的两个含水层之间存在水头差，则两个含水层会通过中间的弱透水层发生水力联系，称为“越流”。

根据含水层的定义，含水层的构成是由多种因素所决定的，概括起来应该具备下列条件。

（1）岩层要具有能容纳重力水的空隙。岩层要构成含水层，首先要有能储存地下水的空间，也就是说应当具有孔隙、裂隙或溶隙等空间。当有这些空隙存在时，外部的水才有可能进入岩层形成含水层，可见岩层的空隙性是构成含水层的先决条件。

然而，有空隙存在并不一定就能构成含水层，有些黏土层其孔隙度可达 50%以上，但由于孔隙较小，几乎全被结合水或毛细水所占据，重力水很少，所以它仍然是不透水的隔水层。而透水性好的砾石层、砂层的孔隙度不足 35%，但因其空隙具有良好的储存与透水能力，水在重力作用下可以自由地出入，所以往往形成储存重力水的含水层。至于坚硬岩石只有发育有未被填充裂隙和溶隙时，才可能构成含水层。

（2）有储存和聚集地下水的地质条件点。含水层的构成还必须具有一定的地质条件，才能使具有空隙的岩层含水，并把地下水储存起来。如图 8-9 所示，具有相同空隙性的石灰岩地层，在不同的地质构造中，一个是透水层，而另一个属于良好的含水层。

图 8-9（a）为溶隙发育、岩层倾角较大的单斜岩层构造，大气降水沿石灰岩的溶隙下渗到底部后，会很快顺着下伏页岩的层面流向河谷方向，地下水在石灰岩中无法长期储存。这种不利于地下水聚集和埋藏的单斜岩层，只能是透水层而不能构成含水层。图 8-9（b）所示的为向斜构造。地下水在石灰岩的深部可以大量聚集，并能保持一定的地下水位，石灰岩就构成了埋藏有丰富地下水的含水层。上述两种情况中，虽然都是溶隙发育的石灰岩下伏有不透水的页岩，但由于地质构造不同，地下水的储存条件也完全不同。

褶皱、向斜与背斜图片资料

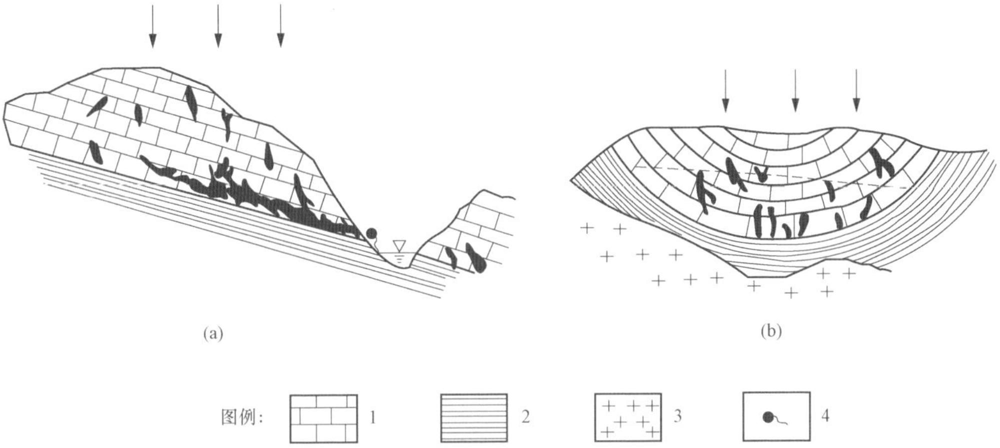

图 8-9　地质构造影响岩层储水条件示意图

1—溶隙发育的石灰岩；2—页岩；3—侵入体；4—泉

有利于储存和聚集地下水的地质条件虽有各种不同形式，概括为：空隙岩层下伏有隔水层，使水不能向下漏失，水平方向有隔水层阻挡，以免水全部流空。只有这样才能使岩层空隙中的地下水长期储存下来，并充满岩层空隙而形成含水层。如果岩层只具有空隙而无有利于储存地下水的构造条件，这样的岩层就只能作为过水的通道而构成透水层。如湖北某地大面积出露可溶岩类，在一般地区基本是不含水的透水层，但在向斜的翼部和转折端部位下伏有不透水层，致使地下水大量富集而构成含水层。

（3）具有充足的补给来源。当岩层空隙性好并且具有有利于地下水储存的地质条件时，还必须要有充足的补给来源，才能使岩层充满重力水而构成含水层。

地下水补给量的变化，可以使含水层与透水层相互间发生转化。在补给来源不足而消耗量又很大的枯水季节里，地下水在含水层中可能被疏干，这样含水层就变为了透水层；而在补给充足的丰水季节里，岩层的空隙又被地下水充满，重新构成含水层。由此可见，补给来源不仅是形成含水层的一个重要条件，而且是决定含水层水量多少和保证程度的一个主要因素。

综上所述，只有当岩层具有地下水自由出入的空间，有适当的地质构造和充足的补给来源时才能构成含水层，这三个条件缺一不可。没有岩石的空隙性，自然界就不存在地下水；没有储存地下水的地质构造，合水层仅仅是一个透水层，而不能富集地下水；没有充足的补给来源，地下水不具有可恢复性，不具有可持续的开发利用条件。

8.2.3 含水层的类型

根据空隙类型、埋藏条件、和渗透性能，将含水层划分为各种类型，见表 8-5。

表 8-5　　含水层类型划分

划分依据	含水层类型	特征
空隙类型	孔隙含水层	地下水储存在松散孔隙介质中
	裂隙含水层	介质为坚硬岩石，储水空间为各种成因的裂隙
	岩溶含水层	介质为可溶岩层，储水空间为各种规模的溶隙
埋藏条件	潜水含水层	含水层上面不存在隔水层，直接与包气带相接
	承压含水层	含水层上面存在稳定隔水层，含水层中的水为承压水
渗透性能空间变化	均质含水层	含水层中各个部位及不同方向上渗透性相同
	非均质含水层	含水层的渗透性随空间位置和方向的不同而变化

8.3 地下水类型

地下水的类型简介

地下水存在于各种自然条件下，其聚集、运动的过程各不相同，因而在埋藏条件、分布规律、水动力特征、物理性质、化学成分、动态变化等方面都具有不同特点。地下水的这种多样性和变化复杂性是地下水类型划分的基础，而地下水的分类又是揭示地下水内在的差异性，充分认识和把握地下水的特性及其动态变化规律的有效方法和手段，因而具有十分重要的理论意义和实际价值。

目前采用较多的一种分类方法是按地下水的埋藏条件把地下水分为三大类：上层滞水、潜水、承压水；按地下水的力学性质可分为结合水、毛细水和重力水；按岩土的贮水空隙的差异可分为孔隙水、裂隙水和岩溶水。在埋藏条件和贮水空隙两种基本分类类型组合起来就可得到 9 种复合类型的地下水，每种类型都有各自的特征，见表 8-6。

表 8-6　　地下水分类表

埋藏条件	按含水层空隙性质		
	孔隙水	裂隙水	岩溶水
上层滞水	季节性存在于局部隔水层上的重力水	出露于地表的裂隙岩层中季节性存在的重力水	裸露岩溶化岩层中季节性存在的重力水
潜水	上部无连续完整隔水层存在的各种松散岩层中的水	基岩上部裂隙中的水	裸露岩溶化岩层中的水
承压水	松散岩层组成的向斜、单斜和山前平原自流斜地中的地下水	构造盆地及向斜、单斜地层中的裂隙承压水，断层破碎带深部的局部承压水	向斜及单斜岩溶岩层中的承压水

8.3.1　上层滞水

（1）上层滞水的埋藏条件。上层滞水是指积聚于包气带中局部隔水层之上的具有自由表面的重力水（见图 8-10），它是大气降水或地表水下渗时受包气带中局部隔水层的阻托滞留聚集而成，其埋藏的共同特点是在透水性较好的岩层中夹有不透水岩层。

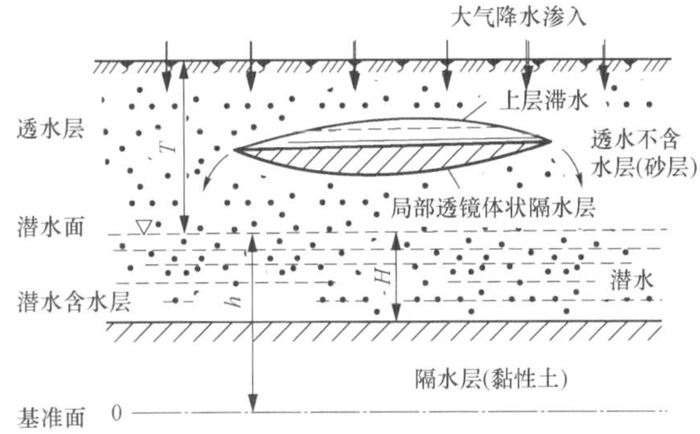

图 8-10　上层滞水及潜水

（2）上层滞水的特点。上层滞水分布局限，完全靠大气降水或地表水体直接渗入补给，水量受季节性影响特别显著，有时雨季有水而旱季无水。当其底部的局部隔水层分布较广时，可作为缺水地区的小型供水水源。这种水的矿化度一般较低，但因接近地表，水质容易受到污染，作为饮用水源时必须加以注意。

8.3.2　潜水

1. 潜水埋藏特点

饱水带中第一个具有自由表面（潜水面，即地下水面）的含水层中的重力水，称为潜水。相应地，潜水面至下部第一个稳定隔水层之间的含水层称为潜水含水层。如图 8-10 所示，潜水面至地表的距离称为潜水位埋藏深度（T），也叫潜水位埋深。潜水面至隔水底板的距离称作潜水含水层的厚度（H）。潜水面上任一点距离基准面的绝对标高称为潜水位（h），亦称为潜水位标高。

潜水的埋藏条件，决定了潜水具有以下特征：

（1）潜水面以上不存在连续的隔水层，因此潜水与大气水及地表水联系紧密，积极参与水文循环，对气象、水文因素响应敏感，水位、水量和水质发生季节性和多样性变化。

（2）潜水的全部分布范围都可以接受大气降水的补给，在地表水分布处可以接受地表水的补给，还可以接受下伏含水层的越流（见 8.2.2 节）补给或其他方式的补给，另外还接受人工补给。一般情况下，潜水的分布区与补给区是一致的。

（3）潜水以多种方式排泄。潜水以泉的形式溢流于地表，直接泄流于地表水；通过包气带向大气蒸发以及通过植物蒸腾；以越流或其他方式向相邻含水层排泄；通过水井、钻孔、坑道等人工排泄。当以蒸散发方式排泄时，水量耗失，盐分留存，在干旱半干旱地区会导致水土盐化。

（4）潜水水质主要取决于气候及地形。湿润气候以及地形切割强烈的地区，潜水径流剧烈，水交替迅速，形成淡水；干旱半干旱气候的地势低洼处，蒸散发成为主要排泄方式，形成微咸水或咸水。

（5）除了降水稀少的干旱气候区以外，潜水积极参与水文循环，水交替迅速，补给资源丰富，有良好的再生性。

（6）潜水由于缺乏上覆隔水层，容易受到污染；与此同时，由于交替循环迅速，自净修复能力也强。

2. 潜水面

潜水面是一个自由的表面，由于潜水埋藏条件的差异，它的形状可以是倾斜的、抛物线形的，或者在特定条件下是水平的，也可以是上述各种形状的组合。

潜水面的区域轮廓与地形的变化基本一致，但一般情况下潜水面的水力坡度小于地形的坡度，如图 8-11 所示。另外，含水层的岩性、厚度变化等对潜水面的形状也有一定的影响，如当潜水由细颗粒的含水层进入粗颗粒含水层后，因粗颗粒含水层透水性较好，即阻力较小，因此水力坡度变小，潜水面变得平缓，如图 8-11（a）所示。当含水层变厚时，则潜水流的过水断面突然加大，渗流速度降低，水力坡度变小，则潜水面亦会变得平缓一些，如图 8-11（b）所示。

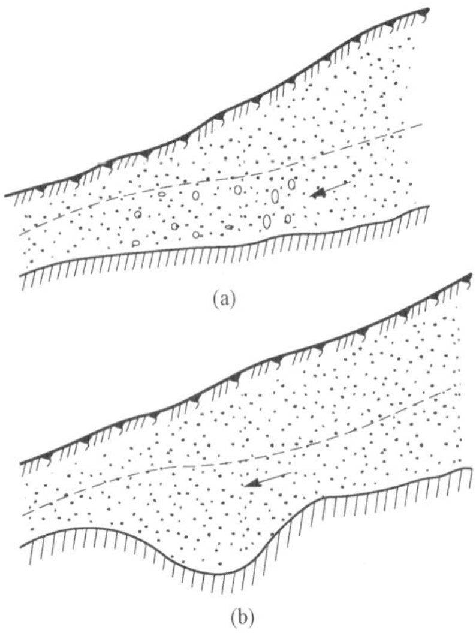

图 8-11 潜水面与含水层透水性及厚度的关系

3. 潜水等水位线图

潜水面上任意一点的高程为该点的潜水位。潜水位相等的各点连线称为潜水等水位线图（潜水面等高线图）（见图 8-12），利用潜水等水位线图可以解决如下问题：

（1）确定潜水流向。潜水总是沿着潜水面坡度最大的方向流动，所以垂直于等水位线，并从高水位指向低水位的方向，即为潜水的流向。

（2）确定潜水的水力坡度。当潜水面的倾斜坡度不大时（千分之几），两等水位线之高差被相应的两等水位线间的水平距离所除即得两等水位线间的平均水力坡度。

（3）确定潜水的埋藏深度。一般是将地形等高线和等水位线绘于同一张图上，地形等高线与等水位线相交之点二者的高差即为该点潜水的埋藏深度，并由此可绘出潜水埋藏深度图。

（4）提供合理的取水位置。取水点常常定在地下水流汇集的地方，取水构筑物排列的方向往往垂直地下水的流向。

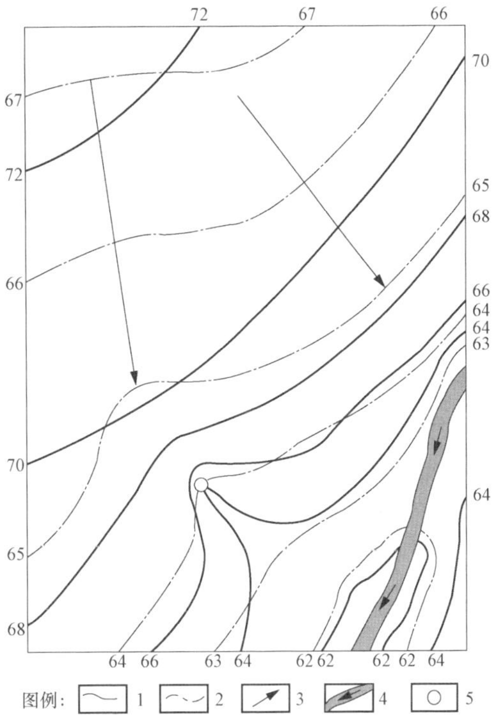

1—地形等高线；2—潜水等水位线；3—地下水流向；4—河流及流向；5—泉水

图 8-12　华东某地潜水等水位线图（单位：m）

（5）推断含水层的岩性与厚度变化。当地形坡度变化不大，而等水位线间距有明显的疏密不等时，一种可能是含水层的岩性发生了变化，另一种是岩性未变而含水层厚度有了变化。岩性结构由细变粗时即透水性由差变好，其潜水等水位线之间的距离相应变疏，反之则变密；当含水层厚度增大时，等水位线间距则加大，反之则缩小。

（6）确定地下水与地表的相互补给关系。在邻近地表水的地段测绘潜水等水位线图并测定地表水标高，便可了解潜水与地表水的相互补给关系。

（7）确定泉水出露点和沼泽的变化范围。在潜水等水位线和地形等高线高程相交处，是潜水面达到地表面的标志，也就是泉水出露和形成沼泽的地点。

8.3.3　承压水

1. 承压水埋藏特点

承压水是指充满于上下两个稳定隔水层之间的含水层中的重力水，如图 8-13 所示。相应地，上下隔水层之间的含水层称为承压含水层。若含水层上下隔水层之间没有完全充满水，则其水力性质和潜水一样，这种情况下埋藏的水称为层间无压水。

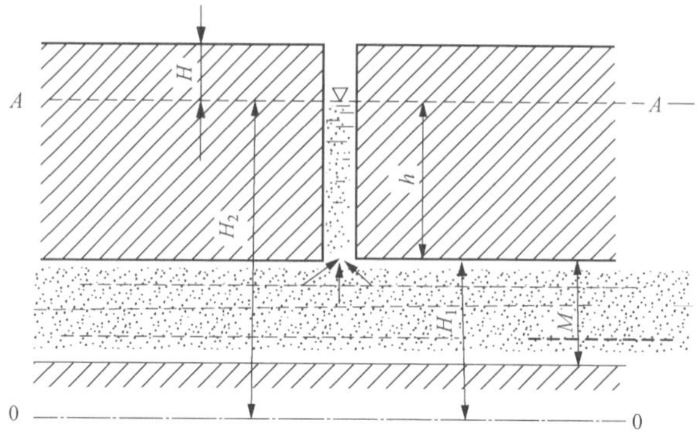

图 8-13　承压水埋藏示意图

承压水最主要的特点是有稳定的隔水顶底板，没有自由水面，水体承受静水压力，与有压管道中的水流相似。隔水顶板到底板的垂直距离称为含水层厚度（M）。打钻孔时，在隔水顶板被揭穿之前见不到承压水，凿穿后水便立即自含水层中上升到隔水顶板的地面之上，最后稳定在一定的高程上。隔水顶板底面的高程，即为该点承压水的初见水位（H_1），钻孔钻进到这个高程时则可开始见到承压水。承压水沿着钻孔上升最后稳定的高程，即为该点的承压水位（或测压水位）（H_2）。地面至承压水位的距离称为承压水位的埋深（H）。自隔水顶板底面到稳定水位之间的垂直距离称为承压高度（h）。显然，承压井的承压水位（H_2）等于初见水位（H_1）与承压高度（h）之和。在地形条件合适时，承压水位若高于地面高程，承压水就可喷出地表而成为自流井。

稳定隔水顶板的存在，不仅阻碍承压水与大气及地表水的联系，还使承压水具有承压性，并且限制其补给和排泄范围，它的分布区与补给区是不一致的（见图 8-14），这也是承压水区别于潜水的重要特征。承压含水层的地质结构越封闭，承压水参与水文循环的程度越低，水交替循环越缓慢。因此，地质结构对于承压水的水量水质起控制作用。

在同一地方，只有一层潜水，却可以有多层承压水。总体来说，承压水埋藏越深，与大气及地表水的联系越差，水交替循环越缓慢。

承压水的补给可能直接来自大气降水和地表水，也可能来自相邻的潜水或承压水。承压水也有多种排泄方式，但都是径流排泄，基本不存在以蒸散发方式排泄。

承压水的水质取决于形成时的初始水质以及水交替条件。地质结构越开放，水交替循环越充分，水质越接近于大气水及地表水。例如，海相沉积物构成的承压含水层，如果后期水交替循环差，便赋存含盐量很高的咸水；如果后期水交替循环较好，可赋存含盐量中等到较低的水。由陆相河流及淡水湖相沉积构成的承压含水层，即使后期水交替缓慢，也可以赋存含盐量很低的淡水。

承压水的水位、水量及水质没有明显的季节及多年变化，富水性高的承压含水层就是理想的供水水源。承压水交替缓慢，补给资源贫乏，再生能力较差。承压水不容易被污染，但是，一经污染，难以自净修复。

2. 形成承压水的地质构造条件

承压水的形成与地层、岩性和地质构造有关，在适当的水文地质条件下，无论是孔隙水、裂隙水或岩溶水都可以形成承压水。最适合形成承压水的地质构造条件有下列两种。

（1）向斜盆地构造。向斜盆地在水文地质学中被称为自流盆地或承压盆地，一般包括补给区、承压区及排泄区三个组成部分（见图 8-14）。补给区一般地势较高，没有隔水顶板，处于盆地的边缘，具有地下自由水面，直接接受大气降水和地表水的入渗补给。承压区一般位于盆地中部，分布范围较大，上部覆有稳定的隔水顶板，地下水承受静水压力，具有压力水头。在承压水位高于地表高程的范围内，承压水可喷出地表形成自流区；在地形较低的排泄区，承压水通过泉、河流等形式由含水层中排出，这个区实际上已具有潜水的特征。排泄区一般位于被河谷切割的相对低洼的地区，在这种情况下，地下水常以上升泉的形式出露地表，补给河流。

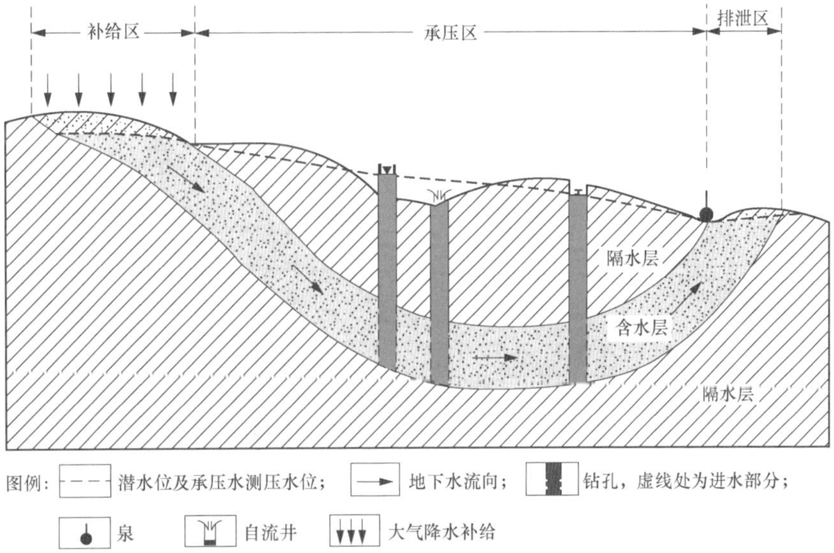

图 8-14 向斜盆地中的承压水

（2）单斜地层构造。由透水岩层和隔水层交互所组成的单斜构造，在适宜的地质条件下可以形成单斜承压含水层，也称为承压斜地或自流斜地。它的重要特征是含水层的起末端具有阻水条件，造成阻水条件的成因有多种，其中最典型的是透水层和隔水层相间分布，并向一个方向倾斜，形成承压斜地，地下水进入两隔水层之间的透水层后便会形成承压水（见图 8-15）。

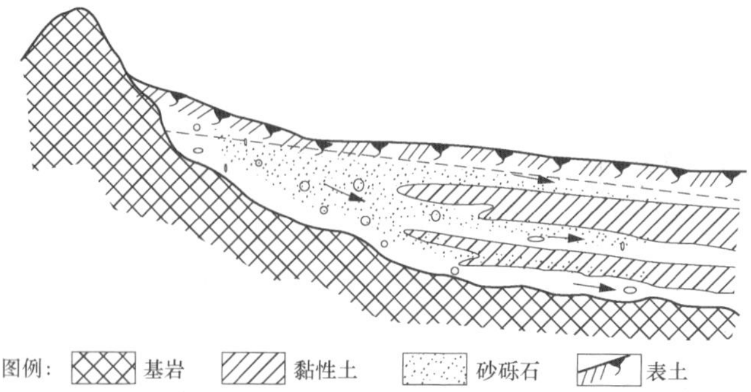

图 8-15　山前承压斜地示意图

（3）等水压线图。利用多个钻孔揭露承压水，将多个钻孔所测得承压水位相等的点连线，可达到承压水等位线图，也称为等水压线图，如图 8-16 所示。如前所述，测压水位是钻孔揭露承压含水层顶板后的稳定水位，故等水压线图表示的承压水面不同于潜水面，而是一个虚拟的水面，因此为了实际应用，还需要绘制承压水含水层顶板等高线图（见图 8-16）。

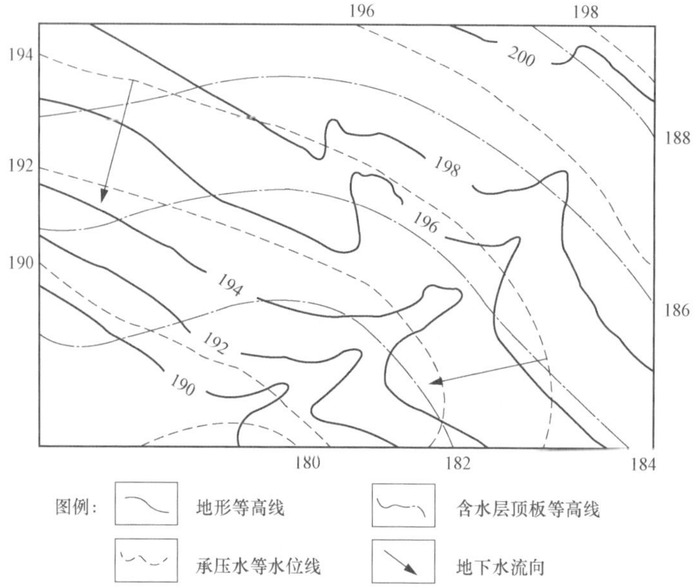

图 8-16　承压水等水压线图

8.4　地下水的物理性质和化学成分特征

地下水的物理性质、化学成分特征是地下水与环境——自然地理、地质背景及人类活动长期相互作用的结果。地下水的化学性质特征为认识和了解地下水形成的地质历史条件和过程提供了依据。

地下水在岩石的孔隙、裂隙或溶隙中储存和运动时，溶滤和溶解岩石的可溶成分，地下水成为含有各种矿物质的天然溶液。随着运动环境和运动过程的变化，地下水的物质组分和成分构成也不断发生变化。

地下水的物理性质微课

8.4.1 地下水的物理性质

地下水的物理性质一般是指温度、颜色、透明度、嗅、味、导电性、放射性等。

（1）温度。地壳表层有两个热能来源：一个是太阳的辐射，另一个是来自地球内部的热流。根据热源影响的情况，地壳表层可分为变温带、常温带及增温带。

变温带是受太阳辐射影响的地表极薄的带。由于太阳辐射能的周期变化，本带呈现地温昼夜变化和季节变化。地温的昼夜变化只影响地表以下 1～2m 深。变温带的深度一般为 15～30m。

变温带以下是一个厚度极小的常温带，地温年变化小于 0.1℃，一般比当地年平均气温高 2℃。在粗略计算时，可将当地的多年平均气温作为常温带地温。

常温带以下，地温受地球内部热量的影响，通常随深度增加而有规律地升高，这便是增温带。增温带中的地温变化可用地温梯度表示。地温梯度是指每增加单位深度时地温的增值，一般以℃/100m 为单位。

地下水的温度受其赋存与循环处的地温控制。处于变温带中的浅埋地下水显示微小的水温季节变化。常温带的地下水温度与当地年平均气温接近，这两带的地下水常给人以“冬暖夏凉”的感觉。增温带的地下水随其赋存与循环深度的增加而升高，成为热水甚至蒸汽。

已知年平均气温 (t)、年常温带深度 (h)、地温梯度 (r) 时，可概略计算某一深度 (H) 的地下水温度 (T)，即

$$T=t+(H-h)r \tag{8-10}$$

同样，利用地下水温度，可以推算其大致循环深度 (H)，即

$$H=\frac{T-t}{r}+h \tag{8-11}$$

地温梯度的平均值约为 3℃/100m，通常变化于 1.5～4℃/100m，但个别新火山活动区可能很高。因此，水温不仅可以反映地下水循环深度，同时又反映了当地的地热条件。

（2）颜色。地下水一般无色，只有当水中含有某些离子成分、悬浮物或胶体成分时，就会出现各种颜色（见表 8-7）。

表 8-7　地下水颜色与其中所含物质关系表

水中物质	呈现颜色	水中物质	呈现颜色
H_2S	翠绿色	含锰化合物	暗红

续表

水中物质	呈现颜色	水中物质	呈现颜色
Fe^{2+}	浅绿灰	腐殖酸	暗黄或带荧光
Fe^{3+}	黄褐色、铁锈色	悬浮物（含暗色矿物及碳质）	浅灰色
含硫细菌	红色	悬浮物（含黏土、浅色矿物）	浅黄、无荧光

（3）透明度（浑浊度）。地下水一般是透明的，当含有大量有机物、固体矿物质及胶体悬浮物时，才呈浑浊现象。按照透明度把地下水分为四级：透明的、微浊的、混浊的、极浊的。地下水透明度分级，见表 8-8。

表 8-8　　地下水透明度分级

分级	野外鉴别特征
透明	无悬浮物及胶体，60cm 水深可见 3mm 的粗线
微浊	有少量悬浮物，大于 30cm 水深可见 3mm 的粗线
混浊	有较多的悬浮物，半透明状，小于 30cm 水深可见 3mm 的粗线
极浊	有大量悬浮物或胶体，似乳状，水深很小也不能看清楚 3mm 的粗线

（4）味。纯水是淡而无味的，水味来源于其中的盐分及气体。如地下水中含有中碳酸钙、重碳酸镁及碳酸时，水味更爽口、适口，人们称这种水味“甜水”；如含氯化物会使水发咸味；含硫酸钠、硫酸镁使水有涩或苦味，而且经常引起饮用者呕吐、腹痛和腹泻；含盐分过多时水味发涩；大量的有机物能使水发甜味，但不宜饮用；含 Fe_2O_3 的水具有锈味。

（5）气味。一般地下水无气味。当含有硫化氢时发臭鸡蛋味，含有氧化亚铁时有铁腥味，含腐殖质会使地下水有鱼腥味。一般低温下气味不易辨别，而在 40℃左右时气味最显著。

（6）导电性。地下水导电能力大小取决于水中所含电解质的数量与性质（各种离子的含量与离子价）。离子含量越多，离子价越高，则水的导电性越强。水的导电性通常用电导率来表示，单位是欧姆/厘米（$\Omega\cdot cm^{-1}$）。

（7）放射性。地下水的放射性取决于其中所含的放射性元素的数量。一般地下水的放射性极微弱，在与放射性矿床有关时，放射性含量相应增强。

地下水的化学成分特征微课

8.4.2　地下水的化学成分

地下水不是纯水，而是复杂的溶液。赋存于岩石圈中的地下水，不断与岩土发生化学反应，在与大气圈、水圈和生物圈进行水量交换的同时，交换化学成分。人类活动对地下水化学成分的影响，虽然只是悠长地质历史的一瞬，然而，已经深刻改变了地下水的化学面貌。

地下水的化学成分是地下水与环境长期相互作用的产物。一个地区地下水的化学面貌，反映了该地区地下水的历史演变。研究地下水的化学成分，可以帮助人们重塑一个地区的水文地质历史，阐明地下水的起源与形成。

水是最常见的良好溶剂。它溶解岩土组分，搬运这些组分，并在某些部位将某些组分析出沉淀。流动的地下水是地球中元素迁移、分散与富集的营力，是多种地质过程（岩溶、沉积、成岩、变质、成矿）的参与者。

用于各种用途的地下水，都对水质有一定要求，为此要进行水质评价。含大量盐类（如 NaCl、KC1）或富集某些稀散元素（Br、I、B、Sr 等）的地下水是宝贵的工业原料；某些具有特殊物理性质与化学成分的地下水具有医疗意义；上述情况下，地下水是宝贵的液体矿产。盐矿、油田以及金属矿床，往往形成特定化学元素的分散晕圈，是重要的找矿标志。

地下水水质的演变具有时间上的继承性，自然地理与地质发展历史影响着地下水的化学面貌；因此，不能单纯从化学角度，孤立、静止地研究地下水的化学成分及其形成，而必须从水与环境长期相互作用的角度出发，去揭示地下水化学演变的内在依据与规律。

随着水文地球化学理论的发展以及水化学分析技术的进步，以及与水质有关问题（污染、毒性天然水、海水入侵）的出现，水文地质学中水化学研究的比重不断增大，水化学手段的应用越来越广泛。

1. 地下水中的气体组分。

地下水中含有各种气体、离子、胶体、有机质，常见的气体成分有 O_2、N_2、CO_2、CH_4 及 H_2S 等，以前三种为主。通常，地下水中气体含量不高，每升水中只有几毫克到几十毫克，但有重要意义。一方面，气体成分能够说明地下水所处的地球化学环境；另一方面，有些气体会增加地下水溶解某些矿物组分的能力，促进某些化学反应。

（1）氧气（O_2）、氮气（N_2）。地下水中的 O_2 和 N_2 主要来源于大气。它们随同大气降水及地表水补给地下水，与大气圈关系密切的地下水中含 O_2 及 N_2 较多。

溶解氧含量多说明地下水处于氧化环境。O_2 的化学性质远较 N_2 活泼，在相对封闭的环境中，将耗尽 O_2 而只留下 N_2。因此，N_2 的单独存在，通常可说明地下水起源于大气并处于还原环境。大气中的惰性气体（Ar、Kr、Xe）与 N_2 的比例恒定，即 $(Ar+Kr+Xe)/N_2=0.0118$，比值等于此数值，说明 N_2 是大气起源的；小于此数值，则表明水中含有生物起源或变质起源的 N_2。

（2）硫化氢（H_2S）、甲烷（CH_4）。地下水中出现 H_2S 和 CH_4，是在与大气比较隔绝的还原环境中，微生物参与的生物化学作用的结果。

（3）二氧化碳（CO_2）。降水和地表水补给地下水时带来 CO_2，但含量通常较低。地下水中的 CO_2 主要来源于土壤。有机质残骸的发酵作用与植物的呼吸作用，使土壤中源源不断产生 CO_2，并进入地下水。

含碳酸盐的岩石，在深部高温下也可变质生成 CO_2

$$CaCO_3 \xrightarrow{400℃} CaO+CO_2 \quad (8-12)$$

这种情况下，地下水中富含 CO_2，可高达 1g/L 以上。

化石燃料（煤、石油、天然气）的大量应用，使大气中人为产生的 CO_2 明显增加。工业化以来，大气 CO_2 浓度已从 1000～1750 年间的 280mg/L，升高到 2000 年的 368mg/L。

地下水中含 CO_2 越多，溶解某些矿物组分的能力越强。

2. 地下水中离子成分

地下水中的阳离子包括 H^+、Na^+、K^+、NH_4^+、Ca^{2+}、Mg^{2+}、Fe^{3+} 及 Fe^{2+} 等，阴离子包括 OH^-、Cl^-、SO_4^{2-}、NO_2^-、NO_3^-、HCO_3^-、CO_3^{2-} 及 PO_4^{3-}。但地下水中分布最广、含量较多的离子共有 7 种，阳离子有 Na^+、K^+、Ca^{2+}、Mg^{2+}，阴离子有 Cl^-、SO_4^{2-}、HCO_3^-，是分析地下水化学成分演化和环境地下水化学作用过程的主要成分类型。

（1）阴离子。氯离子（Cl^-）几乎存在于所有的地下水中，而且含量一般较大，由每升数毫克到数百克。在含盐量较高的地下水中 Cl^- 含量常占优势，因此 Cl 常常是水中含盐量多寡的标志。Cl^- 来源于地下水溶解盐岩及含氯化物的其他矿物。同时，沿海地区由于海水入侵往往使地下水中氯离子大幅升高。Cl^- 溶解度大不易沉淀析出，不被植物及细菌所摄取，不被土粒表面吸附，因此 Cl^- 常是地下水中最稳定的离子。

SO_4^{2-} 是总量仅次于 Cl^- 的阴离子，每升可达数克，但地下水中 Ca^{2+} 的广泛存在限制了 SO_4^{2-} 含量的进一步增加，因为两者可形成难溶解的 $CaSO_4$ 从水中沉淀析出。在低含盐量的地下水中，一般每升水中含量仅数毫克到数百毫克，在中等含盐量的水中 SO_4^{2-} 常称为含量最多的阴离子。SO_4^{2-} 主要来源是地下水溶解石膏（$CaSO_4 \cdot 2H_2O$）及其他硫酸盐类沉积物或含硫矿物。

地下水中 HCO_3^- 也是地下水中广泛存在的阴离子，其首先来自于含碳酸盐的沉积岩与变质岩

$$CaCO_3 + H_2O + CO_2 \rightarrow 2HCO_3^- + Ca^{2+} \quad (8-13)$$

$$MgCO_3 + H_2O + CO_2 \rightarrow 2HCO_3^- + Mg^{2+} \quad (8-14)$$

$CaCO_3$ 和 $MgCO_3$ 是难溶于水的，当水中有 CO_2 存在时，才有一定数量溶解于水。岩浆岩与变质岩地区，HCO_3^- 主要来自铝硅酸盐矿物的风化溶解，如

$$\underset{\text{(钠长石)}}{Na_2Al_2Si_6O_{16}} + 2CO_2 + 3H_2O \rightarrow 2HCO_3^- + 2Na^+ + H_4Al_2Si_2O_9 + 4SiO_2 \quad (8-15)$$

$$CaO \cdot Al_2O_3 \cdot 2SiO_2 + 2CO_2 + 3H_2O \rightarrow 2HCO_3^- + Ca^{2+} + H_4Al_2Si_2O_9 \tag{8-16}$$

（钙长石）

通常以 HCO_3^- 为主要阴离子的地下水含盐量较低，一般均为淡水。

（2）阳离子。钠离子（Na^+）是地下水中分布最广、含量变化最大的主要阳离子。在低含盐量的地下水中，钠离子的含量每升水仅数毫克至数十毫克，但随着含盐量增加，水中 Na^+ 的含量急剧增加。在干旱内陆盆地、滨海地区、海相含盐沉积层、油田水等高含盐量的地下水中，Na^+ 的含量每升水可达数克，甚至数十克或数百克。含大量 Na^+ 的水用于灌溉，可引起土壤盐渍化。Na^+ 是地下水溶解盐岩及含钠岩石的结果。

钾离子（K^+）的来源与 Na^+ 大致相同。钾盐的溶解度亦很大，但 K^+ 容易为植物所吸收，也容易形成难溶于水的水云母等矿物，而且常为黏土胶体所吸附，所以地下水中的 K^+ 一般含量不大。

钙离子（Ca^{2+}）在地下水中分布很广，但含量不高，很少超过 1g/L，因为 Ca^{2+} 主要是地下水溶解碳酸盐类岩石（石灰岩、大理岩、白云岩）的结果，但这类岩石的溶解度很低，所以 Ca^{2+} 只是低盐量地下水的主要阳离子，随着含盐量增大，Ca^{2+} 的相对含量很快减少。Ca^{2+} 主要与 HCO_3^-、SO_4^{2-} 共存。

镁离子（Mg^{2+}）来源于含镁的碳酸盐岩类沉积岩（白云岩、泥灰岩）；此外，还来自岩浆岩、变质岩中含镁矿物的风化溶解

$$CaMg(CO_3)_2 + 2H_2O + 2CO_2 \rightarrow Ca^{2+} + Mg^{2+} + 4HCO_3^- \tag{8-17}$$

$$(Mg \cdot Fe)SiO_4 + 2H_2O + 2CO_2 \rightarrow MgCO_3 + FeCO_3 + Si(OH)_4 \tag{8-18}$$

镁盐的溶解度虽比钙盐为大，但因为 Mg^{2+} 容易被植物吸收，所以在地下水中 Mg^{2+} 的含量一般比 Ca^{2+} 小。Mg^{2+} 主要与 HCO_3^- 共存。

在地下水中还有一些未解离、呈分子和微粒状态存在的化合物，如 Fe_2O_3、Al_2O_3、H_2SiO_3 等，但含量一般极少。

8.4.3　溶解性总固体与硬度

1. 溶解性总固体

溶解性总固体是溶解在水中的无机盐和有机物的总称（不包括悬浮物和溶解气体等非固体组分），用缩略词 TDS 表示。将 1L 水加热到 110℃，剩下的残渣质量即作为溶解性总固体，单位为 mg/L 或 g/L。也可用分析得出的各种溶解性固体组分含量累加，减去 HCO_3^- 含量的 1/2 求得［蒸干时有将近 1/2 的 HCO_3^- 逸失，见式（8-19）］。

$$2HCO_3^- \xrightarrow{\Delta} CO_3^{2-} + CO_2 + H_2O \tag{8-19}$$

显然总含盐量与溶解性总固体之间的关系可以表示为

$$溶解性总固体（TDS）= 总含盐量 - \frac{1}{2}HCO_3^- \qquad (8-20)$$

按溶解性总固体含量（g/L），将地下水分类如下：淡水＜1；微咸水 1～3；咸水 3～10；盐水 10～50；卤水＞50。

2. 硬度

地下水中含有大量的Ca^{2+}和Mg^{2+}时，对于生活和工业用水都有较大的影响，会造成洗衣不起泡沫、煮菜不易熟、锅炉内积垢后浪费燃料甚至爆炸等。因此，人们对地下水中的Ca^{2+}、Mg^{2+}给予很大重视，常用硬度大小表示Ca^{2+}、Mg^{2+}含量的多少。硬度可分为如下几种。

（1）总硬度。总硬度是指地下水中所有Ca^{2+}、Mg^{2+}离子的总含量。

（2）暂时硬度。暂时硬度是指将水加热至沸腾后，由于形成碳酸盐沉淀而失去的那一部分Ca^{2+}、Mg^{2+}的数量。

（3）永久硬度。永久硬度是指至水沸腾后仍然留在水中的Ca^{2+}、Mg^{2+}含量。永久硬度等于总硬度与暂时硬度之差。

现阶段根据国家化学分析标准计量要求，硬度按照毫升/升（mg/L）（以$CaCO_3$计）表示。

8.4.4 地下水化学成分分析与表示

1. 地下水化学成分分析

根据目的和要求不同，地下水化学成分分析内容亦不相同，当为饮用水源勘察时，应根据《地下水质量标准》（GB/T 14848—2017）的要求进行分析。

根据不同供水目的以及不同地区水质特点，对分析项目往往作适当的增减，以满足对水质评价的需要。例如以饮用水目的的水文地质勘察，往往需要测定水中的细菌含量，以及对人体有害的其他微量成分。

2. 地下水化学成分的库尔洛夫表示式

为了简明地反映水的化学成分特点，可采用库尔洛夫式表示。将阴、阳离子分别表示在分式横线的上下，按离子含量的毫克当量百分数自大而小顺序排列，小于 10%的离子不予表示。横线前依次表示气体成分、特殊成分及 TDS（以字母 *M* 为代号），三者单位均为克/升（g/L）。横线之后以字母 *t* 为代号表示以摄氏度表示的水温。如：

$$H^2SiO^3_{0.07}H^2S_{0.021}CO^2_{0.031}M_{3.2}\frac{Cl_{84.8}SO^4_{14.3}}{Na_{71.6}Ca_{27.8}}t_{52}$$

1L 水中某离子的毫克当量数，等于离子浓度（mmol/L）× 离子价。毫克当量百分数表示为 1L 水中某离子毫克当量数占阴、阳离子毫克当量数的百分数，以“%”计。

3. 地下水化学特征分类及图示

根据地下水化学组分类别，地下水特征分类可以根据地下水温度、酸碱度、TDS 和水化学特征等进行分类。

地下水按其化学成分具有不同的分类方法，大多利用主要阴、阳离子之间的相对含量与关系进行划分。分类方法与图示方法多种多样，国内常用的有派珀（Piper）三线图等。

派珀三线图由两个三角形和一个菱形组成（见图 8-17）。左下角三角形的三条边线分别代表阳离子中 Na^+、 $+K^+$、 Ca^{2+} 及 Mg^{2+} 的毫克当量百分数。右下角三角形表示阴离 Cl^-、SO_4^{2-} 及 HCO_3^-+CO_3^{2-} 的毫克当量百分数。任一水样的阴、阳离子的相对含量分别在两个三角形中以一定符号表示；引线相交于菱形中的交点上，以圆圈位置表示此水样的阴、阳离子相对含量，以圆圈大小表示 TDS。派珀三线图把菱形分成 9 个区（见图 8-18），落在菱形中不同区域的水样具有不同的化学特征（见表 8-9）。

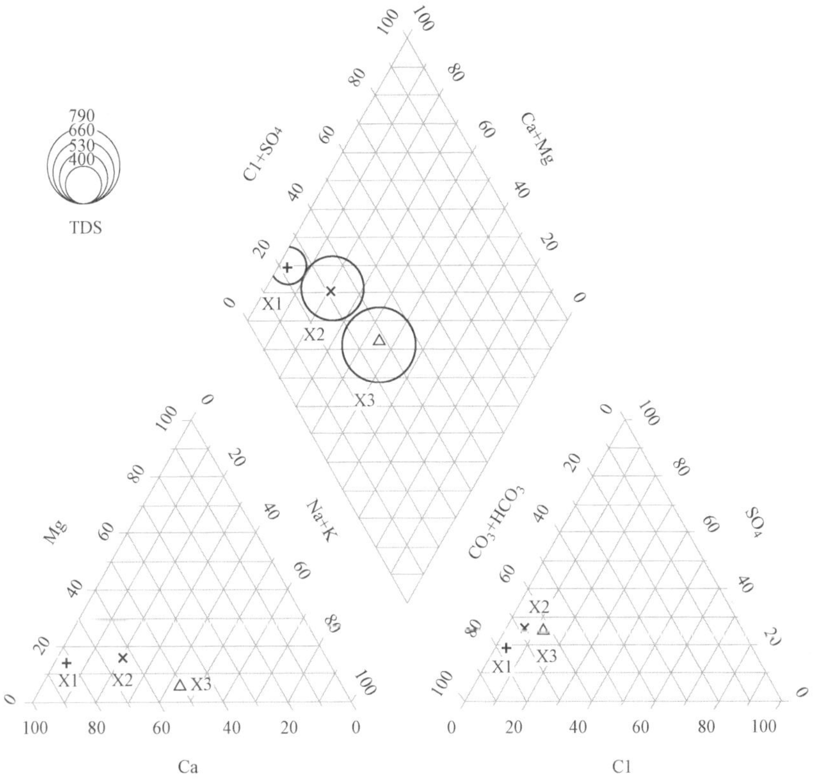

图 8-17　某地区 16 个地下水样品派珀三线图

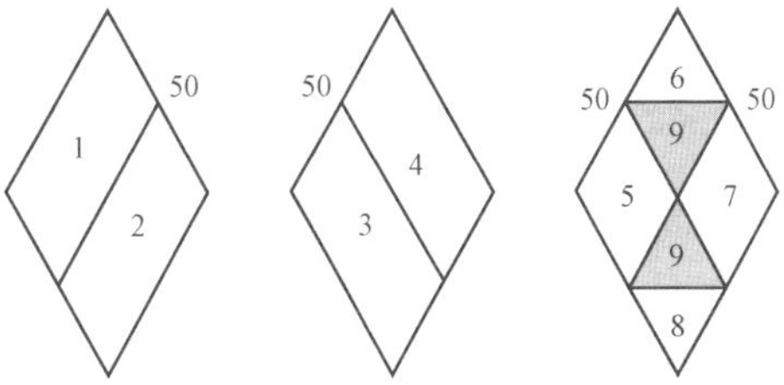

图 8-18　派珀三线图分区图

表 8-9 派珀三线图分区水化学特征说明

分区代号	化学特征	分区代号	化学特征
1	碱土金属离子大于碱金属离子	6	非碳酸盐硬度＞50%
2	碱金属离子大于碱土金属离子	7	非碳酸盐碱度＞50%
3	弱酸根大于强酸根	8	盐酸盐碱度＞50%
4	强酸根大于弱酸根	9	无一对阴、阳离子＞50%
5	碳酸盐硬度＞50%		

派珀三线图的优点是不受人为影响，从菱形中可看出水样的一般化学特征，在三角形中可以看出各种离子的相对含量。将一个地区的水样标在图上，结合地质、水文地质条件，可以分析地下水化学成分的演变规律等一系列问题。

8.4.5 地下水化学成分的形成与演变

地下水主要来源于大气水，其次是地表水，这些水在进入含水层之前已经含有某些物质。如雨水通常为低盐量的淡水，并含有大气中的 O_2、N_2 及 CO_2 等气体，所以大气降水渗入补给附近的地下水亦常常是低盐量（每升数十至数百毫克）的淡水，并含有以上各种气体。当海水、河水等地表水体补给地下水时，地下水的化学成分就会受到地表水体的直接影响，如海水渗入补给的地下水是高盐量的 Cl-Na 水，而由河水渗入补给的地下水一般为低盐量的重碳酸盐型水。至于在沉积物中埋藏起源的地下水，往往是高盐量的 Cl-Na 水，并含有 Br、I、B 等微量元素。

地下水在运动过程中由于对周围岩石的溶滤作用和其他自然因素的影响，也会发生一系列的水文地球化学作用来改变地下水的化学成分，如溶滤作用、浓缩作用、离子交替吸附作用、脱碳酸作用、脱硫酸作用及混合作用等。此外，人类活动也会对地下水的成分的演变具有一定影响。

1. 溶滤作用

溶滤作用是指岩石中的可溶部分被溶解转入地下水中而称为溶液的作用。如前所述，地下水中的 Cl^-、K^+、Na^+ 主要是地下水溶解盐及含 Cl^- 和含 K^+、Na^+ 岩石的结果；而地下水中的 SO_4^{2-}、Ca^{2+}、Mg^{2+} 则主要是由于地下水溶解 $CaSO_4$、$MgSO_4$（石膏）等岩石的结果；如果地下水中 Ca^{2+}、Mg^{2+} 与 HCO_3^- 共存，主要是由于溶解石灰岩、白云岩等的结果。其反应为

$$CaCO_3+CO_2+H_2O \rightleftharpoons Ca^{2+}+2HCO_3^- \quad (8-21)$$

$$MgCO_3+CO_2+H_2O \rightleftharpoons Mg^{2+}+2HCO_3^- \quad (8-22)$$

由此可见，地下水的化学成分与地下水与岩石相互作用具有很大关系。

溶滤取决于一系列因素：①组成岩石的矿物溶解度。如含盐沉积物中的 NaCl 将迅速转入地下水中，而以 SiO_2 为主要成分的石英岩，是很难溶于水的。②岩土的空隙特征。

缺乏裂隙的基岩，水很难与矿物盐类接触，溶滤作用很弱。③水的溶解能力。水对某种盐类的溶解能力随此盐类的浓度升高而减弱，总体来说，TDS 低的水溶解能力强，而 TDS 高的水溶解能力弱。④水中 CO_2、O_2 等气体成分的含量。如水中 CO_2 含量越高，溶解碳酸盐及硅酸盐的能力越强，O_2 的含量越高，水溶解硫化物的能力强。⑤水的流动状况。地下水的径流与交替强度是决定溶滤作用最活跃的关键因素。

2. 浓缩作用

流动的地下水将溶滤获得的组分从补给区输运到排泄区。干旱半干旱地区的平原与盆地的低洼处，地下水位埋藏不深，蒸发成为地下水的主要排泄途径。蒸发作用只排走水分，盐分仍保留在地下水中，随着时间延续，地下水溶液逐渐浓缩，TDS 不断增大。与此同时，随着浓度增加，溶解度较小的盐类在水中达到饱和而相继沉淀析出，易溶盐类的离子逐渐成为主要成分。

设想未经蒸发浓缩以前，地下水为低 TDS 水，阴离子以重碳酸根为主，居第二位的是 SO_4^{2-}，Cl^- 的含量很低，阳离子以 Ca^{2+}和Mg^{2+} 为主。随着蒸发浓缩，溶解度小的钙、镁的重碳酸盐部分析出，SO_4^{2-} 及 Na^+逐渐成为主要成分。继续浓缩，水中硫酸盐达到饱和并开始析出，便形成以 Cl^-、Na^+ 为主的高 TDS 水。

浓缩作用必须同时具备下述条件：干旱或半干旱的气候，有利于毛细作用的颗粒细小的松散岩土，低平地势下地下水位埋深较浅的排泄区。在上述条件下，水流源源不断地带来盐分，使地下水及土壤累积盐分。浓缩作用的规模取决于地下水流系统的空间尺度及其持续的时间尺度。当上述条件都具备时浓缩作用十分强烈，有时可以形成卤水。

3. 阳离子交替吸附

黏性土颗粒表面带有负电荷，颗粒将吸附地下水中某些阳离子，而将其原来吸附的部分阳离子转为地下水中的组分，这便是阳离子交替吸附作用。

不同的阳离子，其吸附于岩土表面的能力不同，按吸附能力自大而小顺序为：$H^+ > Fe^{3+} > Al^{3+} > Ca^{2+} > Mg^{2+} > K^+ > Na^+$。离子价越高，离子半径越大，水化离子半径越小，则吸附能力越大，H^+则是例外。

当以 Ca^{2+} 为主的地下水进入主要吸附有 Na^+ 的岩土时，水中的 Ca^{2+} 便置换岩土所吸附的一部分 Na^+，使地下水中 Na^+ 增多而 Ca^{2+} 减少。

地下水中某种离子的相对浓度增大，则该种离子的交替吸附能力（置换岩土所吸附的离子的能力）也随之增大。例如，当地下水中以 Na^+ 为主，而岩土中原来吸附有较多的 Ca^{2+} 时，那么，水中的 Na^+ 将反过来置换岩土吸附的部分 Ca^{2+}。海水侵入陆相沉积物时，便是如此。

显然，岩石颗粒的比表面积决定了岩土的吸附能力，进而决定阳离子交替吸附能力的规模。颗粒越细，比表面积越大，交替吸附作用越强。因此，黏土及黏土岩类最容易发生交替吸附作用，而在致密的结晶岩中，不会发生这种作用。

4. 脱碳酸作用

水中CO_2的溶解度随温度升高及（或）压力降低而减小。升温降压时，一部分CO_2便成为游离CO_2从水中逸出，这便是脱碳酸作用。脱碳酸作用的结果，$CaCO_3$及$MgCO_3$析出沉淀，地下水中HCO_3^-及Ca^{2+}、Mg^{2+}减少，TDS降低

$$Ca^{2+}+2HCO_3^- \rightarrow CO_2\uparrow+H_2O+CaCO_3\downarrow \quad (8-23)$$

$$Mg^{2+}+2HCO_3^- \rightarrow CO_2\uparrow+H_2O+MgCO_3\downarrow \quad (8-24)$$

深部地下水上升成泉，泉口往往形成钙化，这便是脱碳酸作用的结果。温度及压力较高的深层地下水，上升排泄时发生脱碳酸作用，Ca^{2+}、Mg^{2+}从水中沉淀析出，阳离子通常变为以Na^+为主。

5. 脱硫酸作用

在还原环境中，当有机质存在时，脱硫酸细菌促使SO_4^{2-}还原为H_2S

$$SO_4^{2-}+2C+2H_2O \rightarrow H_2S+2HCO_3^- \quad (8-25)$$

结果使地下水中SO_4^{2-}减少以致消失，HCO_3^-增加，pH值变大。

封闭的地质构造，如储油构造，是产生脱硫酸作用的有利环境。因此，某些油田水中出现H_2S，而SO_4^{2-}含量很低。这一特征可以作为寻找油田的辅助标志。

6. 混合作用

成分不同的两种水汇合在一起，形成化学成分不同的地下水，便是混合作用。混合作用有化学混合及物理混合两类：化学混合作用是两种成分发生化学反应，形成化学类型不同的地下水；物理混合作用只是机械混合，并不发生化学反应。

海滨、湖畔或河边，地表水往往混入地下水中；当深层地下水补给浅部含水层时则发生两种地下水的混合。

混合作用的结果是可能发生化学反应而形成化学类型完全不同的地下水。例如，当以SO_4^{2-}、Na^+为主的地下水，与HCO_3^-、Ca^{2+}为主的水混合，且SO_4^{2-}及Ca^{2+}超过溶度积时

$$Ca^{2+}+SO_4^{2-} \rightarrow CaSO_4\downarrow \quad (8-26)$$

石膏沉淀析出，便形成以HCO_3^-及Na^+为主的地下水。

两种水的混合也可能不产生化学反应，例如，高TDS氯化钠型海水混入低TDS重碳酸钙镁型地下水，便是如此。此时，可以根据混合水的TDS及某种组分含量，求取两种水的混合比例。当混合水的温度及（或）同位素组分不同时，也可求取其混合比例。

7. 人类活动对地下水化学成分的影响

随着社会生产力与人口的增长，人类活动对地下水化学成分的影响越来越大。一方面，人类生活与生产活动产生的废弃物污染地下水；另一方面，人为作用大规模地改变了地下水形成条件，从而使地下水化学成分发生变化。

工业产生的废气、废水与废渣以及农业上大量使用化肥农药，使天然地下水富集了原来含量很低的有害物质，如酚类化合物、氰化物、汞、砷、铬、亚硝酸等。

人为作用通过改变形成条件而使地下水水质变化表现在以下各方面：滨海地区过量开采地下水引起海水入侵，不合理地打井采水使咸水运移，这两种情况都会使淡含水层变咸。干旱半干旱地区不合理地引入地表水灌溉，会使浅层地下水位上升，引起大面积次生盐渍化，并使浅层地下水变咸。原来分布地下咸水的地区，通过挖渠打井，降低地下水位，使原来主要排泄途径由蒸发改为径流，从而逐步使地下水水质淡化。在这些地区，通过引入区外淡地表水，以合理的方式补给地下水，也可使地下水变淡。

人类干预自然的能力正在迅速增强，因此，防止人类活动对地下水水质的不利影响，采用人为措施使地下水水质向有利方向演变越来越重要了。

复习思考题

8.1 岩石空隙中的水，按照空隙类型可以分为哪三种？

8.2 岩石中孔隙度、裂隙率、岩溶率分别如何表示？

8.3 岩石空隙中的水按照赋存形式分为哪几种？其各自有什么特点？

8.4 结合水的形成机理是怎样的？结合水可以分为哪两类？

8.5 岩石的水理性质包含哪四个方面？每个方面用什么参数来衡量？

8.6 地表以下自上而下地下水的垂向结构是怎样的？

8.7 试论述含水层的形成条件。

8.8 含水层根据空隙类型及埋藏条件是如何分类的？而地下水按照埋藏条件是怎么分类的？

8.9 不同埋藏条件下的地下水，其形成的地层条件是什么？并尝试绘制包含这几种地下水的地层结构示意图。

8.10 描述潜水及承压水埋藏条件的几何参数都有哪些？试绘图说明。

8.11 潜水由细颗粒含水层进入粗颗粒含水层及潜水含水层厚度变大以后，潜水面如何变化？并说明理由。

8.12 向斜盆地中的承压水可以分为哪三个区？试绘图说明。

8.13 地下水中主要的阴阳离子有哪些？

8.14 什么是溶解性总固体？总含盐量与溶解性总固体之间有何关系？

8.15 库尔洛夫表达式如何书写？1L 水中某离子的毫克当量数怎么计算？

8.16 用来改变地下水的化学成分的水文地球化学作用有哪些？

第9章

地下水的运动

教学目标

理解地下水运动的特点及其基本规律；掌握地下水向完整井的稳定运动与非稳定运动方程；理解利用稳定流理论确定水文地质参数的方法，了解利用非稳定流理论确定含水层水文地质参数的方法，如配线法、直线图解法等。

课程思政

“四面荷花三面柳，一城山色半城湖”，济南之所以成为久负盛名的风景胜地，主要是得助于泉，故称“泉城”。据水文地质学家23年的观测和研究，一般情况下，地下水位均在30多m，即使枯水年份地下水位下降到27m，趵突泉也从未干涸过。前些年之所以干涸，就是因为工业用水量大、过量抽取地下水资源所造成的。全市每天抽取地下水超过100万m^3，而地下含水系统每天补给泉城的水只有80万m^3。入不敷出，它怎么能不断流？由此可见地下水资源的宝贵性，不仅是人类生产生活的重要资源，也是自然景观的重要支柱。我们不应无节制地开采地下水，要时刻树立危机意识，保护水资源。

地下水运动指的是地下水在地下岩层中的运移特征和规律。研究地下水运动特征和规律，是水文地质学的重要内容之一。研究地下水运动规律的科学称为地下水动力学。它原是水文地质学的一部分，由于理论、方法发展和生产实践的需要，目前已发展成为一门内容十分丰富的独立学科。本章重点介绍有关地下水运动的基本概念、运动规律与方式。通过地下水运动学习，人们可以更好地管理和利用地下水资源，确保水资源的可持续供应。对供水水文地质来讲，学习本章需理解基本的地下水运动规律、地下水向完整井的稳定流与非稳定流运动，并能运用其解决实际问题。

9.1 地下水运动的特点及基本规律

在地下水动力学中，把具有孔隙的岩石称为多孔介质。含有孔隙水的岩层，如砂层或疏松砂岩等称为孔隙介质，也称多孔介质。含裂隙水的岩石，如裂隙发育的石英岩、花岗岩等称为裂隙介质。广义地说，可以把孔隙介质、裂隙介质和某些喀斯特不十分发育的由石灰岩和白云岩组成的介质统称为多孔介质。

在多孔介质中，固、液、气三相都可能存在。固相称为骨架，气相的空气主要存在于非饱和带中，液相的地下水可能以吸着水、薄膜水、毛管水和重力水等多种形式存在。吸着水和薄膜水的运动属于专门课题，本书不涉及。本章主要讨论重力水的运动。

地下水的运动特点及基本规律微课

9.1.1 地下水运动的特点

1. 曲折复杂的通道

由于储存地下水的空隙的形状、大小和连通程度等的变化，地下水的运动通道是十分曲折而复杂的［见图 9–1（a）］。但在实际研究地下水运动规律时，并不是（也不可能）去研究每个实际通道中具体的水流特征，而是只能研究岩石内平均直线水流通道中的水流运动特征。这种方法实际上是用充满含水层（包括全部空隙和岩石颗粒本身所占的空间）的假想水流来代替仅仅在岩石空隙中运动的真正水流。其假想的条件主要有：假想水流通过任意断面的流量必须等于真正水流通过同一断面的流量；假想水流在任意断面的水头必须等于真正水流在同一断面的水头；假想水流通过岩石所受到的阻力必须等于真正水流所受到的阻力。这种假想水流称为渗流，假想水流所占据的空间区域称为渗流场。显然，渗流场包括空隙和岩石颗粒所占据的全部空间［（见图 9–1（b）］。

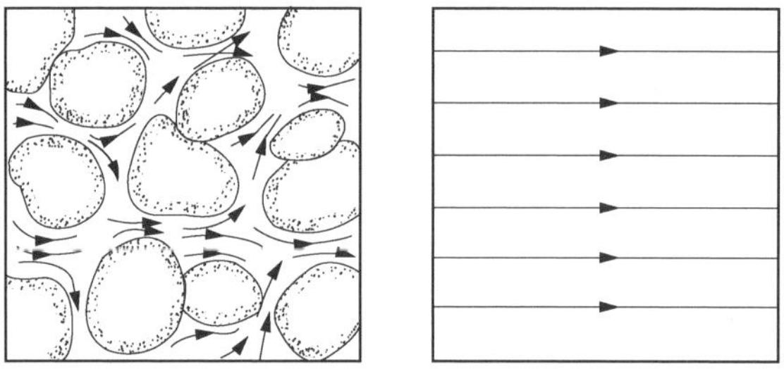

(a)　　　　(b)

图 9–1　含水层中的地下水流

（a）实际水流；（b）假想水流

2. 迟缓的流速

河道或管网中水的流速通常都在 1m/s 左右，有时也会每秒几米以上。但地下水由于通道曲折复杂，水流受到很大的阻力，因而流速一般很缓慢，常常用米每天（m/d）来衡量。自然界一般地下水在孔隙或裂隙中的流速是几米每天，甚至小于 1m/d。地下水在曲折的通道中缓慢地流动称为渗流，或称渗透水流，渗透水流通过的含水层横断面称为过水断面。渗流按地下水饱和程度的不同，可分为饱和渗流和非饱和渗流，前者包括潜水和承压水，主要在重力作用下运动；后者是指包气带中的毛管水和结合水运动，主要受毛管力和颗粒表面吸引力的控制，本章主要讲述饱和渗流（即地下水在含水层中的运动）规律。

3. 非稳定、缓变流运动

地下水主要来源于大气降水、地表水体及凝结水渗入补给，受气候因素影响较大，有明显的季节性，而且消耗（蒸发、排泄和人工开采等）又是在地下水的运动中不断进行的，这就决定了地下水在绝大多数情况下都是非稳定流运动。不过地下水流速、流量及水头变化不仅幅度小，而且变化的速度较慢，一般情况下地下水全年的变化幅度是几米，甚至仅 1～2m，这是地下水非稳定流的主要特点，可以认为是缓变流。因此，人们常常把地下水运动要素变化不大的时段近似地当作稳定流处理，这样研究地下水的运动规律就变得方便了很多。但是如果是人工开采，使区域地下水位逐年持续下降，那么地下水的非稳定流运动就不可忽视。

在天然条件下地下水流一般都呈缓变流动，流线弯曲度很小，近似于一条直线；相邻流线之间夹角较小，近似于平行。在这样的缓变流动中，地下水的各过水断面可当作一个直面，同一过水断面上各点的水头亦可当作是相等的，这样假设的结果就可把本来属于空间流动的地下水流简化成为平面流，这样就可使计算简单化。

9.1.2 地下水运动的基本规律

1. 线性渗透定律

地下水运动的基本规律又称渗透的基本定律，在流体力学中已有论述，这里只引用定律的基本内容。

线性渗透定律反映了地下水作层流运动时的基本规律，最早由法国水利学家达西（Darcy）通过均匀砂粒的渗流试验得出（见图 9–2），所以也称为达西定律，即

$$Q = K \cdot \frac{h}{L} \cdot \omega \qquad (9-1)$$

式中：Q 为渗透流量（出口处流量，即通过砂柱各断面的体积流量），m^3/d；h 为渗透途径 L 上的水头损失，m；L 为渗透途径长度，m；ω 为渗流的过水断面面积，m^2；K 为渗透系数，反映岩石透水性能的参数，m/d。渗透系数 K 不仅取决于岩石的性质，而且和水的物理性质（如相对密度和黏滞性）有关。但在一般情况下，地下水的温度变化不大，故往往假设其相对密度和黏滞性是常数，所以渗透系数一般只看成与岩石的性质有关。

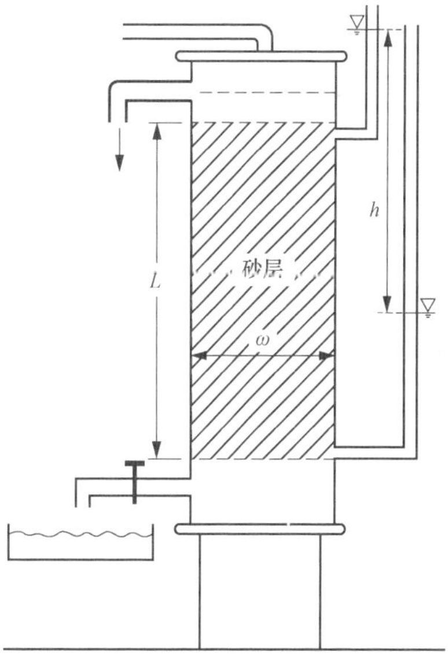

图 9–2 达西定律实验装置图

式（9–1）又可以表示为

$$v = K \cdot i \tag{9-2}$$

式中：v 为渗透流速，m/d；i 为水力坡度，即单位渗透途径上的水头损失（无量纲）。

式（9–2）是达西定律的另一种表达形式，表明渗透流速与水力坡度的一次方成正比，即线性渗透定律。其实，达西定律并不是对所有的地下水流运动都适用，而只适用于雷诺数为 1～10 某一数值的层流运动，雷诺数大于此范围的层流及紊流运动，不符合达西定律。

渗透速度 v 不是真实的地下水流速，因为实际上地下水并非在整个断面 ω 内流过，而只是在断面中的孔隙中流过，可见渗透流速 v 远比实际流速 u 要小。地下水在孔隙中的实际流速 u 应为

$$u = \frac{Q}{\omega \cdot n} = \frac{v}{n} \text{或} v = n \cdot u \tag{9-3}$$

式中：n 为岩石的孔隙度。

实际情况表明，地下水在运动过程中水力坡度常常是变化的，因此应将达西定律写成微分形式

$$v = -K\frac{\mathrm{d}H}{\mathrm{d}x} \tag{9-4}$$

$$Q = -K\omega\frac{\mathrm{d}H}{\mathrm{d}x} \tag{9-5}$$

式中：dx 为沿流向方向无穷小的距离；dH 为相应 dx 水流微分段上的水头损失；$-\frac{\mathrm{d}H}{\mathrm{d}x}$ 为水力坡度，负号表示水头沿着 x 增大的方向而减小，而对水力坡度 i 值来说，则仍以正值表示。

2. 非线性渗透定律

当地下水在岩石的大孔隙、大裂隙、大溶洞及取水构筑物附近流动时，不仅雷诺数大于 10，而且常常呈现紊流状态。紊流运动的规律是渗透流速与水力坡度的平方根成正比，称为谢才公式，表示为

$$v = K \cdot \sqrt{i} \text{或} Q = K \cdot \omega\sqrt{i} \tag{9-6}$$

式（9–6）中符号同前。

有时水流运动性质介于层流和紊流之间，则称为混合运动，可用斯姆莱公式表示

$$v = K \cdot i^{\frac{1}{m}} \tag{9-7}$$

式中：m 值的变化范围为 1～2。当 m=1 时，即为达西公式；当 m=2 时，即为谢才公式。

由于事先确定地下水的流态属性在实际工作中是很难的，因此，式（9–6）及式（9–7）在实际工作中很少应用。

9.2　地下水流向井的稳定运动

抽取地下水的工程设施称为取水构筑物，分为垂直取水构筑物与水平取水构筑物两类。垂直取水构筑物是指构筑物的设置的方向与地表大致垂直，如钻孔、水井等；水平取水构筑物是指构筑物设置方向与地表大致平行，如排水沟、渗渠等。最常见的取水构筑物是垂直取水井，一般所提及的井，无特殊说明均指的是垂直取水井。当井中地下水的水位和抽出水的流量都保持不变，这时水流称为稳定流运动。

9.2.1　地下水取水井的基本类型

水井是常见的取水构筑物。根据水井井径的大小和开凿方法的不同，可分为管井和筒井两类。管井的直径小，通常小于 0.5m，而深度比较大，常用钻机开凿；筒井的直径大，可达 1m 到数米，而深度较浅，通常经人工开挖而成。

根据水井所揭露的地下水类型，水井分为潜水井和承压水井两类。无论潜水井还是承压水井，根据所揭露含水层的程度和进水条件的不同，都可分为完整井和非完整井两类。凡是贯穿整个含水层，在全部含水层厚度上都安装有过滤器并能全面进水的井，称为完整井，如图 9–3（a）（b）、图 9–4（a）（b）所示；如果水井没有贯穿整个含水层，只有井底和（或）含水层的部分厚度上能进水，则称为非完整井如图 9–3（c）（d）、图 9–4（c）（d）所示。

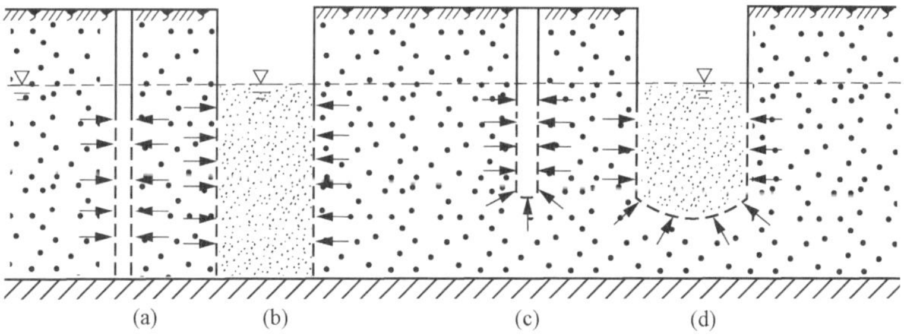

图 9–3　潜水井类型

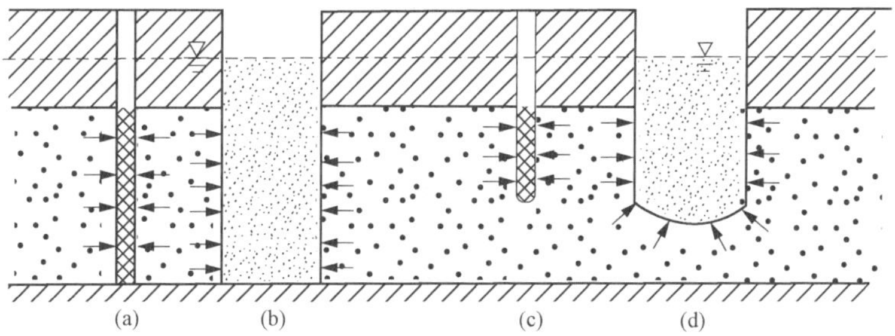

图 9–4 承压水井类型

9.2.2 地下水向潜水完整井的稳定运动

图 9-5 是潜水含水层完整井抽水示意图。在潜水井中以不变的流量进行抽水，随着井内水位的下降，在抽水井周围会形成漏斗状的下降区，称为降落漏斗。经过长时间的抽水，在抽水井周围形成有规则的稳定的降落漏斗，漏斗的半径 R 称为影响半径，井中水面的下降值 s_w 称为水位下降值，即降深。若井内的水位和流量都达到稳定状态，这时的水流称为潜水稳定流。

地下水运动过程中流线如图 9-5 中虚线 1～5 所示，过流断面垂直于流线。图中 R 为影响半径，m；h_w 为井内水位至含水层底板的距离，m；s_w 为井中水位与初始水位间的高差，即降深，m；r_w 为井半径，m；H 为潜水含水层厚度，m。因降落漏斗是在潜水含水层中发展，存在着垂向分速度，等水头面不是圆柱面，而是共轴旋转曲面（如 A—A、B—B 等所示），为空间径向流，所以这类问题很难求得它的解析解。

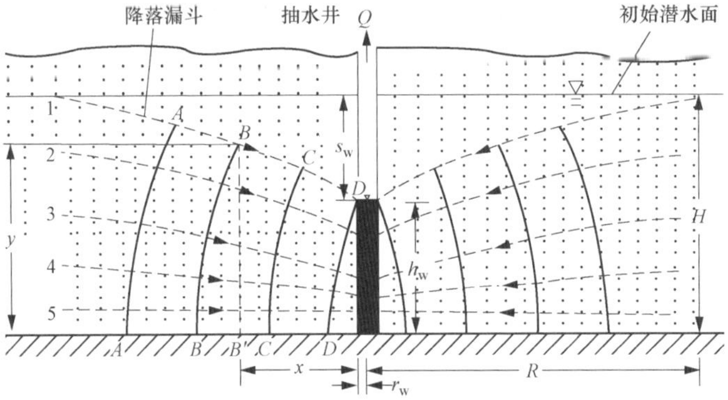

图 9-5　潜水完整井抽水的径向流

为了推导潜水完整井稳定流量计算公式，需作如下假设：

（1）含水层均质、各向同性，产状水平、厚度不变，分布面积很大，可视为无限延伸。

（2）抽水前的地下水面是水平的，并视为稳定的。

（3）含水层中水流服从达西定律，并在水头下降的瞬间水就释放出来。

（4）向井的潜水流是近似水平的，等水头面是共轴圆柱面（如图 9-5 中 B—B'所示），并和过水断面一致；通过不同过水断面的流量处处相等，并等于井流量 Q。

公式的推导基于达西定律，即

$$Q = K \cdot i \cdot \omega \tag{9-8}$$

为确定出水量 Q，必须先确定其余三个参数。K 值对均质各向同性含水层是一个常数，因此公式的推导实际上是如何确定 ω和i 值。

根据假设，为了将过水断面近似看作圆柱面，如 B—B 所示的实际过流断面用 B—B' 代替，这样地下水流过（x, y）处的过水断面就是圆柱体的侧面积，为

$$\omega = 2\pi xy \tag{9-9}$$

从图 9-5 亦可以看出：地下水在向潜水完整井的流动过程中水力坡度 i 是个变数，但是任意（x，y）处断面的水力坡度可以表示为

$$i = \frac{\mathrm{d}y}{\mathrm{d}x} \tag{9-10}$$

将式（9-9）和式（9-10）代入达西公式（9-8），即可求得通过任意过水断面 $B—B'$ 的运动方程为：

$$Q = K \cdot \omega \cdot i = K \cdot 2\pi x \cdot y \frac{\mathrm{d}y}{\mathrm{d}x} \tag{9-11}$$

通过分离变量并积分，将 y 从 h_w 到 H，x 从 r_w 到 R 进行定积分

$$Q\int_{r_w}^{R} \frac{\mathrm{d}x}{x} = 2\pi K \int_{h_w}^{H} y\mathrm{d}y \tag{9-12}$$

即

$$Q(\ln R - \ln r_w) = \pi K(H^2 - h_w^2) \tag{9-13}$$

移项得

$$Q = \frac{\pi K(H^2 - h_w^2)}{\ln R - \ln r_w} = \frac{\pi K(H^2 - h_w^2)}{\ln \frac{R}{r_w}} = \frac{3.14K(H^2 - h_w^2)}{2.3\lg \frac{R}{r_w}} = 1.36K\frac{H^2 - h_w^2}{\lg \frac{R}{r_w}} \tag{9-14}$$

因 $h_w = H - s_w$，所以式（9-14）可变为

$$Q = 1.36K\frac{(2H - s_w)s_w}{\lg \frac{R}{r_w}} \tag{9-15}$$

式中符号同前。式（9-14）与式（9-15）即为地下水向潜水完整井运动规律的方程式，亦称为裘布依（Dupuit）公式。公式表明，潜水完整井的出水量 Q 与水位降深 s_w 的二次方成正比，说明 Q 与 s_w 之间呈抛物线形关系。

同理，可分别给出有一个观测孔和两个观测孔时的计算公式

$$h^2 - h_w^2 = \frac{Q}{\pi K}\ln\frac{r}{r_w} \tag{9-16}$$

$$h_2^2 - h_1^2 = \frac{Q}{\pi K}\ln\frac{r_2}{r_1} \tag{9-17}$$

式中：h 为距离井轴 r 处观测孔的水位；h_1、h_2 分别为距离井轴 r_1、r_2 处观测孔的水位。式（9-17）称为潜水井的 Thiem 公式。

9.2.3　地下水向承压水完整井的稳定运动

根据裘布依稳定流理论，当承压完整井以定流量 Q 抽水时，若经过相当长的时段，出水量和井内水头降落均能达到稳定状态，这就是地下水向承压完整井的稳定流。其影响半径 R、水位降深 s_w、含水层厚度 M 等参数，如图 9-6 所示。

承压水完整井稳定流计算公式推导假设基本与潜水完整井基本一致，具体如下：

（1）含水层均质、各向同性，产状水平，厚度不变，分布面积很大，可视为无限延伸。

（2）抽水前的地下水面是水平的，并视为稳定的。

（3）含水层中水流服从达西定律，并在水头下降的瞬间水就释放出来。

承压含水层的水流特征与潜水完整井的不同之处：承压含水层厚度不随抽水而发生改变，因而剖面上流线是相互平行的直线，等水头线是铅垂线，过水断面是真正的圆柱侧面。

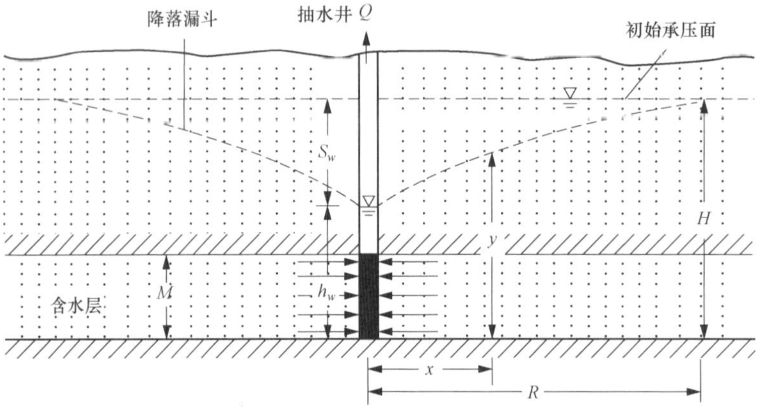

图 9-6　承压水完整井的径向流

通过如图 9-6 所示的坐标系，地下水流向承压完整井 (x, y) 处的过水断面面积和水力坡度分别表示为

$$\omega = 2\pi xM \tag{9-18}$$

$$i = \frac{dy}{dx} \tag{9-19}$$

基于达西定律，地下水通过任意 (x, y) 处的过水断面的流量为

$$Q = K \cdot \omega \cdot i = K \cdot 2\pi xM \frac{dy}{dx} \tag{9-20}$$

同潜水井的推导过程一样，将式（9-20）进行分离变量并积分，将 y 从 h_w 到 H、x 从 r_w 到 R 进行积分

$$Q\int_{r_w}^{R} \frac{dx}{x} = K2\pi M \int_{h_w}^{H} dy \tag{9-21}$$

$$Q(\ln R - \ln r_w) = 2\pi KM(H - h_w) \tag{9-22}$$

将 π 值代入并换为常用对数，进行整理后得

$$Q = 2.73K\frac{M(H - h_w)}{\lg R - \lg r_w} \tag{9-23}$$

因 $H - h_w = s_w$，所以式（9-23）可变为

$$Q = 2.73K\frac{Ms_w}{\lg\frac{R}{r_w}} \tag{9-24}$$

式中符号同上。式（9-23）与式（9-24）即为地下水向承压水完整井运动规律的方程式，亦称裘布依公式。公式表明，承压水井的出水量 Q 与水位下降值 s_w 成正比。

如距抽水井井轴 r 处有一观测孔，测得水位为 H，在 r_w 和 r 两端面之间积分，可得

$$H - h_w = \frac{Q}{2\pi KM}\ln\frac{r}{r_w} \tag{9-25}$$

同理，如有距离井轴的距离分别为 r_1 和 r_2 的两观测孔，其水位分别为 H_1 和 H_2，则同样可得

$$H_2 - H_1 = \frac{Q}{2\pi KM}\ln\frac{r_2}{r_1} \tag{9-26}$$

式（9-26）也称为 Thiem 公式。

【例 9.1】 在承压含水层中有一口直径为 0.152m 的抽水井。已知含水层厚度 9.80m，渗透系数为 4.20m/d，初始水位为 17.40m，影响半径为 150m。试求井内稳定水位为 13.40m 时的稳定抽流量。

【解】 抽水稳定时降深为

$$s_w = H - h_w = 17.4 - 13.4 = 4\text{m}$$

根据以降深表示的承压水完整井稳定流运动方程式（9-24），有

$$Q = 2.73K\frac{Ms_w}{\lg\frac{R}{r_w}} = 2.73 \times \frac{4.20 \times 9.80 \times 4}{\lg\frac{150}{0.076}} = 136.20(\text{m}^3/\text{d})$$

9.2.4　裘布依公式的讨论

1. 抽水井流量与降深的关系

抽水井的流量与降深的关系可以用 $Q = f(s)$ 曲线来表示。通过裘布依公式可知：承压井流量 Q 与降深 s_w 之间呈线性关系，表现为流量随着降深的增大呈正比例关系增大；潜水井流量 Q 与降深 s_w 之间呈二次抛物线关系（见图 9-7），说明流量虽然随着降深的增大而增加，但是流量的增量幅度越来越小。

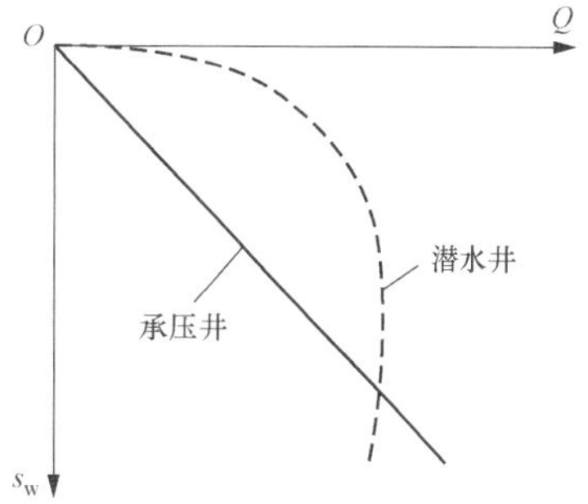

图 9-7　Q—s_w 关系曲线图

裘布依公式中的水位降深仅仅是缓慢运动的地下水克服含水层的阻力所消耗的水头。但实际上的水头还包括水流通过井筒过滤器孔眼时所产生的水头损失，水流在滤水管内流动时的水头损失等。此外，水井的结构、成井工艺及水井附近地下水三维流动都会使得 $Q-s_w$ 曲线偏离裘布依公式，即使是承压水 $Q-s_w$ 曲线也不一定呈直线关系。

2. 井的最大流量问题

据裘布依公式［式（9−14）与式（9−23）］可以看出，当 $h_w=0$，即 $s_w=H$ 时，流量达到最大值，这个既不符合实际情况，理论上又不合理。因为当 $s_w=H$ 时，井内水位 $h_w=0$，则过水断面面积 $\omega=0$，则 $i=\infty$，这显然是矛盾的。这种理论上的矛盾反映了裘布依公式是有缺陷的，造成这种矛盾的原因，是裘布依公式在推导过程中忽略了渗透速度的垂直分量。

3. 井径与流量的关系

抽水井的流量与井径的关系，现在还没有统一的认识和公认的与实际相符的关系式。从式（9−15）可以看出井的半径 r_w 对流量 Q 的影响并不大，两者之间只是对数关系，随着井半径的增大流量增加得很小。即井半径增加一倍，流量只增加 10%左右；井半径增加 10 倍，流量亦只增加 40%左右。这种对数关系已被大量事实所否定，中外许多水文地质工作者曾为此进行过大量试验，其结果大都表明当井半径 r_w 增大之后，流量的实际增加要比用裘布依公式计算结果大得多。

4. 水跃对裘布依公式的计算结果的影响

水跃对裘布依公式计算结果的影响在现场观测和室内实验研究都证明：潜水井抽水时，只有当水位降低非常小时，井内水位（h_w）才与井壁（h_s）水位接近一致；而当水位降低较大时，井内水位就明显低于井壁水位（见图 9−8），此种现象称水跃（渗出面）；其水位差值记为 Δh_w。

渗出面的存在有两个作用：① 井附近的流线是曲线，等水头面为曲面，只有当井壁和井中存在水头差时，图 9−8 中的阴影部分的水才能进入井内。② 渗出面的存在，保持了

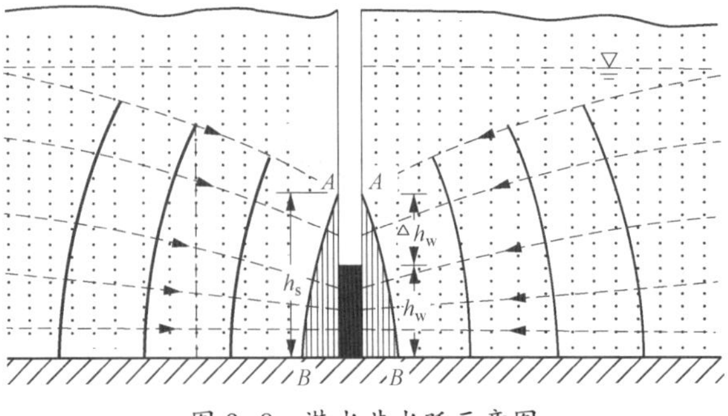

图 9−8　潜水井水跃示意图

适当高度的过水断面，以保证把流量 Q 输入井内。如果不存在渗出面，则当井水位降到隔水底板时，井壁处的过水断面将等于零，就无法通过地下水。裘布依降落曲线方程没有考虑水跃的存在，因此在抽水井附近，实际曲线将高于裘布依（Dupuit）理论曲线。随着距抽水井的距离的加大，等水头线变直，流速的垂直分量变小，理论曲线与实际曲线才渐趋一致。

9.2.5　裘布依公式的应用范围

裘布依公式仅适用于稳定流状态下，如在抽水过程的后期，随着抽水时间的延长，漏斗的扩展速度逐渐变小，最后趋于零或接近于零，出水量也趋于稳定，井中动水位也在一定高度上稳定下来，这时地下水向抽水井的运动达到了一种相对的暂时的平衡状态属稳定流阶段。具体裘布依公式的应用范围可归纳如下。

（1）在有充分就地补给（有定水头）的情况下，由于补给充分、周转快、年度或跨年度调节作用强，储存量的消耗不明显，这样就容易在经过一定的开采时间后形成新的动态平衡，这样利用裘布依公式求解就可得到较准确的结果。

（2）当抽水井是建在无充分就地补给广阔分布的含水层之中，例如开采大面积承压水，由于补给途径长、周转慢，存在多年调节作用，消耗储存量的时间很长，因而不容易形成新的动态平衡，抽水是在非稳定流条件下进行的，这种条件严格说是不适用裘布依公式的。但如果进行长时间的抽水，并在抽水井附近设有观测井，若观测孔中的 s_w 值在 s_w–lg$r$ 曲线上能连成直线，则可根据观测井的数据用裘布依公式来计算含水层的渗透系数 K。

（3）在取水量远小于补给量的地区，可以先求得含水层的渗透系数，然后再用裘布依公式大致推测在不同取水量的情况下井内及附近的地下水位下降值。

9.3　地下水流向井的非稳定运动

地下水向井的稳定运动的基本理论及其有关的运算模型（裘布依稳定井流公式）对于研究地下水的运动曾起过重要的作用，解决了很多生产实际中的问题，至今仍具有其重要的使用价值。但随着工农业生产的不断发展，以及人口的不断增加，工业、农业及生活用水量的不断增大，地下水作为重要的供水水源其开采规模迅速扩大，世界各地普遍出现地下水水位的持续下降。作为地下水运动要素不随时间发生变化的稳定流理论及其水量计算公式无法解决和预测这一现象，以及未来地下水动态的变化趋势。

在 20 世纪 30 年代中期开始形成的以泰斯（Theis）为代表的非稳定流理论及其相关

的水量运算公式发挥着越来越大的作用。泰斯非稳定流理论认为在抽水过程中地下水的运动状态是随时间而变化的，即动水位不断下降，降落漏斗不断扩大，直至含水层的边缘或补给水体。

图 9−9 表示无充分补给的抽水井所形成的非稳定流运动。曲线①表示 t_1 时刻的下降漏斗，由于水体不断被抽走，而且补给量小于开采量，漏斗不断扩大，经过一定的时刻之后，漏斗面变到②的位置，最后一直扩大到整个含水层。距离抽水井越远，漏斗的曲率越小，扩展速度越来越缓慢。

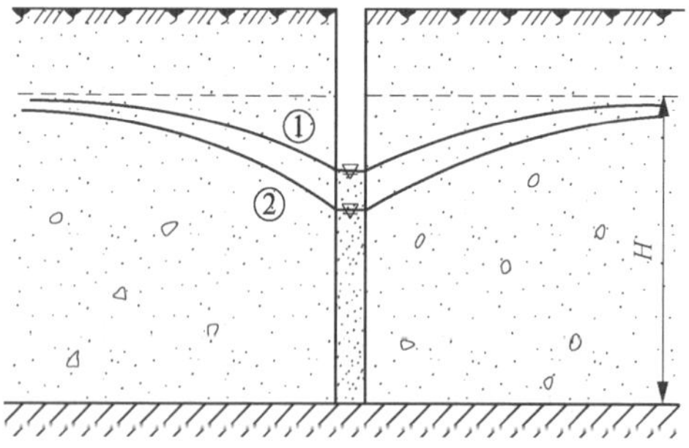

图 9−9　无充分补给的非稳定流抽水井

在分布宽阔的潜水含水层中开采地下水，当抽水的影响未扩及补给边界，地下水始终处于非稳定运动状态时，属于逐渐疏干含水层的过程。对于承压含水层而言，所反映的只是随着抽水过程，水头在不断地降低，并不存在对含水层的疏干。一系列的研究结果表明，从承压含水层尤其是深层承压含水层中抽出的水量主要是由于水头降低，含水层的弹性压缩和承压水的弹性膨胀而释放出的部分地下水。而当水头升高，承压含水层则会储存这部分地下水，这一现象就称为“弹性储存”。

在抽水含水层抽水条件下，由于水头降低，和相邻含水层之间出现水头差而产生越流现象，这时的抽水含水层、弱透水层及相邻含水层统称为“越流系统”。一般称抽水的含水层为主含水层或越补含水层，相邻含水层称补给层。本节所讲非稳定流理论，主要是无越流补给的含水层中地下水向井的非稳定运动，可以解决大多数的供水水文地质问题。关于越流含水层中地下水向井的非稳定运动问题，可参阅地下水动力学相关书籍。

9.3.1　地下水向完整井非稳定流运动微分方程

1. 潜水完整井

潜水完整井在抽水过程中，随着时间 t 的延长，水位 h 不断下降，地下水位降落漏斗不断扩大，如图 9−10 所示。

解决非稳定流动的方法是把时间间隔分小，在微小的时段内就可以把非稳定流当作稳定流来处理。

在距井 r 处取一微分段宽度为 $\mathrm{d}r$，平面积为 $2\pi r\cdot \mathrm{d}r$，断面积为 $2\pi r\cdot h$。

为了研究方便，可应用势函数 Φ 的概念。对于潜水，令势函数为

$$\Phi=\frac{1}{2}Kh^2 \tag{9-27}$$

据达西公式通过此断面的流量为

$$Q = 2\pi rh\frac{\partial h}{\partial r} = 2\pi r\frac{\partial \Phi}{\partial r} \tag{9-28}$$

在 dt 时段内，通过微分段内外两断面的流量变化为

$$dQ = 2\pi\frac{\partial}{\partial r}\left(r\frac{\partial \Phi}{\partial r}\right)dr = 2\pi\left(\frac{\partial \Phi}{\partial r} + \frac{\partial^2 \Phi}{\partial r^2}\right)dr \tag{9-29}$$

但根据水流连续性原理，在 dt 时段内为分段内流量的变化应当等于微分段内水体的变化 $2\pi r \cdot dr \cdot \mu\frac{\partial h}{\partial t}$，则有

$$2\pi r dr \mu\frac{\partial h}{\partial t} = 2\pi\left(\frac{\partial \Phi}{\partial r} + \frac{\partial^2 \Phi}{\partial r^2}\right)dr \tag{9-30}$$

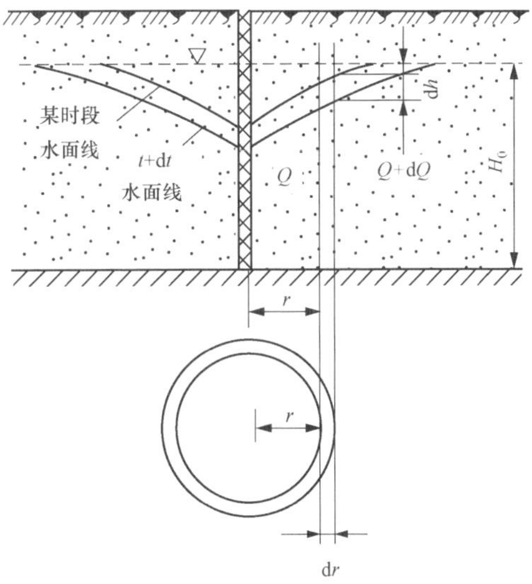

图 9-10　潜水完整井计算图

将式（9-30）两边各乘以 Kh 并化简得

$$\frac{Kh}{\mu}\left(\frac{\partial^2 \Phi}{\partial r^2} + \frac{1}{r}\frac{\partial \Phi}{\partial r}\right) = Kh\frac{\partial h}{\partial t} \tag{9-31}$$

式中：h 为潜水位，m；μ 为含水层给水度。

若令：$T = Kh$ 为水位传导系数，称导水系数，表示含水层的导水能力；$a = \frac{Kh}{\mu}$ 潜水含水层的水位传导系数，表示潜水含水层中水位传导速度的参数。

将 T、a 代入上式则得潜水完整井非稳定流的微分方程

$$\frac{\partial^2 \Phi}{\partial r^2} + \frac{1}{r}\cdot\frac{\partial \Phi}{\partial r} = \frac{\mu}{T}\cdot\frac{\partial \Phi}{\partial r} \tag{9-32}$$

或

$$\frac{\partial^2 \Phi}{\partial r^2} + \frac{1}{r}\cdot\frac{\partial \Phi}{\partial r} = \frac{1}{a}\cdot\frac{\partial \Phi}{\partial r} \tag{9-33}$$

2. 承压水完整井

如图 9-11 所示的承压水完整井，在距离井轴 r 处的断面附近取一微分段，其宽度为 dr，平面面积为 $2\pi r$dr，断面面积为 $2\pi rM$，体积为 $2\pi rM$dr。当抽水时间间隔很短时，可以把非稳定流当作稳定流来处理。

为了研究方便，可应用势函数 Φ 的概念。对于承压水，令势函数为

$$\Phi = KMH \tag{9-34}$$

某一时刻通过此断面的流量可按达西公式求得

$$Q = 2\pi rMK\frac{\partial H}{\partial r} = 2\pi r\frac{\partial \Phi}{\partial r} \tag{9-35}$$

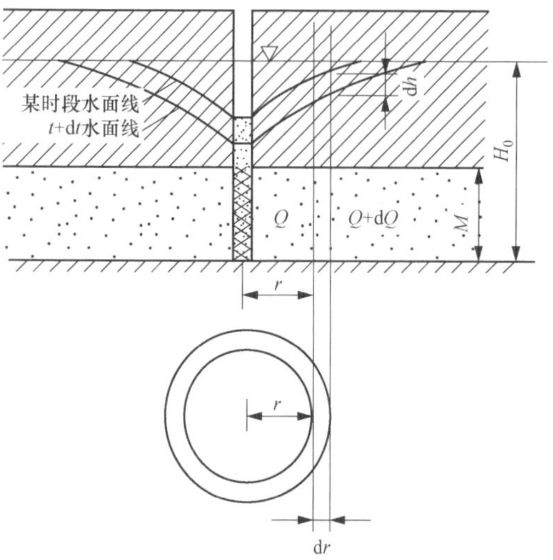

图 9-11　承压水完整井计算图

在 dt 时间内，通过微分段内外两个断面流量的变化为

$$dQ = 2\pi \frac{\partial}{\partial r}(r\frac{\partial \Phi}{\partial r})dr = 2\pi(\frac{\partial \Phi}{\partial r} + \frac{\partial^2 \Phi}{\partial r^2})dr \quad (9\text{-}36)$$

根据水流连续性原理，在 dt 时段内微分段内流量的变化看作微分段内弹性水量的变化，因此微分段内弹性水量为

$$dV_{弹} = \beta \cdot dV \cdot dP = \beta \cdot 2\pi rM \cdot dr \cdot \gamma \cdot dH \quad (9\text{-}37)$$

式中：$dP = \gamma \cdot dH$；γ 为水的重度。

所以

$$2\pi\left(\frac{\partial \Phi}{\partial r} + \frac{\partial^2 \Phi}{\partial r^2}\right)dr = \beta 2\pi rM \cdot dr \cdot \gamma \cdot \frac{\partial H}{\partial t}$$

上式两边各乘以 KM 值则得

$$\frac{KM}{\gamma\beta M}\left(\frac{\partial^2 \Phi}{\partial r^2} + \frac{1}{r}\frac{\partial \Phi}{\partial r}\right) = K\frac{\partial(HM)}{\partial t} = \frac{\partial \Phi}{\partial t} \quad (9\text{-}38)$$

为了计算方便，引入如下几个参数：

（1）$T = KM$，为导水系数，表示含水层导水能力大小的参数。

（2）$\mu^* = \gamma \cdot \beta \cdot M$ 为贮水系数（或弹性给水度），是指承压水头下降 1m 时，从单位面积承压含水层柱体（高度为含水层厚度）中释放出来的弹性水量。

（3）$a = T / \mu^*$ 为承压含水层压力传导系数。

将 T、μ^*、a 代入式（9-38）可得承压完整井的微分方程

$$\frac{\partial^2 \Phi}{\partial r^2} + \frac{1}{r}\frac{\partial \Phi}{\partial r} = \frac{\mu^*}{T}\frac{\partial \Phi}{\partial t} \quad (9\text{-}39)$$

或

$$\frac{\partial^2 \Phi}{\partial r^2} + \frac{1}{r}\frac{\partial \Phi}{\partial r} = \frac{1}{a}\frac{\partial \Phi}{\partial t} \quad (9\text{-}40)$$

9.3.2　地下水向完整井非稳定流运动方程（Theis 公式）

1. 承压水井完整井 Theis 公式

承压含水层中单井定流量抽水的数学模型是在下列假设条件下建立的：

（1）含水层均质各向同性、等厚、侧向无限延伸，产状水平。

（2）抽水前天然状态下水力坡度为零。

（3）定流量抽水，井径无限小。

（4）含水层中水流服从达西定律。

（5）水头下降引起的地下水从贮存量中的释放是瞬时完成的。

在上述假设条件下，抽水后将形成以井轴为对称轴的下降漏斗，将坐标原点放在含水层底板抽水井的井轴处，井轴为 z 轴，如图 9−12 所示。

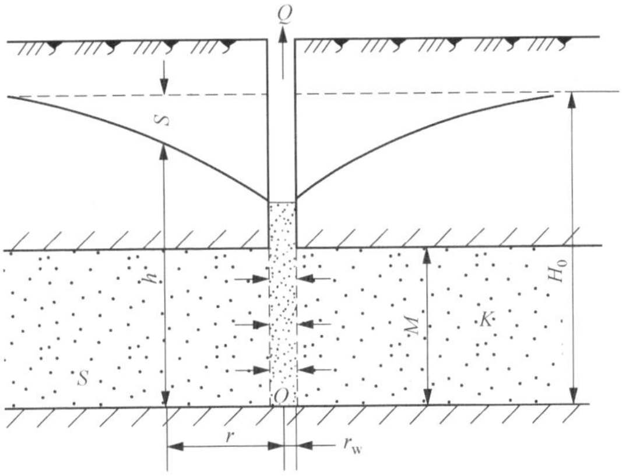

图 9−12　承压水完整井流

根据假定，其边界条件和初始条件可以表示为：

初始条件：t=0 时，$\Phi(r,0)=KMH$。

边界条件：

$$\left.\begin{aligned} &r\to\infty \quad \Phi(\infty,t)=KMH \\ &\lim_{r\to 0}\left(r\frac{\partial\Phi}{\partial r}\right)=\frac{Q}{2\pi} \end{aligned}\right\}\text{当 } t>0 \text{ 时。}$$

根据上述初始条件及边界条件，结合承压完整井微分方程，通过积分变化法可求得微分方程（9−39）的解为

$$s=\frac{Q}{4\pi T}W(u) \tag{9-41}$$

式中，$W(u)=\int_u^{\infty}\frac{e^{-u}}{u}\mathrm{d}u$ 是指数积分函数或称井函数。此式为承压完整井流的基本方程式，也称为 Theis 公式（泰斯公式）。

井函数也可用收敛级数表示，即

$$W(u)=-0.5772-\ln u+\sum_{n=1}^{\infty}(-1)^{n+1}\frac{u^n}{n\cdot n!} \tag{9-42}$$

式中：$u=\dfrac{r^2}{4at}$ 为井函数自变量；s 为当以固定水量 Q 抽水时，在距井 r 远处经过 t 时刻后的水位下降值，m；其他符号同前。

2. 潜水完整井 Theis 公式

前面重点讨论了承压完整井流，下面讨论潜水完整井流问题。潜水井流与承压水井流不同，它的上界面是一个随时间变化的自由液面。因而它的运动与承压水不同，主要表现为下列几点。

（1）潜水井流的导水系数（$T=Kh$）随距离（r）和时间（t）而变化，而承压水井流 $T=KM$ 和 r，t 无关。

（2）当潜水井流降深较大时，垂向分速度不可忽略，在井附近为三维流。而水平含水层中的承压水井流垂向分速度可忽略，一般为二维流或可近似地当作二维流来处理。

（3）从潜水井抽出的水主要来自含水层的重力疏干。重力疏干不能瞬时完成，而是逐渐被排放出来，因而出现明显地迟后于水位下降的现象。潜水面虽然下降了，但潜水面以上的非饱和带内的水继续向下不断地补给潜水。因此，测出的给水度（μ）在抽水期间是以一个递减的速率逐渐增大的。只有当抽水时间足够长后，给水度才实际上趋近于一个常数值。承压水井流则不同，抽出的水来自含水层贮存量的释放，接近于瞬时完成，贮水系数(μ^*)是常数。

到目前为止，还没有同时考虑上述三种情况的潜水井流公式。

在一定条件下，潜水完整井抽水非稳定流运算模型可近似按照承压水完整井的方式进行一系列代换导出。如果满足承压水完整井泰斯公式的前面四个假设条件，虽然条件（5）不同，但当抽水相当长时间以后，潜水含水层迟后排水的现象已经不明显，可近似认为已满足条件（5）。若 H_0 为抽水前潜水含水层厚度，任意时刻潜水流厚度为 H，降深为 s。则潜水完整井在降深不大的情况下，即 $s \leqslant 0.1H_0$，可用承压水井流公式作近似计算。此时潜水流厚度可近似用 $\frac{1}{2}(H+H_0)$ 来代替，于是承压水井公式（9–41）中的 $2Ms$ 可用 $H_0^2-H^2$ 来代替，则可推导出：

$$s=H-\sqrt{H^2-\frac{Q}{2\pi K}W(u)} \tag{9–43}$$

式中符号同承压水完整井非稳定流计算公式。

3. Theis 公式的简化处理

为了便于计算，一般将井函数 $W(u)$ 制成专门表格（见表 9–1）。已知含水层的压力传导系数或贮水系数、导水系数，就可以计算开采区内某一时刻任一点的水位降深值；或预测开采区内某一点的不同时间的水位降深值。

表 9–1　**$W(u)$ 函数表**

u	$W(u)$	u	$W(u)$	u	$W(u)$	u	$W(u)$
0	∞	5×10^{-12}	25.4444	5×10^{-11}	23.1418	5×10^{-10}	20.8392
1×10^{-12}	27.0538	1×10^{-11}	24.7512	1×10^{-10}	22.4486	1×10^{-9}	20.1460
2×10^{-12}	26.3607	2×10^{-11}	24.0581	2×10^{-10}	21.7555	2×10^{-9}	19.4529

续表

u	$W(u)$	u	$W(u)$	u	$W(u)$	u	$W(u)$
5×10^{-9}	18.5366	0.048	2.5068	0.22	1.1454	0.60	0.4544
1×10^{-8}	17.8435	0.050	2.4679	0.23	1.1099	0.61	0.4454
2×10^{-8}	17.1503	0.052	2.4306	0.24	1.0726	0.62	0.4366
5×10^{-8}	16.2340	0.054	2.3948	0.25	1.0443	0.63	0.4280
1×10^{-7}	15.5409	0.056	2.3604	0.26	1.0139	0.64	0.4197
2×10^{-7}	14.8477	0.058	2.3273	0.27	0.9849	0.65	0.4115
5×10^{-7}	13.9314	0.060	2.2953	0.28	0.9573	0.66	0.4036
1×10^{-6}	13.2386	0.062	2.2645	0.29	0.9309	0.67	0.3959
2×10^{-6}	12.5451	0.064	2.2346	0.30	0.9057	0.68	0.3883
5×10^{-6}	11.6280	0.066	2.2058	0.31	0.8815	0.69	0.3810
1×10^{-5}	10.9357	0.068	2.1779	0.32	0.8583	0.70	0.3738
2×10^{-5}	10.2426	0.070	2.1508	0.33	0.8361	0.71	0.3668
5×10^{-5}	9.3263	0.072	2.1246	0.34	0.8147	0.72	0.3599
1×10^{-4}	8.6332	0.074	2.0991	0.35	0.7942	0.73	0.3532
2×10^{-4}	7.9402	0.076	2.0744	0.36	0.7745	0.74	0.3467
5×10^{-4}	7.0242	0.078	2.0503	0.37	0.7554	0.75	0.3403
1×10^{-3}	6.3315	0.080	2.0269	0.38	0.7371	0.76	0.3341
2×10^{-3}	5.6394	0.082	2.0042	0.39	0.7194	0.77	0.3280
5×10^{-3}	4.7261	0.084	1.9820	0.40	0.7024	0.78	0.3221
0.010	4.0379	0.086	1.9604	0.41	0.6859	0.79	0.3163
0.012	3.8573	0.088	1.9393	0.42	0.6700	0.80	0.3106
0.014	3.7054	0.090	1.9187	0.43	0.6546	0.81	0.3050
0.016	3.5739	0.092	1.8987	0.44	0.6397	0.82	0.2996
0.018	3.4581	0.094	1.8791	0.45	0.6253	0.83	0.2943
0.020	3.3547	0.096	1.8599	0.46	0.6114	0.84	0.2891
0.022	3.2614	0.098	1.8412	0.47	0.5979	0.85	0.2840
0.024	3.1763	0.10	1.8229	0.48	0.5848	0.86	0.2790
0.026	3.0983	0.11	1.7371	0.49	0.5721	0.87	0.2742
0.028	3.0261	0.12	1.6595	0.50	0.5598	0.88	0.2694
0.030	2.9591	0.13	1.5889	0.51	0.5478	0.89	0.2647
0.032	2.8965	0.14	1.5241	0.52	0.5362	0.90	0.2602
0.034	2.8379	0.15	1.4645	0.53	0.5250	0.91	0.2557
0.036	2.7827	0.16	1.4092	0.54	0.5140	0.92	0.2513
0.038	2.7306	0.17	1.3578	0.55	0.5034	0.93	0.2470
0.040	2.6813	0.18	1.3098	0.56	0.4930	0.94	0.2429
0.042	2.6244	0.19	1.2649	0.57	0.4830	0.95	0.2387
0.044	2.5899	0.20	1.2227	0.58	0.4732	0.96	0.2347
0.046	2.5474	0.21	1.1829	0.59	0.4637	0.97	0.2308

续表

u	W(u)	u	W(u)	u	W(u)	u	W(u)
0.98	0.2269	1.9	0.0562	3.0	0.0131	4.1	0.0033
0.99	0.2231	2.0	0.0489	3.1	0.0115	4.2	0.0030
1.0	0.2194	2.1	0.0426	3.2	0.0101	4.3	0.0026
1.1	0.1860	2.2	0.0372	3.3	0.0089	4.4	0.0023
1.2	0.1584	2.3	0.0325	3.4	0.0079	4.5	0.0021
1.3	0.1355	2.4	0.0284	3.5	0.0070	4.6	0.0018
1.4	0.1162	2.5	0.0249	3.6	0.0062	4.7	0.0016
1.5	0.1000	2.6	0.0219	3.7	0.0055	4.8	0.0014
1.6	0.0863	2.7	0.0192	3.8	0.0048	4.9	0.0013
1.7	0.0747	2.8	0.0169	3.9	0.0043	5.0	0.0011
1.8	0.0647	2.9	0.0148	4.0	0.0038		

当抽水时间 t 较长、$u\leqslant0.01$ 时，井函数的级数展开式（9−42）中，从第二项以后得各项绝对值很小，可忽略不计。实际工作中，可将式（9−41）与式（9−43）进行简化，即 $W(u)$ 只用前两项近似表示：

$$W(u)\approx-0.5772-\ln u\approx\ln\frac{2.25at}{r^2} \tag{9-44}$$

这样基本方程式（9−41）、式（9−43）可简化成如下的通用公式。

承压水完整井：

$$s=\frac{Q}{4\pi T}\ln\frac{2.25at}{r^2} \tag{9-45}$$

潜水完整井：

$$s=H-\sqrt{H^2-\frac{Q}{2\pi K}\ln\frac{2.25at}{r^2}} \tag{9-46}$$

简化后的式（9−45）被称为雅柯布（Jacob）近似公式，适用于当 $u\leqslant0.01$ 时，雅柯布近似公式与泰斯公式相比，其误差在5%左右；实际上抽水井只要进行短时间抽水就可以满足 $u\leqslant0.01$ 这个条件，可应用雅柯布近似公式进行计算。对于观测井，尤其是距抽水井较远的观测井，当抽数时间较短时，不易满足 $u<0.01$ 的条件，所以一般规定观测井只要满足 $u\leqslant0.05$ 时，亦可使用雅柯布近似公式计算。

9.3.3 非稳定流理论所要解决的问题

（1）评价地下水的开采量。非稳定流计算最适合用来评价平原区深部承压水的允许开采量，因为这种含水层分布面积大、埋藏较深、天然径流量小，开采水量常常主要依靠弹性释放水量，补给量比较难求。因此这类承压水地区的开采资源的评价方法是通过非稳定流计算，求得在一些代表性地下水位允许下降值 s 所对应的取水量作为允许开采量。

（2）预报地下水位下降值。在集中开采地下水的地区，区域水位逐年下降现象已经是现实问题，但更重要的是如何预报在一定取水量及一定时段之后，开采区内及附近地区任一点的水位下降值。非稳定流计算能容易予以解决，然而稳定流理论对此无能为力。

（3）确定含水层的水文地质参数。利用非稳定流理论无论是计算允许开采量还是预报地下水位下降值，都需要首先确定含水层的水文地质参数——水位（压力）传导系数、导水系数 T，贮水系数 μ^* 等。通过抽水试验测得 Q、s 及 t 值，然后通过非稳定流方程式可解出其中的 a、T、μ^* 等值。

9.4　含水层水文地质参数的确定

水文地质参数是表征含水层性质特征的重要参数，其数值的大小是含水层各种性能的综合反映。一般计算在计算中常采用的水文地质参数有渗透系数 K、导水系数 T、贮水系数 μ^*、给水度 μ、影响半径 R 等，现总结如下，见表 9-2。

表 9-2　常 见 水 文 地 质 参 数

参数	符号	意义	表示方法	表达式
渗透系数	K	表示含水层渗透性能	水力坡度为 1 时的渗透流速	
导水系数	T	表示含水层导水能力		$T = KM$（承压水） $T = Kh$（潜水）
给水度	μ	潜水含水层给水能力	饱水岩石在重力作用下，可自由流出水的体积与整个岩石体积的比值	
贮水系数/释水系数	μ^*	承压含水层的弹性释水能力	水头降低 1m 时，释放的水体与柱体体积之比	
水位传导系数	a	含水层中水位传导速度		$a = T/\mu^*$（承压水） $a = T/\mu$（潜水）
影响半径	R	表示含水层补给条件		

水文地质参数是进行水文地质计算和合理开发利用地下水的重要依据，同时关系到水量评价结果的正确与否。水文地质参数的求解，实质上是利用前面推导的地下水向井流的运动方程，反求水文地质参数的过程。

9.4.1　利用裘布依公式确定水文地质参数

1. 渗透系数 K 的求解

前述推导得出的地下水向井的稳定运动公式，可以直接变形求解渗透系数 K。

（1）对于潜水水井，有：

单孔抽水：

$$K = 0.732\frac{Q}{(2H - s_w)s_w}\lg\frac{R}{r_w} \quad (9-47)$$

一个观测孔：

$$K = \frac{Q}{\pi(h^2 - h_w^2)}\ln\frac{r}{r_w} \quad (9-48)$$

两个观测孔：

$$K = \frac{Q}{\pi(h_2^2 - h_1^2)}\ln\frac{r_2}{r_1} \quad (9-49)$$

（2）对于承压水井，有：

单孔抽水：

$$K = 0.366\frac{Q}{Ms_w}\lg\frac{R}{r_w} \quad (9-50)$$

一个观测孔：

$$K = \frac{Q}{2\pi M(H - h_w)}\ln\frac{r}{r_w} \quad (9-51)$$

两个观测孔：

$$K = \frac{Q}{2\pi M(H_2 - H_1)}\ln\frac{r_2}{r_1} \quad (9-52)$$

式中符号如 9.2 节所述。

将抽水试验趋近稳定时测得流量（Q）及井或观测孔的水位降深（s）代入以上各式，可直接求出渗透系数（K）或导水系数（T）。

【例 9.2】 某地区有一承压完整井，井半径为 0.21m；含水层为砂卵石，厚度 36.42m；当以稳定流量 $Q = 7850\text{m}^3/\text{s}$ 抽水时，影响半径为 300m，对应降深 $s_w = 1.75\text{m}$，试求渗透系数 K。

【解】

$$K = 0.366\frac{Q}{Ms_w}\lg\frac{R}{r_w} = 0.366\times\frac{7850}{36.42\times1.75}\times\lg\frac{300}{0.21} = 142.65\text{m/d}$$

2. 影响半径 *R* 的确定

裘布依公式是在特定的条件下（抽水井位于岛状含水层中心位置）建立的，因此，公式中的影响半径 R 亦有其特定的含义：在距抽水井 R 远处有一个实际的定水头补给；R 表示实际的影响范围；R 处的水位下降值为零；R 值是一个不受抽水下降值 s 及抽水量 Q 影响的常数值。

生产实践表明，抽水的影响范围是随时间 t 的延长、流量 Q 的增大而扩大的，不可能把抽水的影响范围限定在一个“半径”内。同时，在天然条件下，降落漏斗多不对称，边界也不明显，单井抽水影响范围实际上不是一个圆，不能简单地用一个“半径”来确定。因此，影响半径的确定成为一个比较复杂的问题。目前确定影响半径的方法较多，此处就实际工作中常用的经验公式进行简单介绍如下。

承压含水层（集合尔特公式）：

$$R = 10 s_w \sqrt{K} \tag{9-53}$$

潜水含水层（库萨金公式）：

$$R = 2 s_w \sqrt{K} \tag{9-54}$$

式中符号同前。

虽然用经验公式计算影响半径可能误差较大，但在公式中它以对数形式出现，对求参结果的影响仍比较小。在实际抽水试验时，最好在有代表性的抽水井附近打两个观测孔，利用观测孔的降深资料按 Thiem 公式（式（9-17）与式（9-26））计算参数。这样既可避开难以求准的 R 值，又可减少抽水井存在井损的影响，求得的参数比较可靠。但必须注意，两个观测孔不宜离抽水井太远；否则，当抽水时间不足，通过观测孔过水断面的流量比抽水井流量小得多，求出的 K 值会偏大。

9.4.2　利用 Theis 公式确定水文地质参数

相比稳定流确定水文地质参数，非稳定流抽水试验确定水文地质参数相对较复杂。常用的有试算法、配线法（也叫标准曲线对比法或量板法）、直线图解法、恢复水位法、直线斜率法等。本节就比较常用的配线法和直线图解法为例，介绍水位地质参数的求解方法。

1. 配线法

（1）原理。配线法是通过实测（试验）曲线与理论曲线对比确定含水层水文地质参数的方法。

承压完整井非稳定流公式可以表示为

$$\begin{cases} s = \dfrac{Q}{4\pi T} W(u) \\ u = \dfrac{r^2}{4at} \text{变换形式为} \dfrac{t}{r^2} = \dfrac{1}{4a} \cdot \dfrac{1}{u} = \dfrac{\mu^*}{4T} \cdot \dfrac{1}{u} \end{cases}$$

两端同时取对数有

$$\begin{cases} \lg s = \lg W(u) + \lg \dfrac{Q}{4\pi T} \\ \lg \dfrac{t}{r^2} = \lg \dfrac{1}{u} + \lg \dfrac{\mu^*}{4T} \end{cases}$$

上述两式右端第二项在同一次抽水试验中都是常数。因此，在双对数坐标系内，对于

定流量抽水 $s-\frac{t}{r^2}$ 曲线和 $W(u)=\frac{1}{u}$ 标准曲线在形状上是相同的，只是纵横坐标平移了 $\frac{Q}{4\pi T}$ 和 $\frac{\mu^*}{4T}$ 的距离而已。只要将两曲线重合，任选一匹配点，记下对应的坐标值，代入承压完整井非稳定流公式，即可确定有关参数。此法称为降深-时间距离配线法。

同理，由于实际资料绘制的 $s—t$ 曲线与 $W(u)-\frac{1}{u}$ 标准曲线有相同的形状，因此，可以利用一个观测孔不同时刻的降深值，在双对数纸上绘出 $s—t$ 曲线与 $W(u)-\frac{1}{u}$ 曲线，并进行拟合，此法称为降深-时间配线法。

如果有三个以上的观测孔，可以取 t 为定值，利用所有观测孔的降深值，在双对数纸上绘出 $s-r^2$ 实际资料曲线与 $W(u)-u$ 标准曲线拟合，称为降深-距离配线法。

（2）计算步骤。

1）在双对数坐标纸上绘出 $W(u)-\frac{1}{u}$ 的标准曲线。

2）在另一张模数相同的透明双对数纸上绘制实测的 $s-t/r^2$ 曲线。

3）将实测曲线置于标准曲线上，在保持对应坐标轴彼此平行的条件下相对平移，直至两曲线重合为止（见图 9-13）。

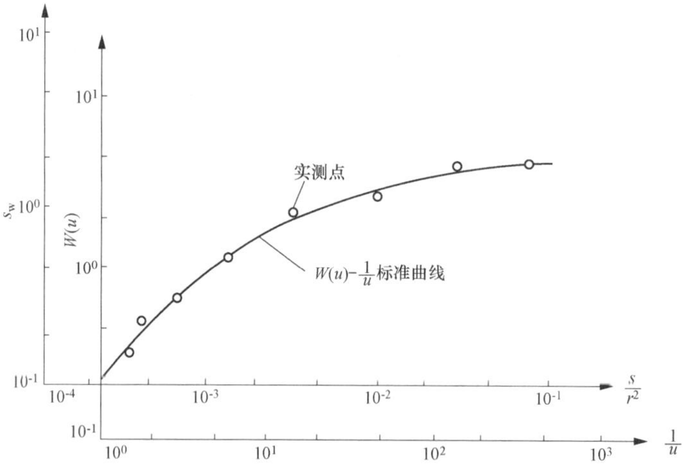

图 9-13　降深-时间距离配线法

4）任取一匹配点（在曲线上或曲线外均可），记下匹配点的对应坐标值：$W(u)$，$\frac{1}{u}$，s，和 $\frac{t}{r^2}$，代入 Theis 公式分别计算出有关参数。

$$\begin{cases} T=\dfrac{Q}{4\pi[s]}[W(u)] \\ \mu^*=\dfrac{4T}{\left[\dfrac{1}{u}\right]}\left[\dfrac{t}{r^2}\right] \end{cases}$$

同理，可利用降深-时间配线法求出有关参数，计算步骤与降深-时间距离配线法类似，如图 9-14 所示。

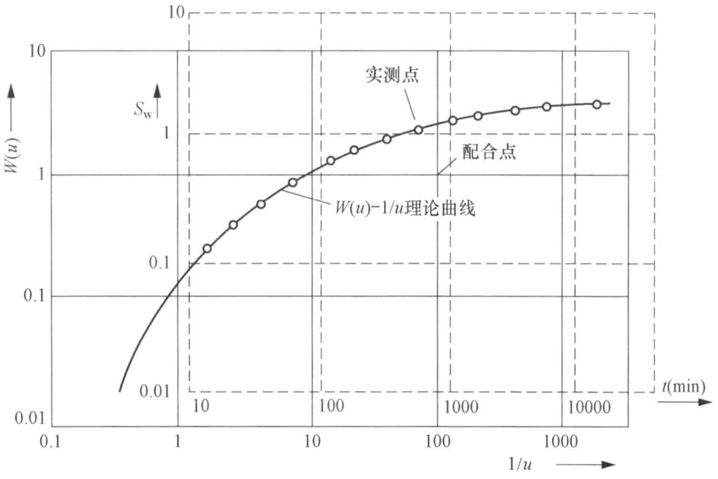

图 9-14　降深-时间配线法

配线法的最大优点：可以充分利用抽水试验的全部观测资料，避免个别资料的误差，提高计算精度。但也存在一定的缺点：① 抽水初期实际曲线常与标准曲线不符，因此，非稳定抽水试验时间不宜过短。② 当抽水后期曲线比较平缓时，同标准曲线不容易拟合准确，常因个人判断不同引起误差。因此在确定抽水延续时间和观测精度时，应考虑所得资料能绘出 $s-t$ 或 $s-t/r^2$ 曲线的弯曲部分，便于拟合。如果后期实测数据偏离标准曲线，则可能是含水层外围边界的影响或含水层岩性发生了变化等。这就需要把试验数据和具体水文地质条件结合起来分析。

【例 9.3】 某工业园区供水井深度 946m，观测资料见表 9-3，试根据观测资料用时间（t）—水位下降（s）配线法计算含水层的水文地质参数。

表 9-3　　抽水井、观测孔抽水试验资料

观测时间				抽水孔	观测孔	
月/日	时	分	累计时间（min）	出水量（m^3/h）	水位（m）	降深（m）
8/2	11	16		77.45	3.404	0
8/2	16	0	285	77.45	3.455	0.051
9/2	8	0	1245	77.45	4.435	1.031
9/2	16	0	1275	77.45	4.965	1.561
10/2	16	0	3165	77.45	6.495	3.091
11/2	8	0	4125	77.45	6.655	3.251
11/2	16	0	4605	77.45	6.855	3.451
12/2	8	0	5565	77.45	7.250	3.846
12/2	16	0	6045	77.45	7.425	4.021
12/2	18	45	6210	停抽		

【解】 首先从井函数表 9-1 中选一批 u 与 $W(u)$ 的对应值，在双对数坐标纸上绘制成 $\frac{1}{u}-W(u)$ 曲线，如图 9-15 中实线所示。然后将实测数据点绘制在透明双对数坐标纸上，如图 9-15 中小圆圈所示，再将实测点据与理论曲线匹配，并保持纵横坐标轴平行，如图所示即为正确位置。从配合点可查出相应的 $W(u)$、$\frac{1}{u}$、s 及 t 值分别为

$$W(u)=0.0378$$

$$\frac{1}{u}=0.443$$

$$s=0.1\text{m}$$

$$t=365\,\text{min}$$

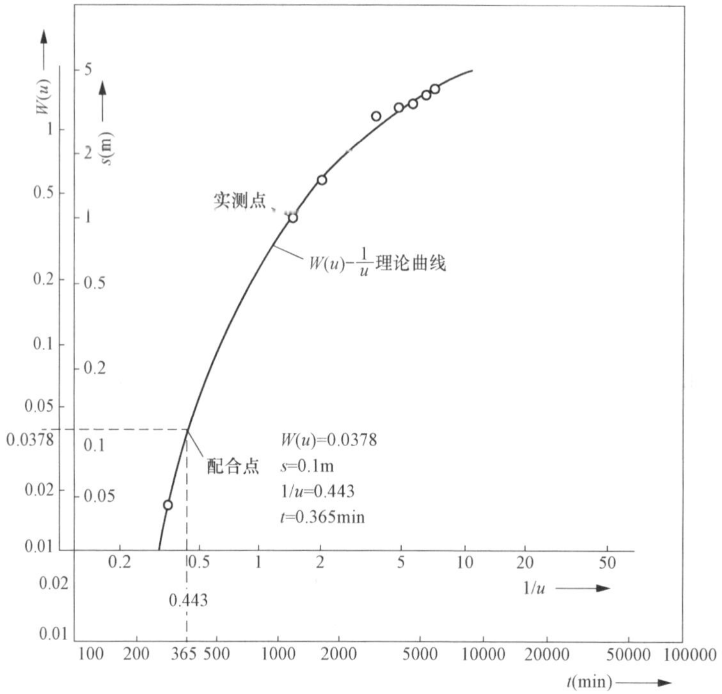

图 9-15　观测孔的 $s-t$ 配线图

将以上数据代入下式，则得

$$T=\frac{Q}{4\pi s}W(u)=\frac{21.5\times 86.4}{4\times 3.1416\times 0.1}\times 0.0378=56.4\text{m}^2/\text{d}$$

$$a=\frac{r^2}{4t}\cdot\frac{1}{u}=\frac{(1450)^2\times 0.443}{4\times\dfrac{365}{1440}}=9.18\times 10^5\,\text{m}^2/\text{d}$$

由于 $a=\dfrac{T}{\mu^*}$，则

$$\mu^*=\frac{T}{a}=\frac{56.4}{9.18\times10^5}=6.1438\times10^{-5}$$

2. 直线图解法

如 9.3.2 节所述，当 $u\leqslant0.01$ 时，承压非完整井的雅柯布公式可以进一步表示为

$$s=\frac{2.3Q}{4\pi T}\cdot\lg\frac{2.25at}{r^2}=\frac{2.3Q}{4\pi T}\lg\frac{2.25T}{\mu^*}+\frac{2.3Q}{4\pi T}\lg\frac{t}{r^2} \tag{9-55}$$

式（9−55）表明，s 与 t/r^2 在单对数坐标纸上呈线性关系，斜率为 $\dfrac{2.3Q}{4\pi T}$。利用斜率可求出导水系数（T），如图 9−16 所示。

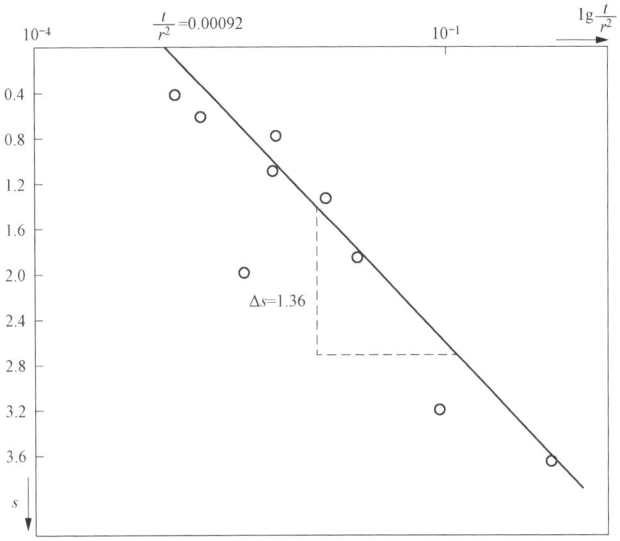

图 9−16　$s-\lg\dfrac{t}{r^2}$ 直线图解法

设斜率为 i，则

$$T=\frac{2.3Q}{4\pi i} \tag{9-56}$$

此直线在零降深线上的截距为 $\left(\dfrac{t}{r^2}\right)_0$，将其代入式（9−55）有

$$0=\frac{2.3Q}{4\pi T}\lg\left[2.25a\left(\frac{t}{r^2}\right)_0\right]$$

因此有

$$\lg\left[2.25a\left(\frac{t}{r^2}\right)_0\right]=0,\ 2.25a\left(\frac{t}{r^2}\right)_0=1 \text{ 即 } 2.25\frac{T}{\mu^*}\left(\frac{t}{r^2}\right)_0=1$$

于是得

$$\mu^* = 2.25T\left(\frac{t}{r^2}\right)_0$$

以上是利用综合资料（多孔长时间观测资料）求参数，称为 $s-\lg\frac{t}{r^2}$ 直线图解法。同理，由式（9–45）还可看出，$s-\lg t$ 和 $s-\lg r$ 均呈线性关系。直线的斜率分别为 $\frac{2.3Q}{4\pi T}$、$-\frac{2.3Q}{4\pi T}$。因此，如果只有一个观测孔，可利用 $s-\lg t$ 直线的斜率求导水系数（T），利用该直线在零降深线上截距 t_0 值，求贮水系数（μ^*）。

如果有三个以上观测孔资料，可利用 $s-\lg r$ 直线的值求 μ^*。

这种方法的优点是，既可以避免配线法的随意性，又能充分利用抽水后期的所有资料。但是，必须满足 $u \leqslant 0.01$ 或放宽精度 $u \leqslant 0.05$，即只有在 r 较小而 t 值较大的情况下才能使用；否则，抽水时间短，直线斜率小，截距值小，所得的 T 值偏大，而 μ^* 值偏小。

【例 9.4】 承压含水层多孔抽水试验，抽水井稳定流量为 $60m^3/s$，有观 2、观 15、观 10、观 1 四个观测孔，距离抽水井距离依次为 43、140、510、780m，各孔随时间变化见表 9–4。试绘制 $s-\lg\frac{t}{r^2}$ 直线图解法计算参数。

表 9–4　观测孔降深随时间变化　　单位：m

孔号 / 累计时间（min）	观 2	观 15	观 10	观 1
10	0.73	0.16	0.04	0
20	1.28	0.48		
30	1.53	0.54		
40	1.72	0.65	0.06	
60	1 96	0.75	0.20	
80	2.14	1.00	0.20	0.04
100	2.28	1.12	0.20	
120	2.39	1.22	0.21	0.08
150	2.54	1.36	0.24	0.09
210	2.77	1.55	0.40	0.16
270	2.99	1.70	0.53	0.25
330	3.10	1.83	0.63	0.34
400	3.20	1.89	0.65	0.42
450	3.26	1.98	0.73	0.50
645	3.47	2.17	0.93	0.71
870	3.68	2.38	1.14	0.87
990	3.77	2.46	1.24	0.96
1185	3.85	2.54	1.35	1.06

【解】（1）根据上述资料，绘制曲线（见图 9−16）。

（2）将 $s-\lg\frac{t}{r^2}$ 曲线的直线部分延长，在零降深线上的截距为 $\left(\frac{t}{r^2}\right)_0=0.00092$。

（3）求直线斜率（i）。最好取一个周期相对应的降深 Δs，这就是斜率 i，由此得 $i=\Delta s=1.36$。

（4）代入有关公式进行计算

$$T=\frac{2.3Q}{4\pi\Delta s}=\frac{2.3\times60\times24}{4\times3.14\times1.36}=194\mathrm{m}^2/\mathrm{d}$$

$$\mu^*=2.25T\left(\frac{t}{r^2}\right)_0=2.25\times194\times0.00092/1440=2.78\times10^{-4}$$

复 习 思 考 题

9.1　地下水在岩石空隙中的运动有哪些特点？

9.2　地下水运动研究岩石内平均直线水流通道中的水流运动特征，这种方法的假设是什么？其条件又是什么？

9.3　达西定律的基本形式及各符号的意义是什么？

9.4　什么是地下水的渗透速度？其与真实的地下水流速之间满足怎样的数量关系？

9.5　地下水向潜水与承压水完整井稳定流的假设分别是什么？

9.6　地下水向潜水井的稳定运动，其水流特征与承压水完整井的不同之处是什么？

9.7　推导潜水完整井及承压水完整井 Theis 公式时作了哪些假定？其与裘布依公式的假设条件有哪些不同？

9.8　在砂土潜水含水层中打一眼供水井，含水层厚度 20m，供水井贯穿整个潜水含水层，当抽水达到稳定时，井内水位下降 3m，流量为 6000m^3/d，井孔直径 200mm，设影响半径为 300m，求该含水层的渗透系数是多少？若井内水位下降 5m，稳定的流量为多少？

9.9　Thies 公式主要可以解决哪些问题？

9.10　某工业园区供水井深度为 100m，以定流量 $Q=22.5\mathrm{m}^3/\mathrm{h}$ 进行非稳定流抽水试验，有一个观测孔，距离抽水井的距离为 50m，表 9−5 为观测资料，试根据观测资料用降深−时间配线法计算含水层的水文地质参数。

表 9-5　　观测孔抽水试验资料

观测累计时间（min）	水位降深（m）	观测累计时间（min）	水位降深（m）	观测累计时间（min）	水位降深（m）
1	0	60	0.05	720	0.88
2	0	90	0.14	900	1.00
3	0	120	0.17	1200	1.15
4	0	150	0.22	1500	1.25
6	0.001	180	0.28	1800	1.32
8	0.002	210	0.32	2100	1.40
10	0.005	240	0.35	2400	1.46
15	0.006	300	0.46	3000	1.52
20	0.008	360	0.50	3600	1.68
25	0.010	480	0.65	4200	1.72
30	0.018	600	0.76	4800	1.73

9.11　某抽水井以定流量 $Q=60\text{m}^3/\text{h}$ 进行非稳定流抽水试验，表 9-6 为距离抽水井 43m 处的一个观测孔的观测资料，试用直线图解法计算含水层的水文地质参数。

表 9-6　　某观测孔抽水试验资料

观测累计时间（min）	水位降深（m）	观测累计时间（min）	水位降深（m）
0	0	210	2.77
10	0.73	270	2.99
20	1.28	330	3.10
30	1.53	400	3.20
40	1.72	450	3.26
60	1.96	645	3.47
80	2.14	870	3.68
100	2.28	990	3.77
120	2.39	1185	3.85
150	2.54		

第10章
不同地貌地区地下水的分布规律

教学目标

理解松散堆积物地区孔隙水的分布规律；了解基岩地区裂隙水的分布规律；掌握岩溶的发育规律及岩溶水的分布特征。

课程思政

“滴水石穿”这个成语形象地表达了水滴在石头上长时间滴落，尽管每滴水力微弱，但通过坚持不懈地滴水，最终能够穿透坚硬的石头。岩溶水的形成是在坚硬的石灰岩等溶解性岩石经过长时间的水流溶蚀作用下逐渐演变而成的。这一过程展示了时间与微小力量的积累如何在自然界中创造奇迹。坚硬的石头在持续的水流冲刷下，逐渐呈现出迷人的岩溶地貌，而这其中的水便是经过坚持不懈的溶蚀所形成的岩溶水。这一过程也启发我们，持之以恒的努力是一种强大的力量，能够在学习、事业等方面创造出引人瞩目的成就。学习、努力和耐心如同滴水一般，在时间的积累下，成就会逐渐显现。每一次的学习、每一次的努力都在不知不觉中积攒着力量，如同岩溶水一样，能够在坚实的石头上留下深刻的痕迹。这个过程虽不是一蹴而就的，但正是这种不懈的积累，让我们的生活变得更加丰富多彩。

地貌主要是指由于地球表面因内、外地质营力作用而产生的地形形态。地质营力作用的强度与方式及地表岩性条件是控制地貌形态的主要因素。地貌形态与岩性、构造以及空隙类型之间的成因联系，表明不同地貌单元及地貌形态应具有与其成因相同的地质和水文地质条件。

不同的地貌单元和地貌形态在岩性和构造特征上呈现显著差异，即便是同一地貌单元的不同空间位置，岩性和构造的异质性也表现得十分明显。这种差异性导致了地下水基本储存空间和运移通道的空隙类型、空间分布状态、发育程度存在较大的差异，进而制约着地下水的补给、径流和排泄等循环过程的深度和广度，同时影响含水层的类型、空间展布和富水性。

从宏观的地貌单元划分和不同地貌形态的成因入手，研究不同地区地下水的形成与分布，有利于掌握地下水储存空间和空隙类型、特征及其分布规律，为不同地区、不同类型地下水的勘探开采提供依据。

10.1 松散堆积物地区的孔隙水分布

10.1.1 孔隙水的特征及其控制因素

孔隙水是赋存于松散沉积物（堆积物）中的地下水。平原和盆地中普遍发育第四纪松散沉积物，砂砾构成含水层，黏性土构成弱透水层，在其中赋存的孔隙水呈层状分布，空间上连续均匀，含水系统内部水力联系良好，是重要的供水水源。

除了风成堆积（如黄土）以及冰碛物外，分布最广、最有水文地质意义的是流水沉积物，包括洪积物、冲积物、湖积物、滨海三角洲沉积物，以及冰水沉积物等。

水流动力条件是控制流水沉积物的关键因素。水流搬运与堆积颗粒的能力取决于流速。流速由大变小时，颗粒自大而小依次沉积。因此，水流的动力环境决定颗粒的空间分布，控制含水层和相对隔水层的空间展布，决定孔隙含水系统的结构。例如，洪流堆积物呈扇状，河道堆积物呈条状，湖泊堆积物的平面展布呈同心圆状。水流动力的变化不但影响岩性结构，还影响地貌，从而影响孔隙含水系统的补给、径流与排泄。

气候和新构造运动两者结合，控制水流动力条件，从而决定孔隙含水系统及其赋存的孔隙水特征。

潮湿炎热气候下，物源区化学风化作用强烈，多形成颗粒细小的黏粒；干燥气候下，物理风化作用强烈，多形成颗粒粗大的砂砾。降水的丰沛与稀少，既影响流水的侵蚀、搬运和堆积作用，也影响湖盆的大小与深度。气候的节律性变化，在第四纪呈现冰期和间冰期交互出现，一方面决定着流水搬运和堆积的物源，另一方面影响海平面的升降。末次盛冰期以来海平面的变化，是影响外流区第四纪孔隙地下水流系统演变的重要事件。

山区构造隆升与平原、盆地构造沉降的强度，控制着地貌，也控制着流水的侵蚀、搬运与堆积作用。构造沉降中心的转移，决定着河道沉积的走向。盆地构造沉降强烈而沉积补偿不足，湖盆扩大加深。盆地构造沉降缓慢，沉积强烈，则湖盆缩小淤浅。

10.1.2 冲洪积扇中的孔隙水

洪积扇形成于干旱半干旱地区的山前地带。暴雨或冰雪消融季节，流速极大的洪流经由山区河槽流出山口，进入平原或盆地后不受固定河槽的约束，加之地势突然转为平坦，集中的洪流转变为辫状散流，水的流速顿减，搬运能力急剧降低，洪流携带的物质以山口为中心堆积成的扇形地形，称为洪积扇。很多洪积扇的形成过程中，有经常性水流

（河流）在同时作用，使暂时性水流的洪积物和经常性水流的冲积物间歇或混杂堆积，因此，很多洪积扇已成为冲洪积扇。冲洪积扇有一定的沉积规律，因此冲洪积扇中地下水的埋藏分布，在水位、水质、水量各方面都表现出相应的变化特点。

（1）上部砂砾石带。厚层砂砾石中有埋藏较深的潜水，直接受地表水和大气降水渗入补给；由于含水层透水性强、厚度大、径流条件良好，属于地下水的补给——径流带，水质好，水量大，单井出水量一般大于 10L/s，如图 10-1 所示。

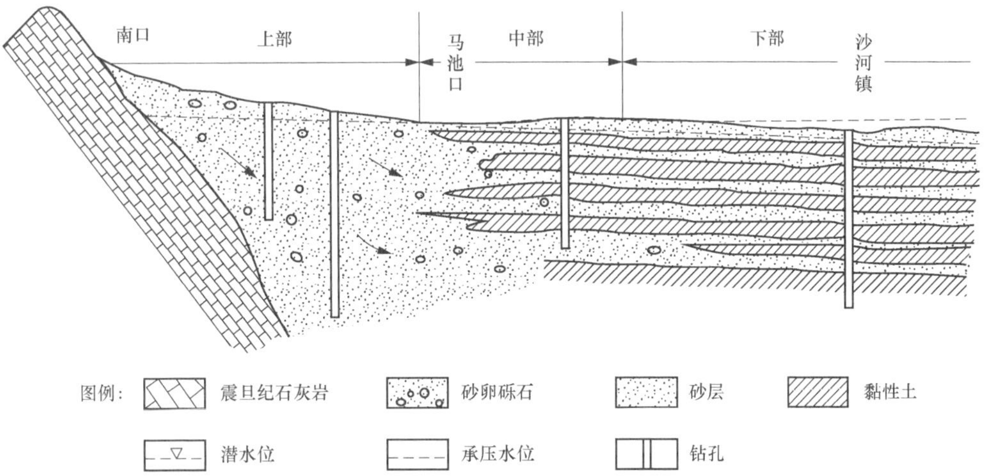

图 10-1　南口冲洪积扇水文地质剖面图

（2）中、下部粗细沉积交错过渡带。由于含水层粒度逐渐变细，厚度变小，使富水性降低，水力坡度也逐渐变小。水位埋藏深度则变浅，在扇的下部因黏性土沉积层的阻挡，水流受顶托上抬，水面逐步贴近地表，溢出成泉或形成湖泊、沼泽，此带中的潜水受蒸发影响，总溶解固体的含量增大。在交错过渡带的潜水含水层以下，被稳定的黏性土层所覆盖的砂砾层中，埋藏的为承压水，水头向边部外围方向逐渐增大，在地形低洼部位可以自流。承压含水层通道也由较厚的单层向平原方向过渡为多层薄层，沉积物粒度变小，富水性也相对减小。承压水不易受到蒸发的影响，故地下水盐度不高。因此这一带地下水以浅部潜水溢出和深部储存承压水为特征。

（3）边部黏性土带。此带在岩性上主要为黏性土及细粉砂，地下水埋藏浅径流缓慢蒸发强烈，地下水含盐量较高，易出现土壤盐渍化，仅在有河流通过的两岸地带出现盐含量相对较低的潜水。

我国南方冲洪积扇的水文地质条件的变化一般亦符合上述规律，只是南方雨量充沛，各带的水质变化不很明显，如四川岷、沱二江，冲洪积扇中潜水总溶解固体含量一般小于 0.5g/L，仅在边缘部分有时可达 0.7g/L。

10.1.3 湖积物中的孔隙水

在平面上，湖积物的岩性表现为不规则的同心圆状分布。湖岸的浅水区域沉积着砂砾等较粗的颗粒物质，向湖心逐渐过渡为黏土。这种湖积物的特点在于单层厚度较大、覆盖范围广泛，且颗粒分选效果良好。

湖积物的这些特点与其沉积动力环境密切相关。当河流携带泥沙流入湖时，进入湖后由于流速减缓，沉积物开始在湖口淤积。在没有河流穿越湖泊时，波浪力成为唯一的分选力。在近岸浅水带波浪力影响所及的范围，波浪反复淘洗沉积物质，粗粒留在岸边，细粒落于远岸；波浪力影响不及的湖心，则分布颗粒细小、层理细密的黏土层。

气候和构造运动是影响湖盆沉积条件的两个主要因素。在湿润期，湖盆扩大；而在干燥期，湖盆则缩小。构造沉降迅速时湖盆扩大，构造沉降缓慢或停顿时湖盆变小。湖盆规模的变化直接影响湖积物的岩性结构。当构造沉降速率与沉积速率相等时，湖盆同一地区将持续沉积相同粒径的物质，形成延伸范围广泛、厚度巨大的砂砾层或黏土层。当气候出现周期性的干湿交替（或者构造运动迅速沉降与停顿交替）时，湖盆同一部位形成多个砂砾和黏土互层。

当河流汇入湖泊时，所携带的粗碎屑物质（砂、砾等）在河口沉积下来形成三角洲，因此，湖泊沉积往往亦称为河湖沉积，三角洲通常是湖泊沉积地区的富水地段。由于其是在动水的环境下进行的，常呈砂与黏土的互层，在砂层中往往富水，也可形成承压水。但在湖泊中心的沉积物通常以淤泥质黏土、粉质黏土为主，夹一些薄层粉细砂、中细砂层或透镜体。砂层内地下水主要依赖进入湖泊的冲积砂层进行侧向补给，水循环交替较为缓慢，储量不大，在干旱地区这样的含水层也只能作为小型水源。

10.2 基岩地区的裂隙水分布

10.2.1 概述

赋存在基岩裂隙中的水称为裂隙水。与孔隙水相比，裂隙水表现出明显的不均匀性、不连续性及各向异性。同一层位中距离相近的钻孔水量可能悬殊、水位相差很大、水质与动态变化也有明显区别（见图 10-2）。

在松散岩层中，孔隙呈连续均匀分布，通常形成具有一致水力联系和相对均匀水量分布的层状含水系统。相比之下，基岩的裂隙率较低（通常比松散岩石的孔隙率低一到两个数量级），裂隙在岩石中所占的空间很小，连通性较差。因此，裂隙岩层通常难以形成具有一致水力联系和均匀水量分布的含水层。裂隙在局部发育的地区（如断层、岩浆岩接

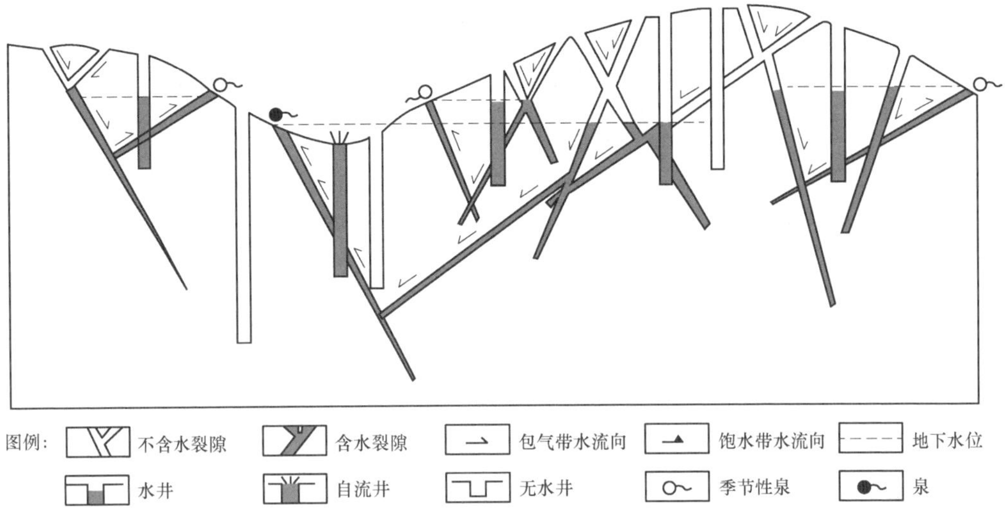

图 10-2　裂隙含水系统

1—不含水裂隙；2—含水裂隙；3—包气带水流向；4—饱水带水流向；5—地下水位；6—水井；7—自流井；8—无水井；9—季节性泉；10—泉

触带等）可能形成带状裂隙含水系统。多个带状裂隙含水系统有可能相互交叉连通，形成网状含水系统。裂隙含水系统内部具有统一水力联系，水位受该系统最低出露点的控制。然而，不同裂隙含水系统之间可能缺乏或仅存在微弱的水力联系，它们具有独立的补给范围、排泄点和动态特征。这些裂隙含水系统的水量大小取决于其规模：规模较大的系统具有较强的贮容能力、广泛的补给范围和丰富的水量，表现出较为动态稳定的特征；相反，规模较小的系统贮存和补给有限，水量较小且动态不稳定。

基岩地下水的空隙，比松散沉积物更加多样。花岗岩、片麻岩等结晶岩体，空隙相对单一，主要为裂隙。某些未完全胶结充填的碎屑岩，孔隙与裂隙并存。岩溶发育的碳酸盐岩中，往往裂隙、溶蚀裂隙及溶蚀洞穴共存。

趵突泉的形成简介

10.2.2　成岩裂隙水

沉积岩、岩浆岩和变质岩中均发育有成岩裂隙。若成岩裂隙发育的岩层出露地表时，接受降水补给或地表水的补给，形成裂隙潜水；若夹于两隔水层之间，可以形成承压水。成岩裂隙中水量的大小，决定于岩石的性质、成岩裂隙发育程度和补给条件。沉积岩的成岩裂隙通常多是闭合的，含水意义不大，如在一些细砂岩中，层面虽有细小裂隙，但多被泥质物充填，含水量小。喷出岩（岩浆经火山口喷出到地表后冷凝而成，是岩浆岩的一种）的成岩裂隙发育较好，如硬脆的玄武岩柱状节理发育，多呈张开性，含水量较丰富，水质良好。美国夏威夷群岛玄武岩裂隙水十分丰富，檀香山城即以此作为供水水源，钻孔总涌水量达 7.5m^3/s 之多。玄武岩岩浆成分不同及冷凝环境的差异，使其成岩裂隙发育程度不同。

在岩浆侵入围岩形成侵入岩（岩浆岩的一种）的过程中，由于挤压作用、接触变质作用及后期构造变动的影响，在岩浆岩与围岩接触的部位常形成裂隙密集带，该裂隙带常富集地下水，一般水质良好。由于侵入体的透水性一般较差，如果侵入体处于地下水流的下游，它会起到阻拦和富集地下水的作用。例如，济南市以南的山区为寒武系、奥陶系石灰岩构成的溶隙发育的单斜地层，市区北侧受闪长岩及辉长岩侵入体的阻挡，地下水位抬高，超过上覆第四纪堆积物的表面高程，地下水沿着接触带形成的成岩裂隙上升成泉，造就了著名的泉城，在 2.6km^2 范围内出露 106 个泉，其总涌水量最大时达到 5m^3/s（见图 10-3）。因此，在侵入接触地区寻找地下水时，应首先划分出接触带的范围，查清围岩的性质，并在接触带中寻找裂隙密集带，优先调查具有一定补给来源的近期活动接触带。

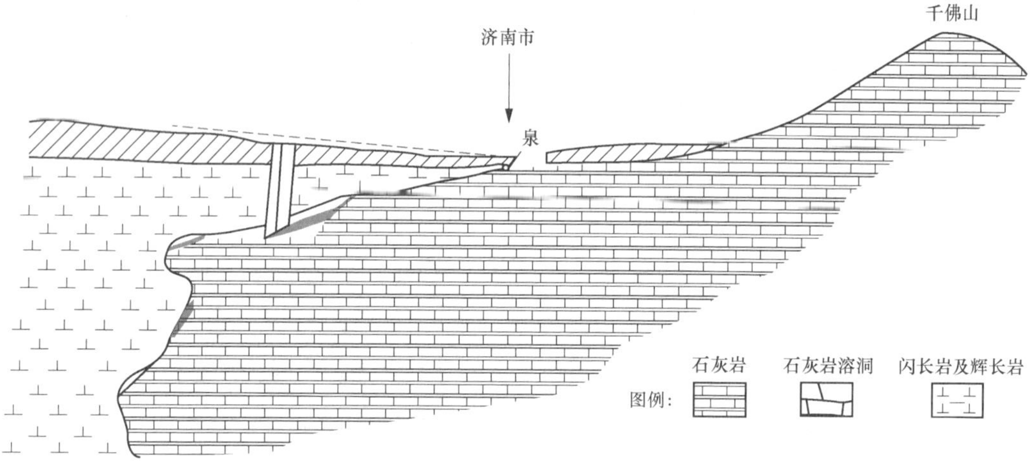

图 10-3　济南水文地质剖面示意图

10.2.3　风化裂隙水

暴露于地表的岩石，在温度和水、空气、生物等风化营力作用下，形成风化裂隙。风化裂隙常在成岩裂隙或构造裂隙的基础上进一步发育，形成密集均匀、无明显方向性、连通良好的裂隙网络。风化裂隙呈壳状包裹于地面，一般厚度为数米到数十米，未风化的母岩往往构成相对隔水底板，因此，风化裂隙水一般为潜水，被后期沉积物覆盖的古风化壳有时可赋存承压水或半承压水。

风化裂隙的发育受岩性、气候及地形的控制。单一稳定的矿物组成的岩层（如石英岩）风化裂隙很难发育。泥质岩石虽易风化，但裂隙易被土状风化物充填而不导水。由多种矿物组成的粗粒结晶岩（花岗岩、片麻岩等），不同矿物热胀冷缩不一，风化裂隙水主要发育于此类岩石中。

气候干燥而温差大的地区，岩石热胀冷缩及水的冻胀等物理风化作用强烈，有利于形成导水的风化裂隙。湿热气候区以化学风化作用为主，泥质次生矿物及化学沉淀常充填裂隙而降低其导水性。这类地区上部强风化带的导水性反而不如下部的半风化带。如福建漳州花岗岩中一个钻孔资料显示，地面以下 25m 深度内强风化带的涌水量仅为 0.0125L/s，而 25～45m 半风化带涌水量高达 0.45L/s。

地形比较平缓，剥蚀及堆积作用微弱的地区，有利于风化壳的发育与保存。如果地形条件利于汇集降水，则可能形成规模稍大，能常年提供一定水量的风化裂隙含水层。通常，风化壳规模有限，风化裂隙含水层水量不大，就地补给、就地排泄，旱季泉流量变小或干涸。

在水流切割或人工开挖的影响下，岩体侧向压力减小，原有闭合及隐蔽的成岩裂隙与构造裂隙因减压而扩张，形成所谓卸荷（减压）裂隙。在沟谷两侧常可见到与边岸平行的减压裂隙，有时可宽达数厘米至数十厘米。剥蚀作用使原来处于深部的岩层卸去上覆地层的荷载，因而浅部的裂隙扩张，张开性及裂隙率均较深部大，透水性也比深部好。

10.2.4 构造裂隙水

构造裂隙常成组有规律地出现，且与褶皱、断层等有一定的组合关系和成因联系，所以构造裂隙水广泛分布于褶皱和断层构造中。构造裂隙的张开宽度、延伸长度、密集程度以及导水性在很大程度上受岩层性质的影响。在坚硬的脆性岩层中，构造裂隙尤其发育，水量丰富，是裂隙水的主要研究对象。脆性岩石如石灰岩、砂岩、片麻岩等，其张开性好、延伸远、导水性好；塑性岩石如页岩、泥岩、千枚岩等，虽然岩石的构造裂隙密度大，但张开性差，延伸不远，导水性差，常构成相对隔水层。随着深度加大，围压增加，地温上升，岩石的塑性加强，裂隙张开性变差，岩层的透水性常常表现出随深度增加而减弱的一般规律性。同一裂隙含水层中，通常背斜轴部较两翼富水，倾斜岩层较平缓岩层富水，断层带附近往往格外富水。

1. 断层构造地区的地下水

断层蓄水构造是以断层破碎带作为含水层，以相对不透水的两盘岩石作为隔水边界，并有适宜的补给条件而构成的蓄水构造。断层含水带中地下水的补给来源，有的来自附近而有的来自远方，也有的来自地下深处。当补给来源较远或较深时，水位和流量就较稳定，气候和地形的影响很小。有些地方地下水具有承压性质，甚至形成自流水。总体上，它有以下几个特点：

（1）含水带呈脉状或带状，宽度从数米到数十米乃至数百米不等，含水带沿断层走向延伸，其长度和深度取决于断层规模的大小。

（2）断层破碎带透水性和富水性极不均匀。一条大的断层，某一段是富水的，另一段可能是贫水的或无水的，所以在断层上打井取水，首先应确定断层的富水部位。

（3）断层含水带的分布比较局限，但它可以沟通含水丰富的岩层而得到充沛的补给。就断层的力学性质而言，压性断裂带储水能力很差，往往具有较好的隔水性能，加之断层断距较大时，原来连通的含水层可能被切割成为相对独立的块段。这种含水块段与外界联系减弱，甚至断绝，故有利于排水疏干而不利于供水。正是由于这种作用，大的断层往往构成含水系统的边界（见图 10-4）。但规模较大的压性断裂，其挤压带两侧常存在一个旁侧裂隙发育带，在挤压带的隔水作用下，此带也可以成为有价值的富水带。压性断裂常使含水性不同的岩层接触，处于地下水补给一侧的含水层，当被压性断裂错断而与隔水层接触时，在接近断裂面的部位会有大量地下水汇集。

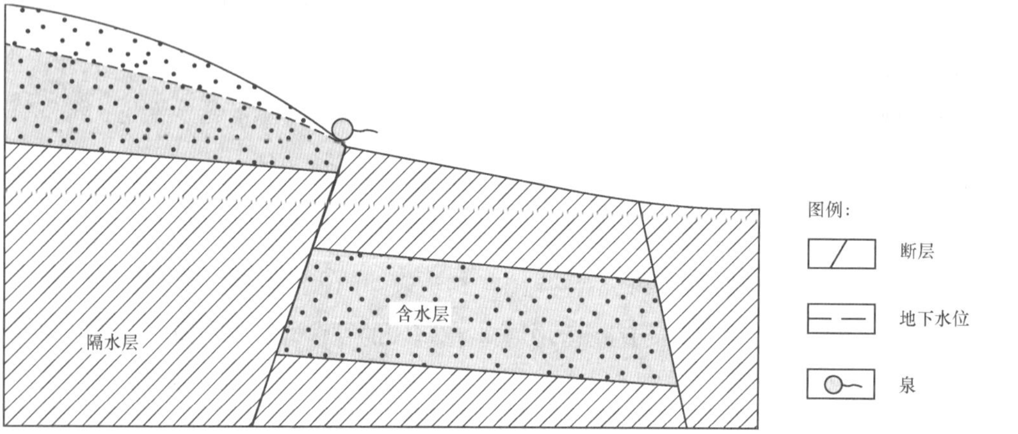

图 10-4　断层阻水作用示意图

张性断层破碎带中的构造角砾岩结构疏松，空隙率大，节理张开度大，但向两盘岩石中延伸范围不大，规模一般较小。由于破碎带由较为疏松的断层角砾充填，角砾大小不一，呈棱角状，这种结构特点使破碎带有较好的透水性。两盘岩石在破碎带影响下裂隙发育，故容易受到风化剥蚀而成为地形上的沟谷或低地，地下水补给和储存创造了有利条件，因此，只要补给条件较好时，在断层破碎带及两侧张裂隙密集处都富存地下水。

扭性断裂破碎带主要为细碎角砾岩或断层泥等，宽度一般不大，但平直、稳定，延伸较远。一般扭性断裂破碎带呈隔水或略具透水性，在透水性较好的岩层中，它是相对隔水的；在透水性弱的岩层中，又可看作微透水的。当扭性断裂规模较大时，断裂面两侧的脆性岩层将会受到影响，常有平行于断裂面的扭裂隙和张裂隙伴生，有利于地下水的富集。

2. 褶皱构造地区的地下水

大型背斜构造轴部若处于分水岭地区，就不利于地下水的汇集，即使裂隙发育，地下水也是向两翼方向的含水层运移和集聚，而使两翼地下水较丰富。小规模的背斜构造一般不是分水岭，背斜的轴部张裂隙发育，风化作用强烈，可被剥蚀成沟谷或盆地地形，往往形成良好的富水带。

在向斜构造中若有透水岩层或溶洞发育的岩层分布，且下方又有隔水岩层作为边界，含水层在地表接受补给时，地下水常在向斜轴或翼部富集。大型向斜构造与盆地形状相似，轴部通常是宽阔平地。含水岩层上有隔水层时就是典型的向斜盆地中的承压水（见图 8-14），可形成自流盆地，有利于轴部地下水的富集。若上部没有隔水层时为潜水盆地或潜水向斜构造，轴部通常富水，但若地表排水沟谷发育，可能导致地下水分散流失。

10.3 岩溶地区地下水分布

岩溶作用是指地表水和地下水对地表及地下可溶性岩石（碳酸盐岩类、石膏等）进行化学溶解作用为主、机械侵蚀作用为辅的溶蚀作用及与之相伴生的堆积作用的总称。岩溶水是指赋存并运动于可溶岩石的溶蚀裂隙和溶洞中的地下水，也称为喀斯特水。

10.3.1 岩溶发育的规律

1. 岩溶发育的基本条件

岩溶发育的基本条件可以归纳为岩石的可溶性、透水性、水的侵蚀性和流动性四个方面。

岩石的可溶性是岩溶发育的内在因素。常见可溶岩包括石灰岩、白云岩、石膏和盐岩等。在我国，以石灰岩和白云岩分布最广泛，主要位于南方及河北、山西等地，尤其在云贵高原和广西地区更为普遍。可溶岩的岩性纯度越高，含易溶组分越多，岩溶发育程度也越明显。同一地区，纯度较高的石灰岩（以 $CaCO_3$ 为主要成分）通常岩溶作用更强烈，而泥质石灰岩和硅质石灰岩分布的地段岩溶作用相对较弱。

但是只有当可溶岩透水时，水才能进入岩石内部进行溶蚀。对岩溶的发育来说，岩石的孔隙性或裂隙性是控制岩溶发育的另一个重要因素，特别是构造裂隙的意义最大。构造裂隙密集地段有利于地下水的活动，因而是岩溶最发育的地段。

碳酸盐在纯水中的溶解度很低，但是自然界的水中常含有 CO_2，能加速碳酸盐的溶解，这个化学反应过程为

$$CaCO_3+CO_2+H_2O \rightarrow Ca(HCO_3)_2 \quad (10-1)$$

即含有 CO_2 的水流在沿着石灰岩裂隙的运动中，可形成能溶于水的 $Ca(HCO_3)_2$ 被带走，使裂隙逐渐扩大成为溶洞。如果水流停滞，上述反应中的 CO_2 将逐渐消耗尽，使水的侵蚀能力降低以至消失，水中溶解的重碳酸盐趋于饱和，这样岩溶作用就不能再继续进行。可见当具备可溶岩和岩石透水这两个条件后，水的流动条件就成为决定岩溶发育

程度的关键因素，地下水径流越强烈，侵蚀性 CO_2 含量越多，岩溶也越发育。

2. 地质构造对岩溶发育的控制

地质构造控制着岩溶的空间分布规律，主要表现在两个方面：一是控制岩溶的发育强度和深度；二是控制岩溶的发育方向和部位。通常构造线的方向就是岩溶发育分布的方向。由于地质构造作用破坏了可溶性岩石的完整性，从而控制了地下水循环条件，增加了岩石的渗透性能，扩大了岩石与水的接触，促进岩溶发育。

在断层附近和褶皱部位，为构造裂隙最为发育地段，岩石的透水性好，地下水的循环交替迅速，具有溶蚀能力的水与可溶性岩石接触机会增多，加快了对可溶岩的溶蚀作用，因此岩溶最为发育。例如，在皱轴部的硬脆可溶岩层中，岩层弯曲应力集中，常形成“X”形裂隙，同时轴部往往岩层厚度较大，挤压破碎或层间滑动可使其顶部形成脱开的空隙。由于张性裂隙存在，有利于地下水的活动和储存，促进岩溶的发育，因此地下暗河常是沿褶曲轴部发育。图 10-5 所示为广西都安县地苏地下暗河，其主流即延向斜轴展布，顺着向斜谷地发育，其支流则沿着横张裂隙发育，平行排列在主流两侧。

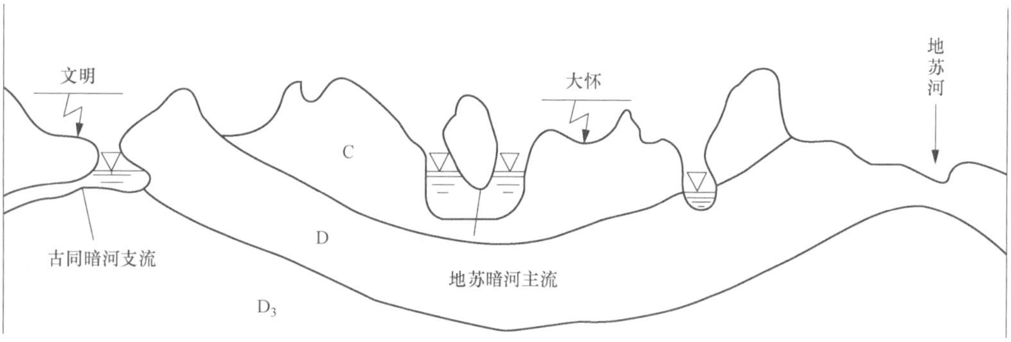

图 10-5　地苏暗河主流与地质构成关系示意图

10.3.2　岩溶水的补给与排泄特征

通常条件下大气降水是面状补给地下水的，但在强烈岩溶化地区，降水汇集于低洼的溶斗、落水洞等直接灌入，短时间内即可顺畅地达到岩溶水面。因此，灌入式补给与入渗补给是岩溶水的主要补给来源。我国南方岩溶深部洞穴崩塌在地表形成一系列溶斗、落水洞与竖井，以地表洞穴和坍塌灌入为主，有时河水沿坍塌倒灌可导致河流断流；北方以可溶岩裸露区沟谷集中渗漏为主，其入渗率一般为来水量的 40%～50%，个别可达 80% 以上。

在岩溶发育过程中，岩溶水系统不断扩大其汇水范围。随着岩溶发育，水力坡度变小，水位大幅度下降，于是，原来作为岩溶水排泄去路的某些河流，往往转变为地下河系的地上部分，整条河流转入地下。地下河系化的结果，常常使数十、数百甚至上千平方千米范围构成一个统一岩溶水流系统，由岩溶大泉或泉群集中排泄。岩溶水因其水质较好、分布广泛，在某些地区人工开采也是重要的排泄途径。

10.3.3　岩溶水的径流特征

岩溶含水介质由于空隙大小悬殊，渗透性差别极大，因此，岩溶水的流态复杂多变。北方岩溶地区以溶蚀裂隙为主，多为层流。南方岩溶区，在裂隙及溶蚀裂隙中，地下水流为层流；在宽大的管道–洞穴中，水力梯度可从 0.1%到大于 10%。流速可达 100～10000 m/d，水流一般属于紊流状态。洞、隙类管道中流态更加复杂，在溶隙和小的溶洞中的水流，一般作层流运动，当水流进入大溶洞时水流转为紊流流态，其间一定范围内存在层流与紊流的过渡状态。

从埋藏条件上来讲，岩溶水可以是潜水，也可以是承压水。但是，在洞、隙链接的管道中，因通道断面在沿流程中变化，造成潜水含水层中常因断面突然变小，使水流充满整个过流断面，而出现局部承压水流；同样，在微承压含水层中，也可能因通道断面变大水流不能充满整个断面而出现局部无压水流。

10.3.4　岩溶水的动态特征

岩溶水的动态与降雨以及岩溶系统的规模、结构、介质的空隙特征等因素关系密切，我国南北方岩溶水动态有明显区别。

南方岩溶地区，因褶皱运动较强烈，区域多小型褶皱，储水构造的规模小，岩溶系统的调控能力有限：加上南方降雨量大，地表切割强烈，水网密度大，地面天然洞穴和次生塌陷发育，灌入式补给比例大，径流距离短，水力坡度大，流速快，因此泉水流量动态对降雨的反应敏捷，变化强烈，属不稳定季节变化动态类型。北方岩溶区，在地质构造上褶皱宽缓，储水构造规模大，岩溶系统的调蓄能力强，属多年调节型的稳定动态类型。

10.3.5　岩溶水的化学特征

岩溶水径流迅速，溶滤作用强烈，通常为 TDS 低的水，南方岩溶区降水丰富，岩溶水 TDS 更低。

我国南方岩溶水 TDS 普遍小于 0.5g/L，平均值为 0.26g/L。水化学类型主要为 HCO_3–Ca 及 HCO_3–Ca·Mg 型，总体上，低 TDS 的水以 HCO_3–Ca 型水为主，TDS 较高的以 HCO_3–Ca·Mg 型水为主。总体上，自东向西呈现 TDS 增大，由 HCO_3–Ca 型水转变为 HCO_3–Ca·Mg 型水。这种空间变化，可能与降水自东向西减少，以及自东向西碳酸盐岩纯度变差有关。

我国北方岩溶水 TDS 为 0.23～0.88g/L。水化学类型以 HCO_3–Ca·Mg 居多，其次为

$HCO_3 \cdot SO_4-Ca \cdot Mg$ 型，部分为 $SO_4 \cdot HCO_3-Ca \cdot Mg$ 型。通常，$HCO_3-Ca \cdot Mg$ 型水的 TDS 最低，$HCO_3 \cdot SO_4-Ca \cdot Mg$ 型水的 TDS 较高，$SO_4 \cdot HCO_3-Ca \cdot Mg$ 型水的 TDS 最高。SO_4^{2-} 的出现，与碳酸盐岩中夹有石膏层，以及与石炭二叠纪煤系地层有关。

复习思考题

10.1 冲洪积扇中孔隙水在水位、水质、水量各方面都表现出怎样的变化特点？

10.2 试简要对比裂隙水与孔隙水的不同，并指出其原因。

10.3 试说明济南趵突泉的形成原因。

10.4 岩溶发育的基本条件是什么？

10.5 大气降水补给岩溶水，就南北方岩溶而言有何区别？

10.6 南北方岩溶水的动态类型及化学特征有何区别？

附录

附录 I　海森概率格纸

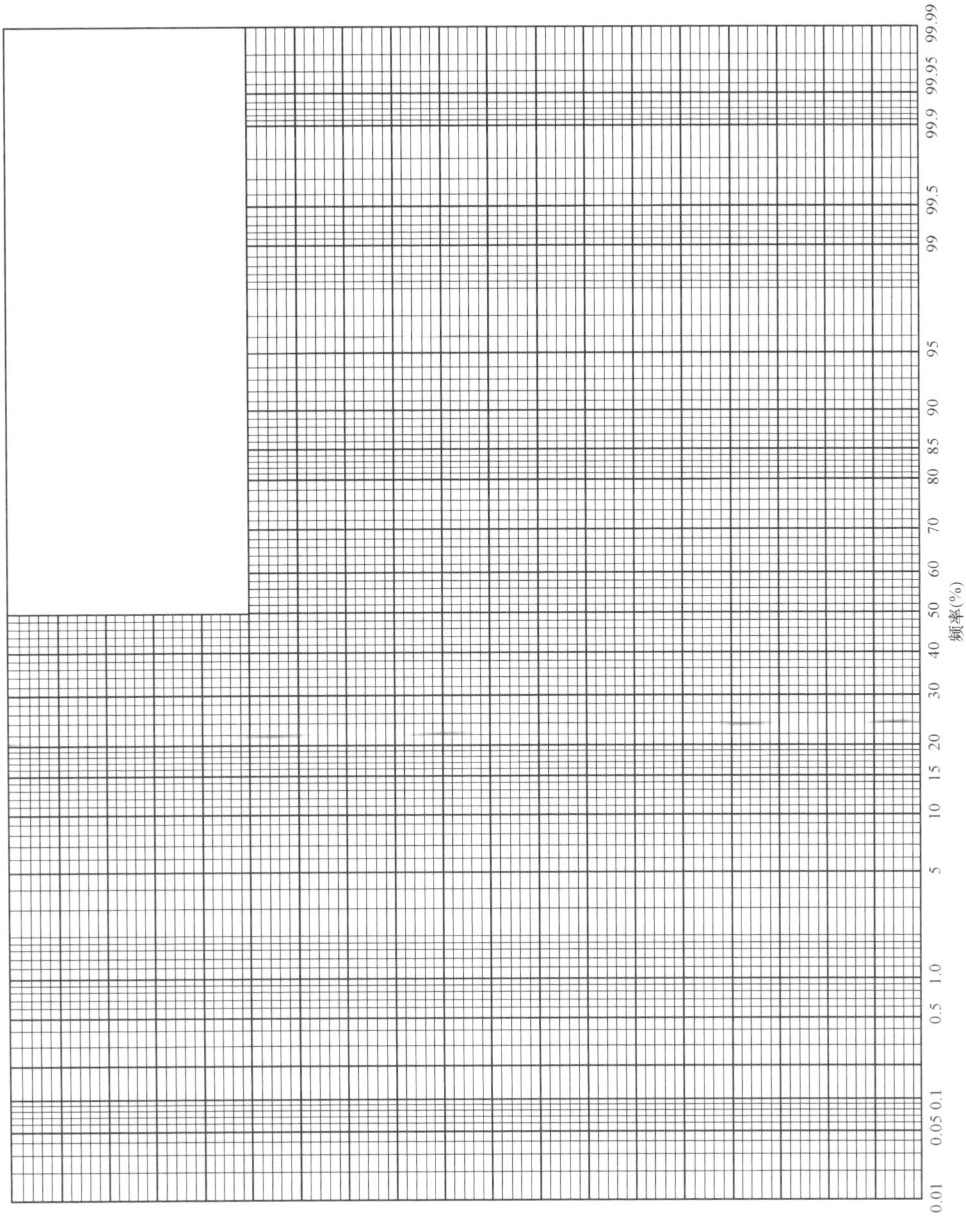

附录Ⅱ　皮尔逊Ⅲ型曲线的离均系数Φ_P值表（$0<C_s<6.4$）

C_s	P（%）													
	0.01	0.1	1	3	5	10	25	50	75	90	95	97	99	99.9
0.00	3.72	3.09	2.33	1.88	1.64	1.28	0.67	−0.00	−0.67	−1.28	−1.64	−1.88	−2.33	−3.09
0.05	3.73	3.16	2.36	1.90	1.65	1.28	0.66	−0.01	−0.68	−1.28	−1.63	−1.86	−2.29	−3.02
0.10	3.94	3.23	2.40	1.92	1.67	1.29	0.66	−0.02	−0.68	−1.27	−1.61	−1.84	−2.25	−2.95
0.15	4.05	3.31	2.44	1.94	1.68	1.30	0.66	−0.02	−0.68	−1.26	−1.60	−1.82	−2.22	−2.88
0.20	4.16	3.38	2.47	1.96	1.70	1.30	0.65	−0.03	−0.69	−1.26	−1.58	−1.79	−2.18	−2.81
0.25	4.27	3.45	2.50	1.98	1.71	1.30	0.64	−0.04	−0.70	−1.25	−1.56	−1.77	−2.14	−2.74
0.30	4.38	3.52	2.54	2.00	1.72	1.31	0.64	−0.05	−0.70	−1.24	−1.55	−1.75	−2.10	−2.67
0.35	4.50	3.59	2.58	2.02	1.73	1.32	0.64	−0.06	−0.70	−1.24	−1.53	−1.72	−2.06	−2.60
0.40	4.61	3.66	2.61	2.04	1.75	1.32	0.63	−0.07	−0.71	−1.23	−1.52	−1.70	−2.03	−2.54
0.45	4.72	3.74	2.64	2.06	1.76	1.32	0.62	−0.08	−0.71	−1.22	−1.51	−1.68	−2.00	−2.47
0.50	4.83	3.81	2.68	2.08	1.77	1.32	0.62	−0.08	−0.71	−1.22	−1.49	−1.66	−1.96	−2.40
0.55	4.94	3.88	2.72	2.10	1.78	1.32	0.62	−0.09	−0.72	−1.21	−1.47	−1.64	−1.92	−2.32
0.60	5.05	3.96	2.75	2.12	1.80	1.33	0.61	−0.10	−0.72	−1.20	−1.45	−1.61	−1.88	−2.27
0.65	5.16	4.03	2.78	2.14	1.81	1.33	0.60	−0.11	−0.72	−1.19	−1.44	−1.59	−1.84	−2.20
0.70	5.28	4.10	2.82	2.15	1.82	1.33	0.59	−0.12	−0.72	−1.18	−1.42	−1.57	−1.81	−2.14
0.75	5.39	4.17	2.86	2.16	1.82	1.34	0.58	−0.12	−0.72	−1.18	−1.40	−1.54	−1.78	−2.08
0.80	5.50	4.24	2.89	2.18	1.84	1.34	0.58	−0.13	−0.73	−1.17	−1.38	−1.52	−1.74	−2.02
0.85	5.62	4.31	2.92	2.20	1.85	1.34	0.58	−0.14	−0.73	−1.16	−1.36	−1.49	−1.70	−1.96
0.90	5.73	4.38	2.96	2.22	1.86	1.34	0.57	−0.15	−0.73	−1.15	−1.35	−1.47	−1.66	−1.90
0.95	5.84	4.46	2.99	2.24	1.87	1.34	0.56	−0.16	−0.73	−1.14	−1.34	−1.44	−1.62	−1.84
1.00	5.96	4.53	3.02	2.25	1.88	1.34	0.55	−0.16	−0.73	−1.13	−1.32	−1.42	−1.59	−1.79
1.05	6.07	4.60	3.06	2.26	1.88	1.34	0.54	−0.17	−0.74	−1.12	−1.30	−1.40	−1.56	−1.74
1.10	6.18	4.67	3.09	2.28	1.89	1.34	0.54	−0.18	−0.74	−1.10	−1.28	−1.38	−1.52	−1.68
1.15	6.30	4.74	3.12	2.30	1.90	1.34	0.53	−0.18	−0.74	−1.09	−1.26	−1.36	−1.48	−1.63
1.20	6.41	4.81	3.15	2.31	1.91	1.34	0.52	−0.19	−0.74	−1.08	−1.24	−1.33	−1.45	−1.58
1.25	6.52	4.88	3.18	2.32	1.92	1.34	0.52	−0.20	−0.74	−1.07	−1.22	−1.30	−1.42	−1.53
1.30	6.64	4.95	3.21	2.34	1.92	1.34	0.51	−0.21	−0.74	−1.06	−1.20	−1.28	−1.38	−1.48
1.35	6.76	5.02	3.24	2.36	1.93	1.34	0.50	−0.22	−0.74	−1.05	−1.18	−1.26	−1.35	−1.44
1.40	6.87	5.09	3.27	2.37	1.94	1.34	0.49	−0.22	−0.73	−1.04	−1.17	−1.23	−1.32	−1.39
1.45	6.98	5.16	3.30	2.38	1.94	1.34	0.48	−0.23	−0.73	−1.03	−1.15	−1.21	−1.29	−1.35
1.50	7.09	5.23	3.33	2.39	1.95	1.33	0.47	−0.24	−0.73	−1.02	−1.13	−1.19	−1.26	−1.31
1.55	7.20	5.30	3.36	2.40	1.96	1.33	0.46	−0.24	−0.73	−1.00	−1.12	−1.16	−1.23	−1.28

续表

C_s	P（%）													
	0.01	0.1	1	3	5	10	25	50	75	90	95	97	99	99.9
1.60	7.31	5.37	3.39	2.42	1.96	1.33	0.46	−0.25	−0.73	−0.99	−1.10	−1.14	−1.20	−1.24
1.65	7.42	5.44	3.42	2.43	1.96	1.32	0.45	−0.26	−0.72	−0.98	−1.08	−1.12	−1.17	−1.20
1.70	7.54	5.50	3.44	2.44	1.97	1.32	0.44	−0.27	−0.72	−0.97	−1.06	−1.10	−1.14	−1.17
1.75	7.65	5.57	3.47	2.45	1.98	1.32	0.43	−0.28	−0.72	−0.96	−1.04	−1.08	−1.12	−1.14
1.80	7.76	5.64	3.50	2.46	1.98	1.32	0.42	−0.28	−0.72	−0.94	−1.02	−1.06	−1.09	−1.11
1.85	7.87	5.70	3.52	2.48	1.98	1.32	0.41	−0.28	−0.72	−0.93	−1.00	−1.04	−1.06	−1.08
1.90	7.98	5.77	3.55	2.49	1.99	1.31	0.40	−0.29	−0.72	−0.92	−0.98	−1.01	−1.04	−1.05
1.95	8.10	5.84	3.58	2.50	2.00	1.30	0.40	−0.30	−0.72	−0.91	−0.96	−0.99	−1.02	−1.02
2.00	8.21	5.91	3.60	2.51	2.00	1.30	0.39	−0.31	−0.71	−0.90	−0.95	−0.97	−0.99	−1.00
2.05	8.32	5.97	3.63	2.52	2.00	1.30	0.38	−0.32	−0.71	−0.89	−0.94	−0.95	−0.96	−0.97
2.10	8.43	6.03	3.65	2.53	2.01	1.29	0.37	−0.32	−0.70	−0.88	−0.93	−0.93	−0.94	−0.95
2.15	8.54	6.10	3.68	2.54	2.01	1.28	0.36	−0.32	−0.70	−0.86	−0.92	−0.92	−0.92	−0.93
2.20	8.64	6.16	3.70	2.55	2.01	1.28	0.35	−0.33	−0.69	−0.85	−0.90	−0.90	−0.90	−0.91
2.25	8.75	6.23	3.72	2.56	2.01	1.27	0.34	−0.34	−0.68	−0.83	−0.88	0.88	−0.89	−0.89
2.30	8.86	6.29	3.75	2.56	2.01	1.27	0.33	−0.34	−0.68	−0.82	−0.86	−0.86	−0.87	−0.87
2.35	8.97	6.36	3.78	2.56	2.01	1.26	0.32	−0.34	−0.67	−0.81	−0.84	−0.84	−0.85	−0.85
2.40	9.07	6.42	3.79	2.57	2.01	1.25	0.31	−0.35	−0.66	−0.79	−0.82	−0.82	−0.83	−0.83
2.45	9.18	6.48	3.81	2.58	2.01	1.25	0.30	−0.36	−0.66	−0.78	0.80	−0.80	−0.82	−0.82
2.50	9.28	6.54	3.83	2.58	2.01	1.24	0.29	−0.36	−0.65	−0.77	−0.79	−0.79	−0.80	−0.80
2.55	9.39	6.60	3.85	2.58	2.01	1.23	0.28	−0.36	−0.65	−0.75	−0.78	−0.78	−0.78	−0.78
2.60	9.50	6.66	3.87	2.59	2.01	1.23	0.27	−0.37	−0.64	−0.74	−0.76	−0.76	−0.77	−0.77
2.65	9.60	6.73	3.89	2.59	2.02	1.22	0.26	−0.37	−0.64	−0.73	−0.75	−0.75	−0.75	−0.75
2.70	9.70	6.79	3.91	2.60	2.02	1.21	0.25	−0.38	−0.63	−0.72	−0.73	−0.73	−0.74	−0.74
2.75	9.82	6.85	3.93	2.61	2.02	1.21	0.24	−0.38	−0.63	−0.71	−0.72	−0.72	−0.72	−0.73
2.80	9.93	6.91	3.95	2.61	2.02	1.20	0.23	−0.38	−0.62	−0.70	−0.71	−0.71	−0.71	−0.71
2.85	10.02	6.97	3.97	2.62	2.02	1.20	0.22	−0.39	−0.62	−0.69	−0.70	−0.70	−0.70	−0.70
2.90	10.11	7.08	3.99	2.62	2.02	1.19	0.21	−0.39	−0.61	−0.67	−0.68	−0.68	−0.69	−0.69
2.95	10.23	7.09	4.00	2.62	2.02	1.18	0.20	−0.40	−0.61	−0.66	−0.67	−0.67	−0.68	−0.68
3.00	10.34	7.15	4.02	2.63	2.02	1.18	0.19	−0.40	−0.60	−0.65	−0.66	−0.66	−0.67	−0.67
3.10	10.56	7.26	4.08	2.64	2.00	1.16	0.17	−0.40	−0.60	−0.64	−0.64	−0.65	−0.65	−0.65
3.20	10.77	7.38	4.12	2.65	1.99	1.14	0.15	−0.40	−0.58	−0.62	−0.61	−0.61	−0.61	−0.61
3.30	10.97	7.49	4.15	2.65	1.99	1.12	0.14	−0.40	−0.58	−0.60	−0.61	−0.61	−0.61	−0.61
3.40	11.17	7.60	4.18	2.65	1.98	1.11	0.12	−0.41	−0.57	−0.59	−0.59	−0.59	−0.59	−0.59
3.50	11.37	7.72	4.22	2.65	1.97	1.09	0.10	−0.41	−0.55	−0.57	−0.57	−0.57	−0.57	−0.57
3.60	11.57	7.83	4.25	2.66	1.96	1.08	0.09	−0.41	−0.54	−0.56	−0.57	−0.57	−0.57	−0.57

续表

C_s	P（%）													
	0.01	0.1	1	3	5	10	25	50	75	90	95	97	99	99.9
3.70	11.77	7.94	4.28	2.66	1.95	1.06	0.07	−0.42	−0.53	−0.54	−0.54	−0.54	−0.54	−0.54
3.80	11.97	8.05	4.31	2.66	1.94	1.04	0.06	−0.42	−0.52	−0.53	−0.53	−0.53	−0.53	−0.53
3.90	12.16	8.15	4.24	2.66	1.93	1.02	0.04	−0.41	−0.51	−0.51	−0.51	−0.51	−0.51	−0.51
4.00	12.36	8.25	4.37	2.66	1.92	1.00	0.02	−0.41	−0.50	−0.50	−0.50	−0.50	−0.50	−0.50
4.10	12.55	8.35	4.39	2.66	1.91	0.98	0.00	−0.41	−0.48	−0.49	−0.49	−0.49	−0.49	−0.49
4.20	12.74	8.45	4.41	2.65	1.90	0.96	−0.02	−0.41	−0.47	−0.48	−0.48	−0.48	−0.48	−0.48
4.30	12.93	8.55	4.44	2.65	1.88	0.94	−0.03	−0.41	−0.46	−0.47	−0.47	−0.47	−0.47	−0.48
4.40	13.12	8.65	4.46	2.65	1.87	0.92	−0.04	−0.40	−0.45	−0.46	−0.46	−0.46	−0.46	−0.46
4.50	13.30	8.75	4.48	2.64	1.85	0.90	−0.05	−0.40	−0.44	−0.44	−0.44	−0.44	−0.44	−0.44
4.60	13.49	8.85	4.50	2.63	1.84	0.88	−0.06	−0.40	−0.44	−0.44	−0.44	−0.44	−0.44	−0.44
4.70	13.67	8.95	4.52	2.62	1.82	0.86	−0.07	−0.39	−0.43	−0.43	−0.43	−0.43	−0.43	−0.43
4.80	13.85	9.04	4.54	2.61	1.80	0.84	−0.08	−0.39	−0.42	−0.42	−0.42	−0.42	−0.42	0.42
4.90	14.04	9.18	4.55	2.60	1.78	0.82	−0.10	−0.38	−0.41	−0.41	−0.41	−0.41	−0.41	−0.41
5.00	14.22	9.22	4.57	2.60	1.77	0.80	−0.11	−0.38	−0.40	−0.40	−0.40	−0.40	−0.40	−0.40
5.10	14.40	9.31	4.58	2.59	1.75	0.78	−0.12	−0.37	−0.39	−0.39	−0.39	−0.39	−0.39	−0.39
5.20	14.57	9.40	4.59	2.58	1.73	0.76	−0.13	−0.37	−0.39	−0.39	−0.39	−0.39	−0.39	−0.39
5.30	14.75	9.49	4.60	2.57	1.72	0.74	−0.14	−0.36	−0.38	−0.38	−0.38	−0.38	−0.38	−0.38
5.40	14.92	9.57	4.62	2.56	1.70	0.72	−0.14	−0.36	−0.37	−0.37	−0.37	−0.37	−0.37	−0.37
5.50	15.10	9.66	4.63	2.55	1.68	0.70	−0.15	−0.35	−0.36	−0.36	−0.36	−0.36	−0.36	−0.36
5.60	15.27	9.74	4.64	2.53	1.66	0.67	−0.16	−0.35	−0.36	−0.36	−0.36	−0.36	−0.36	−0.36
5.70	15.45	9.82	4.65	2.52	1.65	0.65	−0.17	−0.34	−0.35	−0.35	−0.35	−0.35	−0.35	−0.35
5.80	15.62	9.91	4.67	2.51	1.63	0.63	−0.18	−0.34	−0.35	−0.35	−0.35	−0.35	−0.35	−0.35
5.90	15.78	9.99	4.68	2.49	1.61	0.61	−0.18	−0.33	−0.34	−0.34	−0.34	−0.34	−0.34	−0.34
6.00	15.94	10.07	4.68	2.48	1.59	0.59	−0.19	0.33	−0.33	−0.33	−0.33	−0.33	−0.33	−0.33
6.10	16.11	10.15	4.69	2.46	1.57	0.57	−0.19	−0.33	−0.33	−0.33	−0.33	−0.33	−0.33	−0.33
6.20	16.28	10.22	4.70	2.45	1.55	0.55	−0.20	−0.32	−0.32	−0.32	−0.32	−0.32	−0.32	−0.32
6.30	16.45	10.30	4.70	2.43	1.53	0.53	−0.20	−0.32	−0.32	−0.32	−0.32	−0.32	−0.32	−0.32
6.40	16.61	10.38	4.71	2.41	1.51	0.51	−0.21	−0.31	−0.31	−0.31	−0.31	−0.31	−0.31	−0.31

附录Ⅲ　皮尔逊Ⅲ型曲线的模比系数 K_P 值表

（一）$C_s = 2C_v$

C_v \ $P(\%)$	0.01	0.1	0.2	0.33	0.5	1	2	5	10	20	50	75	90	95	99	$P(\%)$ / C_v
0.05	1.20	1.16	1.15	1.14	1.13	1.12	1.11	1.08	1.06	1.04	1.00	0.97	0.94	0.92	0.89	0.10
0.10	1.42	1.34	1.31	1.29	1.27	1.25	1.21	1.17	1.13	1.08	1.00	0.93	0.87	0.84	0.78	0.20
0.15	1.67	1.54	1.48	1.46	1.43	1.38	1.33	1.26	1.20	1.12	0.99	0.90	0.81	0.77	0.69	0.30
0.20	1.92	1.73	1.67	1.63	1.59	1.52	1.45	1.35	1.26	1.16	0.99	0.86	0.75	0.70	0.59	0.40
0.22	2.04	1.82	1.75	1.70	1.66	1.58	1.50	1.39	1.29	1.18	0.98	0.84	0.73	0.67	0.56	0.44
0.24	2.16	1.91	1.83	1.77	1.73	1.64	1.55	1.43	1.32	1.19	0.98	0.83	0.71	0.64	0.53	0.48
0.25	2.22	1.96	1.87	1.81	1.77	1.67	1.58	1.45	1.33	1.20	0.98	0.82	0.70	0.63	0.52	0.50
0.26	2.28	2.01	1.91	1.85	1.80	1.70	1.60	1.46	1.34	1.21	0.98	0.82	0.69	0.62	0.50	0.52
0.28	2.40	2.10	2.00	1.93	1.87	1.76	1.66	1.50	1.37	1.22	0.97	0.79	0.66	0.59	0.47	0.56
0.30	2.52	2.19	2.08	2.01	1.94	1.83	1.71	1.54	1.40	1.24	0.97	0.78	0.64	0.56	0.44	0.60
0.35	2.86	2.44	2.31	2.22	2.13	2.00	1.84	1.64	1.47	1.28	0.96	0.75	0.59	0.51	0.37	0.70
0.40	3.20	2.70	2.54	2.42	2.32	2.16	1.98	1.74	1.54	1.31	0.95	0.71	0.53	0.45	0.30	0.80
0.45	3.59	2.98	2.80	2.65	2.53	2.33	2.13	1.84	1.60	1.35	0.93	0.67	0.48	0.40	0.26	0.90
0.50	3.98	3.27	3.05	2.88	2.74	2.51	2.27	1.94	1.67	1.38	0.92	0.64	0.44	0.34	0.21	1.00
0.55	4.42	3.58	3.32	3.12	2.97	2.70	2.42	2.04	1.74	1.41	0.90	0.59	0.40	0.30	0.16	1.10
0.60	4.86	3.89	3.59	3.37	3.20	2.89	2.57	2.15	1.80	1.44	0.89	0.56	0.35	0.26	0.13	1.20
0.65	5.33	4.22	3.89	3.64	3.44	3.09	2.74	2.25	1.87	1.47	0.87	0.52	0.31	0.22	0.10	1.30
0.70	5.81	4.56	4.19	3.91	3.68	3.29	2.90	2.36	1.94	1.50	0.85	0.49	0.27	0.18	0.08	1.40
0.75	6.33	4.93	4.52	4.19	3.93	3.50	3.06	2.46	2.00	1.52	0.82	0.45	0.24	0.15	0.06	1.50
0.80	6.85	5.30	4.84	4.47	4.19	3.71	3.22	2.57	2.06	1.54	0.80	0.42	0.21	0.12	0.04	1.60
0.90	7.98	6.08	5.51	5.07	4.74	4.15	3.56	2.78	2.19	1.58	0.75	0.35	0.15	0.08	0.02	1.80

（二）$C_s = 3C_v$

C_v \ $P(\%)$	0.01	0.1	0.2	0.33	0.5	1	2	5	10	20	50	75	90	95	99	$P(\%)$ / C_v
0.20	2.02	1.79	1.72	1.67	1.63	1.55	1.47	1.36	1.27	1.16	0.98	0.86	0.76	0.71	0.62	0.60
0.25	2.35	2.05	1.95	1.88	1.82	1.72	1.61	1.46	1.34	1.20	0.97	0.82	0.71	0.65	0.56	0.75
0.30	2.72	2.32	2.19	2.10	2.02	1.89	1.75	1.56	1.40	1.23	0.96	0.78	0.66	0.60	0.50	0.90
0.35	3.12	2.61	2.46	2.33	2.24	2.07	1.90	1.66	1.47	1.26	0.94	0.74	0.61	0.55	0.46	1.05
0.40	3.56	2.92	2.73	2.58	2.46	2.26	2.05	1.76	1.54	1.29	0.92	0.70	0.57	0.50	0.42	1.20
0.42	3.75	3.06	2.85	2.69	2.56	2.34	2.11	1.81	1.56	1.31	0.91	0.69	0.55	0.49	0.41	1.26

续表

C_v \ $P(\%)$	0.01	0.1	0.2	0.33	0.5	1	2	5	10	20	50	75	90	95	99	$P(\%)$ / C_v
0.44	3.94	3.19	2.97	2.80	2.65	2.42	2.17	1.85	1.59	1.32	0.91	0.67	0.54	0.47	0.40	1.32
0.45	4.04	3.26	3.03	2.85	2.70	2.46	2.21	1.87	1.60	1.32	0.90	0.67	0.53	0.47	0.39	1.35
0.46	4.14	3.33	3.09	2.90	2.75	2.50	2.24	1.89	1.61	1.33	0.90	0.66	0.52	0.46	0.39	1.38
0.48	4.34	3.47	3.21	3.01	2.85	2.58	2.31	1.93	1.65	1.34	0.89	0.65	0.51	0.45	0.38	1.44
0.50	4.56	3.62	3.34	3.12	2.96	2.67	2.37	1.98	1.67	1.35	0.88	0.64	0.49	0.44	0.37	1.50
0.52	4.76	3.76	3.46	3.24	3.06	2.75	2.44	2.02	1.69	1.36	0.87	0.62	0.48	0.42	0.36	1.56
0.54	4.98	3.91	3.60	3.36	3.16	2.84	2.51	2.06	1.72	1.36	0.86	0.61	0.47	0.41	0.36	1.62
0.55	5.09	3.99	3.66	3.42	3.21	2.88	2.54	2.08	1.73	1.36	0.86	0.60	0.46	0.41	0.36	1.65
0.56	5.20	4.07	3.73	3.48	3.27	2.93	2.57	2.10	1.74	1.37	0.85	0.59	0.46	0.40	0.35	1.68
0.58	5.43	4.23	3.86	3.59	3.38	3.01	2.64	2.14	1.77	1.38	0.84	0.58	0.45	0.40	0.35	1.74
0.60	5.66	4.38	4.01	3.71	3.49	3.10	2.71	2.19	1.79	1.38	0.83	0.57	0.44	0.39	0.35	1.80
0.65	6.26	4.81	4.36	4.03	3.77	3.33	2.88	2.29	1.85	1.40	0.80	0.53	0.41	0.37	0.34	1.95
0.70	6.90	5.23	4.73	4.35	4.06	3.56	3.05	2.40	1.90	1.41	0.78	0.50	0.39	0.36	0.34	2.10
0.75	7.57	5.68	5.12	4.69	4.36	3.80	3.24	2.50	1.96	1.42	0.76	0.48	0.38	0.35	0.34	2.25
0.80	8.26	6.14	5.50	5.04	4.66	4.05	3.42	2.61	2.01	1.43	0.72	0.46	0.36	0.34	0.34	2.40

（三）$C_s=3.5C_v$

C_v \ $P(\%)$	0.01	0.1	0.2	0.33	0.5	1	2	5	10	20	50	75	90	95	99	$P(\%)$ / C_v
0.20	2.06	1.82	1.74	1.69	1.64	1.56	1.48	1.36	1.27	1.16	0.98	0.86	0.76	0.72	0.64	0.70
0.25	2.42	2.09	1.99	1.91	1.85	1.74	1.62	1.46	1.34	1.19	0.96	0.82	0.71	0.66	0.58	0.88
0.30	2.82	2.38	2.24	2.14	2.06	1.92	1.77	1.57	1.40	1.22	0.95	0.78	0.67	0.61	0.53	1.05
0.35	3.26	2.70	2.52	2.39	2.29	2.11	1.92	1.67	1.47	1.26	0.93	0.74	0.62	0.57	0.50	0.22
0.40	3.75	3.04	2.82	2.66	2.53	2.31	2.08	1.78	1.53	1.28	0.91	0.71	0.58	0.53	0.47	0.40
0.42	3.95	3.18	2.95	2.77	2.63	2.39	2.15	1.82	1.56	1.29	0.90	0.69	0.57	0.52	0.46	1.47
0.44	4.16	3.33	3.08	2.88	2.73	2.48	2.21	1.86	1.59	1.30	0.89	0.68	0.56	0.51	0.46	1.54
0.45	4.27	3.40	3.14	2.94	2.79	2.52	2.25	1.88	1.60	1.31	0.89	0.67	0.55	0.50	0.45	1.58
0.46	4.37	3.48	3.21	3.00	2.84	2.56	2.28	1.90	1.61	1.31	0.88	0.66	0.54	0.50	0.45	1.61
0.48	4.60	3.63	3.35	3.12	2.94	2.65	2.35	1.95	1.64	1.32	0.87	0.65	0.53	0.49	0.45	1.68
0.50	4.82	3.78	3.48	3.24	3.06	2.74	2.42	1.99	1.66	1.32	0.86	0.64	0.52	0.48	0.44	1.75
0.52	5.06	3.95	3.62	3.36	3.16	2.83	2.48	2.03	1.69	1.33	0.85	0.63	0.51	0.47	0.44	1.82
0.54	5.30	4.11	3.76	3.48	3.28	2.91	2.55	2.07	1.71	1.34	0.84	0.61	0.50	0.47	0.44	1.89
0.55	5.41	4.20	3.83	3.55	3.34	2.96	2.58	2.10	1.72	1.34	0.84	0.60	0.50	0.46	0.44	1.92
0.56	5.55	4.28	3.91	3.61	3.39	3.01	2.62	2.12	1.73	1.35	0.83	0.60	0.49	0.46	0.43	1.96
0.58	5.80	4.45	4.05	3.74	3.51	3.10	2.69	2.16	1.75	1.35	0.82	0.58	0.48	0.46	0.43	2.03

续表

$P(\%)$ / C_v	0.01	0.1	0.2	0.33	0.5	1	2	5	10	20	50	75	90	95	99	$P(\%)$ / C_v
0.60	6.06	4.62	4.20	3.87	3.62	3.20	2.76	2.20	1.77	1.35	0.81	0.57	0.48	0.45	0.43	2.10
0.65	6.73	5.08	4.58	4.22	3.92	3.44	2.94	2.30	1.83	1.36	0.78	0.55	0.46	0.44	0.43	2.28
0.70	7.43	5.54	4.98	4.56	4.23	3.68	3.12	2.41	1.88	1.37	0.75	0.53	0.45	0.44	0.43	2.45
0.75	8.16	6.02	5.38	4.92	4.55	3.92	3.30	2.51	1.92	1.37	0.72	0.50	0.44	0.43	0.43	2.62
0.80	8.94	6.53	5.81	5.29	4.87	4.18	3.49	2.61	1.97	1.37	0.70	0.49	0.44	0.43	0.43	2.80

（四）$C_s = 4C_v$

$P(\%)$ / C_v	0.01	0.1	0.2	0.33	0.5	1	2	5	10	20	50	75	90	95	99	$P(\%)$ / C_v
0.20	2.10	1.85	1.77	1.71	1.66	1.58	1.49	1.37	1.27	1.16	0.97	0.85	0.77	0.72	0.65	0.80
0.25	2.49	2.13	2.02	1.94	1.87	1.76	1.64	1.47	1.34	1.19	0.96	0.82	0.72	0.67	0.60	1.00
0.30	2.92	2.44	2.30	2.18	2.10	1.94	1.79	1.57	1.40	1.22	0.94	0.78	0.68	0.63	0.56	1.20
0.35	3.40	2.78	2.60	2.45	2.34	2.14	1.95	1.68	1.47	1.25	0.92	0.74	0.64	0.59	0.54	1.40
0.40	3.92	3.15	2.92	2.74	2.60	2.36	2.11	1.78	1.53	1.27	0.90	0.71	0.60	0.56	0.52	1.60
0.42	4.15	3.30	3.05	2.86	2.70	2.44	2.18	1.83	1.56	1.28	0.89	0.70	0.59	0.55	0.52	1.68
0.44	4.38	3.46	3.19	2.98	2.81	2.53	2.25	1.87	1.58	1.29	0.88	0.68	0.58	0.55	0.51	1.76
0.45	4.49	3.54	3.25	3.03	2.87	2.58	2.28	1.89	1.59	1.29	0.87	0.68	0.58	0.54	0.51	1.80
0.46	4.62	3.62	3.32	3.10	2.92	2.62	2.32	1.91	1.61	1.29	0.87	0.67	0.57	0.54	0.51	1.84
0.48	4.86	3.79	3.47	3.22	3.04	2.71	2.39	1.96	1.63	1.30	0.86	0.66	0.56	0.53	0.51	1.92
0.50	5.10	3.96	3.61	3.35	3.15	2.80	2.45	2.00	1.65	1.31	0.84	0.64	0.55	0.53	0.50	2.00
0.52	5.36	4.12	3.76	3.48	3.27	2.90	2.52	2.04	1.67	1.31	0.83	0.63	0.55	0.52	0.50	2.08
0.54	5.62	4.30	3.91	3.61	3.38	2.99	2.59	2.08	1.69	1.31	0.82	0.62	0.54	0.52	0.50	2.16
0.55	5.76	4.39	3.99	3.68	3.44	3.03	2.63	2.10	1.70	1.31	0.82	0.62	0.54	0.52	0.50	2.20
0.56	5.90	4.48	4.06	3.75	3.50	3.09	2.66	2.12	1.71	1.31	0.81	0.61	0.53	0.51	0.50	2.24
0.58	6.18	4.67	4.22	3.89	3.62	3.19	2.74	2.16	1.74	1.32	0.80	0.60	0.53	0.51	0.50	2.32
0.60	6.45	4.85	4.38	4.03	3.75	3.29	2.81	2.21	1.76	1.32	0.79	0.59	0.52	0.51	0.50	2.40
0.65	7.18	5.34	4.78	4.38	4.07	3.53	2.99	2.31	1.80	1.32	0.76	0.57	0.51	0.50	0.50	2.60
0.70	7.95	5.84	5.21	4.75	4.39	3.78	3.18	2.41	1.85	1.32	0.73	0.55	0.51	0.50	0.50	2.80
0.75	8.76	6.36	5.65	5.13	4.72	4.03	3.36	2.50	1.88	1.32	0.71	0.54	0.51	0.50	0.50	3.00
0.80	9.62	6.90	6.11	5.53	5.06	4.30	3.55	2.60	1.91	1.30	0.68	0.53	0.50	0.50	0.50	3.20

参考文献

［1］ H., D. Les fontaines publiques de la ville de Dijon V. Dalmont［M］. Paris, 1856.

［2］ Hazen, A. Storage to be provided in impounding reservoirs for municipal water supply［J］. Transactions of American Society of Civil Engineers, 1914: 1539−1640.

［3］ J., B. Hydraulic of groundwater［M］. New York: McGraw-Hill, 1979.

［4］ K., F. J. A hundred years of American civi engineering, 1852−1952［J］. Centennial Trans ASCE, 1953: 28−96.

［5］ M., P. A. A graphic procedure in the geochemical interpretation of water analyses［J］. Transaction, American Geophysical Union, 1944: 914−923.

［6］ 陈家琦. 小流域暴雨洪水计算问题［M］. 北京：地质出版社，1989.

［7］ 陈文俊. 地苏岩溶地下河系研究［J］. 中国岩溶，1988，7（8）：223−227.

［8］ 黄廷林，马学尼. 水文学（第五版）［M］. 北京：中国建筑工业出版社，2014.

［9］ 黄廷林，王俊萍. 水文学（第六版）［M］. 北京：中国建筑工业出版社，2020.

［10］ 蒋忠诚，袁道先. 表层岩溶带的岩溶动力学特征及其环境和资源意义［J］. 地球学报，1999，20（3）：302−308.

［11］ 李国英. 黄河河势演变中科氏力的作用［J］. 水利学报，2007，（12）：1409−1413.

［12］ 刘兆昌，李广贺，朱琨. 供水水文地质（第五版）［M］. 北京：中国建筑工业出版社，2021.

［13］ 区永和，陈爱光，王恒纯. 水文地质学概论［M］武汉：中国地质大学出版社，1988.

［14］ 芮孝芳. 水文学原理［M］. 北京：中国水利水电出版社，2004.

［15］ 邵景力，白国营，刘翠珠，等. 我国地下水管理面临的问题与对策——兼谈地下水“双控”管理［J］. 水文地质工程地质，2023，50（5）：1−9.

［16］ 沈冰，黄红虎，薛焱森. 水文学原理［M］. 北京：中国水利水电出版社，2008.

［17］ 孙枢. CO_2 地下封存的地质学问题及其对建环气候变化的意义［J］. 中国基础科学，2006，（3）：17−22.

［18］ 陶涛，信昆仑，颜合想. 水文学与水文地质［M］. 上海：同济大学出版社，2017.

［19］ 王成华，万正义，李军. 非达西渗流的机理与本构方程述评. 四川建筑科学研究

［J］，2015. 41（6）：35-39.
［20］徐丽丽，束龙仓，李伟，等. 2000—2020 年中国地下水开采时空演变特征［J］. 水资源保护，2023. 39（4）：79—93.
［21］薛禹群，吴吉春. 地下水动力学（第三版）［M］. 北京：地质出版社，2010.
［22］严义顺. 水文测验学［M］. 北京：水利水电出版社，1987.
［23］杨维，张戈，张平. 水文学与水文地质学［M］. 北京：机械工业出版社，2018.
［24］于海燕. 对雨水暴雨强度公式中降雨历时的分析［J］. 城市道桥与防洪，2013,（9）：111-113.
［25］詹道江，徐向阳，陈元方. 工程水文学（第 4 版）［M］. 北京：中国水利水电出版社，2008.
［26］张人权，梁杏，靳孟贵，等. 水文地质学基础（第七版）［M］. 北京：地质出版社，2018.
［27］赵志贡，岳利军，赵彦增. 水文测验学［M］. 河南郑州：黄河水利出版社，2005.
［28］中华人民共和国电力行业标准. 水电枢纽工程等级划分及设计安全标准（DL 5180-2003）［S］. 北京：中国水利水电出版社，2003.
［29］中华人民共和国国家标准. 地下水质量标准（GB/T 14848-2017）［S］. 北京：中国环境科学出版社，2017.
［30］中华人民共和国国家标准. 室外排水设计标准（GB 50014-2021）［S］. 北京：中国计划出出版社，2021.
［31］中华人民共和国水利行业标准. 降水量观测规范（SL 21-2015)［S］. 北京：中国水利水电出版社，2015.
［32］中华人民共和国水利行业标准. 水利水电工程设计洪水计算规范［S］. 中国水利水电出版社，2006.
［33］中华人民共和国水利行业标准. 水利水电工程水文计算规范（SL/T 278-2020）［S］. 北京：中国水利水电出版社，2020.
［34］中华人民共和国水利行业标准. 水文基础设施建设及技术装备标准（SL/T 276-2022）［S］. 北京：中国水利水电出版社，2022.
［35］中华人民共和国水利行业标准. 水文资料整编规范（SL/T 247-2020)［S］. 北京：中国水利水电出版社，2020.